普通高等教育“十四五”规划教材·氢能系列

中国石油和石化工程教材出版基金资助项目

加氢站设计与管理

Design and Management of Hydrogen Fueling Station

雷俊勇　王凯　杜文海　张立芳　屈治国　编

中国石化出版社

·北京·

内 容 提 要

本书结合我国加氢站建设和技术管理的实际经验，系统阐述了加氢站设计与管理的基本知识、基础理论、最新标准和相关应用技术。主要内容包括：绪论、氢的性质与氢气品质要求、加氢站选址与布局、加氢站工艺设计、加氢站设备、加氢站输氢管道及其附件、加氢站仪表与控制、加氢站安全防护、其他氢载体方式及其加注。

本书既可作为新能源科学与工程氢能方向的专业课教材，亦可作为从事加氢站设计和加氢站技术管理的各类业务人员的参考书。

图书在版编目（CIP）数据

加氢站设计与管理 / 雷俊勇等编. --北京 ：中国石化出版社，2024. 7. --(普通高等教育“十四五”规划教材). --ISBN 978-7-5114-7485-8

Ⅰ. TU249.9；U491.8

中国国家版本馆 CIP 数据核字第 20243XB410 号

中国石化出版社出版发行

地址：北京市东城区安定门外大街 58 号

邮编：100011　电话：(010)57512500

发行部电话：(010)57512575

http://www.sinopec-press.com

E-mail：press@sinopec.com

宝蕾元仁浩(天津)印刷有限公司印刷

全国各地新华书店经销

*

787 毫米×1092 毫米 16 开本 13 印张 302 千字

2024 年 7 月第 1 版　2024 年 7 月第 1 次印刷

定价：38.00 元

《氢能技术与应用系列教材》编委会

（以姓氏笔画为序）

序

2020年，在第75届联合国大会一般性辩论上我国明确提出“双碳”战略目标：“中国将力争2030年前实现碳达峰、2060年前实现碳中和。”2021年，“碳达峰”和“碳中和”被写入全国两会政府工作报告，发展清洁低碳能源已成为我国能源战略的主体。在众多新型能源中，氢能来源广泛、清洁无碳的特点为“双碳”战略目标的实现提供了有力保障。2022年5月，国家发展改革委、国家能源局按照《氢能产业发展中长期规划（2021—2035年）》部署，研究推动氢能多元化应用，为重点领域深度脱碳提供支撑，从国家层面加快出台相关鼓励氢能产业链发展的顶层设计，明确了氢能是未来国家能源体系重要组成部分，是用能终端实现绿色低碳的重要载体。

面对氢能人才的迫切需求，2022年5月，教育部印发了《加强碳达峰碳中和高等教育人才培养体系建设工作方案》，将加快储能和氢能相关学科专业建设放在“双碳”领域三大紧缺人才的首位，并提出要以大规模可再生能源消纳为目标，推动高校加快储能和氢能领域人才培养，服务大容量、长周期储能需求，实现全链条覆盖。

北京石油化工学院坐落于北京市大兴区，办学宗旨是立足北京、面向全国，全力打造新时代首善之区工程师摇篮，努力建成具有特色鲜明的高水平应用型大学。2019年获批新能源科学与工程专业以来，学校审时度势、周密论证，于2021年以大兴区建设世界一流的“大兴国际氢能示范区”为契机，最终确定了“以氢能为特色，其他新能源为补充”的专业办学思路，出台了以氢能为特色的人才培养方案。图书市场现有氢能相关书籍多以氢能科普和专著为主，无法满足高等学校氢能全产业链的人才培养需求，我校联合西安交通大学、华北电力大学、中国石油大学（华东）、天津大学、湖南理工学院等高校，中科院理化所、中国航天科技集团公司一院十五所等研究所，以及深圳市燃气集团股份有限公司、中石化巴陵石油化工有限公司、北京天海低温设备有限公司、北京久安通氢能科技有限公司、京辉氢能集团有限责任公司、北京中科致远科技有限公司等企业提出了国内首套《氢能技术与应用系列教材》的编写计划。

该套教材共8本，即《氢能概论》《制氢工艺与技术》《储氢工艺及设备设计》《纯氢及掺氢天然气输送技术与管理》《加氢站设计与管理》《氢燃料电池》《氢安全技术及其应用》及《新能源专业英语》。经过一年的准备工作，2022年5月成立了由来自6所高校、2家研究所和多家领军企业共43位专家组成的氢能系列教材编委会。

随后，按照“顶层规划、教授挂帅、企业合作、内练师资”的原则，迅速有序地展开了各部教材的编写工作。

该套教材在内容规划、编写原则、受众定位等方面都进行了充分论证，总体而言具有以下主要特点：

(1) 定位明确，特色鲜明

本套教材定位于培养氢能领域高级应用型工程技术人员，既可为新能源科学与工程、氢能科学与工程、储能科学与工程、智慧能源工程等本科专业提供人才培养基本支撑，又可为从事氢能研究的技术人员提供参考。整套教材知识体系上前后递进、序贯相接，强调基础理论知识的工程应用，体例统一，具有鲜明的特色。

(2) 内容系统，与时俱进

涵盖“制氢—储氢—输氢—用氢—安全”的氢能全产业链，根据学科支撑规律有效衔接各门课程之间关系，与氢能企业技术创新紧密结合，整套系列教材形成一套完整、系统、反映氢能领域科技新成果的知识结构体系。

(3) 注重实践，应用性强

面向氢能企业对高级应用型人才的迫切需求，着眼于增强教学内容的联系实际和灵活运用，以大量章节习题训练为落脚点，理论与实践相结合，培养具有大工程观的高级应用型人才。

(4) 思想引领，价值启迪

正面客观展现我国在氢能领域的科技实力，引导学生致力于科技创新，为国家科技进步、建设绿色家园奋斗；与时代所遇的问题紧密结合，育心育德，价值引领，培养具有爱国情怀的新世纪人才。

最后，感谢参加本系列教材编写和审稿的各位老师及企业专家付出的大量卓有成效的辛勤劳动。由于编写时间仓促，难免存在一些不足和错漏。我们相信，在各位读者的关心和帮助下，本系列教材一定能不断地改进和完善，对助力氢能人才培养，推进氢能学科建设，促进氢能产业发展，推动“双碳”战略目标的实现有一定的促进作用。

编委会

2023 年 3 月

前　言

本教材是北京石油化工学院组织编写的氢能系列教材之一，根据新能源科学与工程专业人才培养方案及氢能企业对高级应用型人才的要求进行编写。氢能系列教材的目的是让读者能够从“制氢—储氢—运氢—加氢—用氢”的全产业链角度，全面了解氢能相关技术与管理的主要内容及其最新进展。本教材主要论述氢产业链中的加氢环节。

教材共分为9章，即绪论、氢的性质与氢气品质要求、加氢站选址与布局、加氢站工艺设计、加氢站设备、加氢站输氢管道及其附件、加氢站仪表与控制、加氢站安全防护、其他氢载体方式及其加注，附录为加氢站工艺设计过程和CoolProp数据库的使用。绪论与第8章由张伟编写，第1~3章与附录由雷俊勇编写，第4章由李建立编写，第5章由王凯编写，第6章由王伟编写，第7章由杜文海编写。全书由雷俊勇统稿，张立芳、屈治国对全书进行了审校。本教材可作为高等院校新能源相关专业的教材，供教师、研究生、本科及高职学生使用，也可作为氢能及相关领域科研、技术与管理工作者的参考书。

本教材编写过程中，得到了北京久安通氢能科技有限公司张立芳教授级高工、西安交通大学屈治国教授、北京天海低温设备有限公司李兆亭高级工程师、京辉氢能集团有限公司闫东雷副总等专家的大力支持与帮助，在此一并表示感谢！

由于加氢站库内容涉及面广，新技术发展迅速，加之编者水平有限，教材中存在诸多不足之处，敬请读者批评指正。

目　　录

0 绪 论

2021 年我国二氧化碳排放量为 119 亿 t，约占全球碳排放总量的 33%。大量二氧化碳等温室气体的排放带来了严峻的环境和气候变化等问题。为应对气候变化对人类赖以生存的自然环境所带来的威胁，2020 年 9 月 22 日，习近平总书记在第七十五届联合国大会一般性辩论上发表重要讲话，提出我国“二氧化碳排放力争于 2030 年前达到峰值，努力争取 2060 年前实现碳中和”的双碳发展战略。

0.1 发展氢能产业对于碳中和的重要意义

氢能是一种来源丰富、绿色低碳、应用广泛的二次能源，对构建清洁低碳安全高效的能源体系、实现碳达峰和碳中和日标具有重要意义。全球已有许多国家战略布局氢能与燃料电池相关技术，将氢能作为达成联合国气候变化纲要公约缔约国大会减碳要求的重要策略，日本、韩国、德国、美国等逾 20 个国家和地区颁布氢能相关发展政策，形成了较为清晰的氢能发展战略与路线，并通过氢能多元化应用及产业链上的关键技术研发与商业化来带动经济发展。到 2030 年，全球生产的 1. 31 亿 t 氢气中有 2200 万 t 将用于能源用途。到 2040 年，能源对氢的需求将赶上氢的非能源使用。到 2050 年，全球只有 30% 的氢供应将用于非能源用途，39% 将直接作为能源使用，31% 将转化为氨或燃料供能源最终用户使用。

在碳中和与经济增长新引擎的双动能作用下，越来越多的国家开始关注氢能产业价值链的发展。《中共中央　国务院关于完整准确全面贯彻新发展理念做好碳达峰碳中和工作的意见》要求，统筹推进氢能“制储输用”全链条发展，推动加氢站建设，推进可再生能源制氢等低碳前沿技术攻关，加强氢能生产、储存、运输、应用关键技术研发、示范和规模化应用。《国务院关于印发 2030 年前碳达峰行动方案的通知》明确提出，加快氢能技术研发和示范应用，探索在工业、交通运输、建筑等领域规模化应用。“十四五”规划提出，在氢能与储能等前沿科技和产业变革领域，组织实施未来产业孵化与加速计划，谋划布局一批未来产业。

为促进氢能产业规范、有序、高质量发展，经国务院同意，国家发展改革委、国家能源局于 2022 年 3 月联合印发《氢能产业发展中长期规划(2021—2035 年)》，提出了氢能产业发展各阶段目标：到 2025 年，基本掌握核心技术和制造工艺，燃料电池车辆保有量约 5 万辆，部署建设一批加氢站。加氢站主要用于氢燃料汽车氢气加注，是联系产业链上游制氢和下游应用的重要枢纽，高密度的加氢站建设是氢燃料汽车大规模推广的必备条件，已成为各国氢能产业发展的重点。

0.2 加氢站分类

加氢站可按站内氢气相态、氢气来源、建设形式以及建设内容等分类，如表 0－1 所示。

表 0－1 加氢站的分类

分类方式	具体分类
按氢气来源分类	外供氢加氢站
	站内制氢加氢站
按氢气储存、加注相态分类	气氢加氢站
	液储气加型加氢站
	液储液加型加氢站
按加注压力分类	35MPa 加氢站
	70MPa 加氢站
按加注方式分类	降压平衡充装加氢站
	压缩充装加氢站
按加氢站等级分类	一级加氢站
	二级加氢站
	三级加氢站
按建设形式分类	固定加氢站
	橇装式加氢站
	移动式加氢站
按建设内容分类	纯加氢站
	油气氢合建站

0.3 加氢站主要工艺流程

按氢气来源不同，加氢站可分为外供氢加氢站和站内制氢加氢站，其中外供氢加氢方式在站内无制氢装置，如图 0－1 所示。外供氢通过长管拖车、液氢槽车或氢气管道由外部运输至加氢站，最终通过加氢机加注到氢燃料电池汽车中。

0.3.1 站外供氢工艺

长管拖车供氢工艺：依据 GB 50516—2010《加氢站技术规范》(2021 年版)规定，高压氢气的输送压力一般为 20～25MPa。长管拖车气态供氢是从制氢厂得到气态氢，通过长管拖车运输至加氢站，卸下长管拖车车头，连接管束与站内卸气装置，氢气输送至压缩机，经压缩后储存于高压储氢罐，储罐一般设 2～3 组，长管拖车也可作为一级低压储氢瓶组使用。35MPa 加氢站的储氢压力一般为 45MPa 或 50MPa；70MPa 加氢站储氢压力为 85 ~ 95MPa。最后通过加氢机给氢能源汽车加注氢气。

液氢槽车供氢工艺：从制氢厂得到液态氢，通过液氢拖车运输至加氢站，拖车内液氢卸至站内液氢储罐，液氢经蒸发器气化、加热升温后由压缩机增压，储存于氢气储罐，最后通过加氢机给氢能源汽车加氢。相比于气氢储运，液氢储运加氢站占地面积小、运输成本低、储量大，但建设难度与制备成本高。由于与环境之间存在不可避免的热交换，低温液氢在储存过程中会产生蒸发。蒸发率(蒸发质量与总储存质量之比)一般为 0.8%，储量越大，蒸发率越低，最低可到 0.2%。此工艺适合大规模加氢需求。

管道供氢工艺：供氢管道可分为输氢管道和配氢管道。输氢管道有两类：第一类用于厂区内氢气输送，特点是压力高、直径小；第二类是长距离输氢，设计压力为 2 ~ 20MPa。配氢管道一般用于民用、大规模、长距离输氢，其管道压力、直径较大，需要在用氢地附近二次制备或提纯氢气。由于液氢对管道低温性与绝热性要求较高，液氢管道输送只在航天、军工等领域小范围运用。管道运输是最经济的运输方式之一，储运能效高达 95%，维护成本低，但初始建造成本较高。

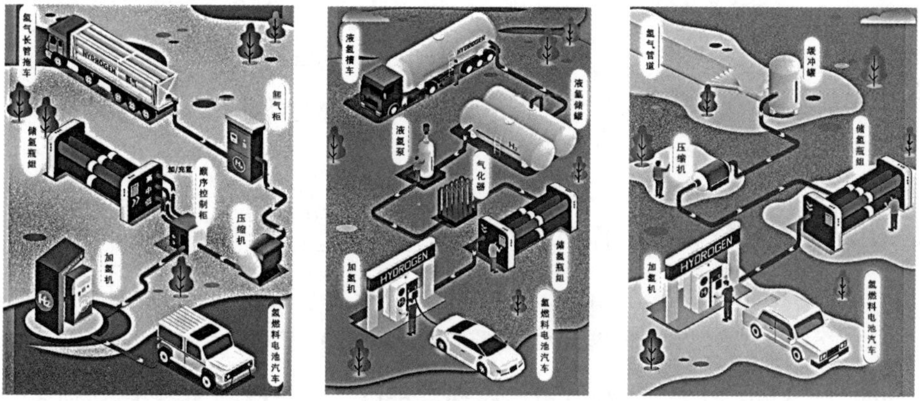

(a)长管拖车供气氢　　(b)液氢槽车供液氢　　(c)管道供气氢

图 0 – 1　站外供氢加氢流程示意图

0.3.2　站内制氢加氢一体站

站内制氢加氢站属于分布式制氢。制氢方法包括天然气重整、电解水、可再生能源直接或混合制氢等。另一种相对成熟、应用广泛的制氢方式是电解水制氢。

天然气重整制氢工艺中的甲烷水蒸气重整是工业上成熟的制氢技术。站内制氢加氢站主要工艺流程如图 0 – 2 所示。无论是天然气重整还是电解水制氢，所生产的氢气经纯化后储存在低压储罐，经压缩机增压后进入高压储罐，进行加注时，从高压储罐流出的氢经预冷后进入加氢机，对氢燃料电池汽车进行加注。

站内天然气重整制氢及加氢工艺流程如图 0 – 3 所示，脱硫后天然气和水蒸气在高温、催化剂存在条件下反应，生成氢气及其他气体，随后通过变压吸附装置分离出氢气。纯化后氢气经缓冲罐进入压缩机，压缩后氢气输送至高、中、低压储氢罐中分级储存。给汽车加注时，加氢机先后从低压、中压与高压储氢罐中按顺序取气进行分级加注。

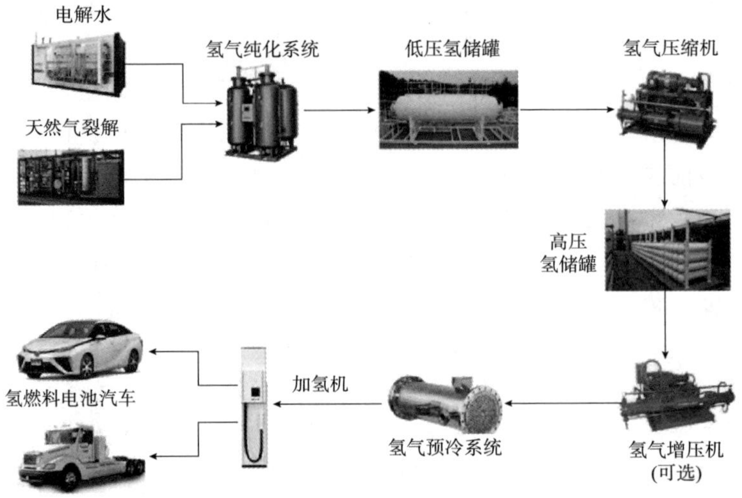

图0-2 站内制氢加氢站主要工艺流程示意图

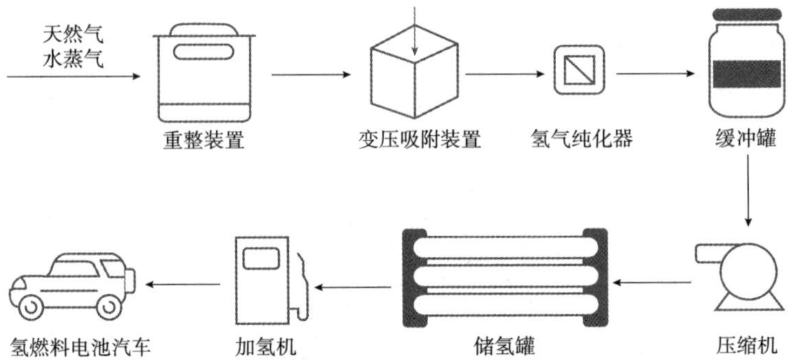

图0-3 站内天然气重整制氢及加氢工艺流程示意图

站内电解水制氢适用于小规模制氢，实现零排放，工艺流程如图0-4所示。水在电解装置阴、阳两极分别被电解生成氢气和氧气，氢气进入气水分离装置进行气水分离，分离后氢气进入氢气纯化器进行纯化，纯化至氢燃料电池对氢气纯度的要求。纯化后的氢气经缓冲罐进入压缩机，压缩后的氢气输送至高、中、低压储氢罐中分级储存。给汽车加注时，加氢机先后从低压、中压与高压储氢罐中按顺序取气进行分级加注。

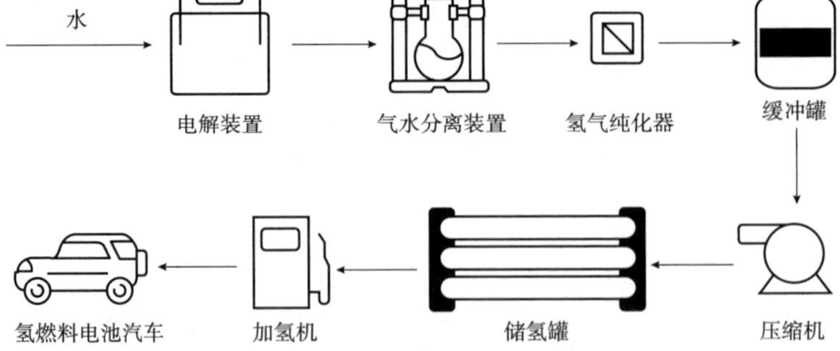

图0-4 站内电解水制氢及加氢工艺流程示意图

由于天然气重整制氢设备便于安装，自动化程度高，且可依托现有油气基础设施建设发展，天然气重整制氢法在已建成的站内制氢加氢站中应用最多。美国、欧洲等国家和地区的站内制氢加氢站主要采用此方式。但随着形势的发展，利用风电、光伏发电等绿色可再生能源电解水制氢，或者直接光解制氢正在成为站内制氢的主要发展方向。

0.4 国内外加氢站发展现状

根据国外 H2stations 网站统计数据显示(图 0－5)，截至 2022 年，全球已建成加氢站 814 座，其中 30% 为液氢加氢站，主要分布在美国、欧洲和日本，拟建 315 座加氢站。预计 2030 年全球加氢站数量将超过 4500 座。从区域分布来看，2022 年全球加氢站中，亚洲地区占比最高。截至 2022 年，亚洲共建成 559 座、占比 68.7%；欧洲共建成 182 座、占比 22.4%；北美共建成 67 座、占比 8.2%；其他地区共建成 6 座、占 0.7%。

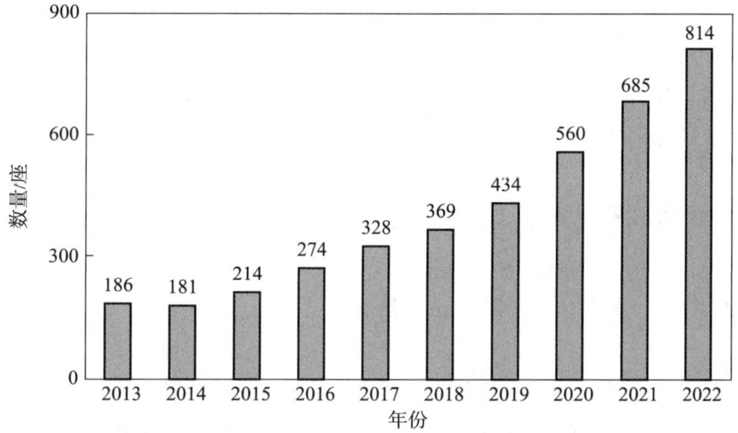

图 0－5　2013—2022 年全球加氢站数量增长情况

我国对加氢基础设施的建设始于“十一五”规划期间。中国最早的加氢站是建成于 2006 年、位于北京市海淀区永丰科技园的北京飞驰竞立加氢站。该站为电解水制氢加氢站，用于支持国家发改委《燃料电池预产业化基地建设项目》燃料电池生产用氢和 2008 年奥运会燃料电池大巴示范用氢。该站初建时采用 45MPa 储氢压力，具备 35MPa 的氢气加注能力，氢气生产量 300m^3/h，总储氢量 4500Nm^3。随后在 2007 年通过科技部加氢站课题支持，在全国第一次完成 75MPa 钢带缠绕式储氢罐和 85MPa 氢气隔膜压缩机的研发，实现了 70MPa 的快速加氢能力，充装速率可达 5kg/min。但其后多年发展较为缓慢，仅建设了几个示范性加氢站，用于支持燃料电池汽车的研发和示范运行。在 2016 年之前，我国并没有发展路线图等顶层设计，加氢站数量少，缺乏统一规划。2016 年 10 月，由工信部委托中国汽车工程学会组织行业专家研究编制的《节能与新能源汽车技术路线图》发布，其中的燃料电池汽车发展路线图提出了我国氢能基础设施的发展路线与目标：我国加氢站的发展目标是在 2020 年、2025 年和 2030 年分别达到 100 座、300 座和 1000 座。同年，由中国标准化研究院和全国氢能标准化技术委员会联合研究编著的《中国氢能产业基础设施发展蓝皮书(2016)》发布，也明确了相同的目标。随着燃料电池汽车保有量的不断增加以及中石化、中石油等能源央企的入局持续加速，中国加氢站建设进入快速发展阶段，国内加氢站数量明显增加，新增加氢站数量连续两年全球第一。

国外以70MPa高压气态加氢站为主，占比70%以上。固定式加氢站占比80%以上。加氢站主要分布在美国、德国和日本。我国目前加氢站仍以35MPa为主，占比高达88%。德国是液氢储运加氢站研究、应用和推广的先锋，以德国林德公司开发的罐内液氢泵增压技术加氢站为代表，液氢高效增压已在世界主要燃料电池推广国家和地区的加氢站得到应用。美国ACD公司、法国Cryostar公司开发的卧式管道活塞泵，为美国Plug Power、AP和法国液化空气集团等公司开发的液氢储运加氢站提供核心装备。日本岩谷产业公司已建立液氢加氢站16座。中国现阶段的加氢站主要为气态高压加氢站，液氢储运加氢站也得到初步探索。

加氢站的建设得到了各方关注，但我国加氢站技术也面临着瓶颈：一方面，在加氢站关键技术方面起步晚，目前国内研发的35MPa加氢站技术和加氢机技术在加注速度、加注能耗等关键性能上实现逐步提升，但缺乏高密度、大负荷下的连续加氢考核和验证。尽管我国在“十三五”期间的“氢能与可再生能源”专项支持了70MPa加氢站加压/加注装备开发，但目前尚未进行规模化应用。美国、日本、欧洲等国家和地区已制定了加氢基础设施基础路线图与关键技术指标发展目标。

0.5 加氢站行业发展前景

(1)政策不断出台，将利好氢能行业发展

2021年3月，氢能被正式纳入“十四五”规划的“前沿科技和产业变革领域”，国家多部门关于支持、规范氢能源的利好政策频出，涵盖氢能源技术路线、燃料电池汽车发展规划、氢能产业基础设施建设等细分领域。在国家和地方多重利好政策加持下，我国氢能源行业有望进入高速成长期，并在交通运输、工业等领域持续渗透，预计将产生较为广阔的市场环境。

(2)建设成本下降，将提升加氢站产业规模

随着补贴政策的持续推进以及产业下游需求的不断扩大，我国加氢站建设和运营数量将会持续增长，同时随着未来研发技术以及加氢设备的国产化突破与规模化生产，加氢站建设成本将大幅下降，进一步提升加氢站产业规模。

(3)氢燃料汽车渗透率提升，将加快加氢站建设

氢燃料汽车渗透率的不断提升，预计将加快我国加氢站建设，投入运营加氢站的数量也将实现快速增长。中国氢能联盟统计数据显示，2022年，我国氢燃料电池汽车加速推广，依托“燃料电池汽车示范城市群”等重大示范项目，中国氢燃料电池汽车销售量新增3367辆，保有量达到12682辆，同比增长约36%，建成加氢站358座，同比增长超过40%。燃料汽车销量的增加，将会加快我国加氢站建设，投入运营加氢站的数量也将实现快速增长。

(4)加氢站当前应着重解决的问题

由于多方面的原因与考虑，当前加氢站建设的立项审批与选址存在一定困难，加氢站

建设成本高、占地面积大、与现有加油站合建比较困难，单纯提高加氢站数量难以解决此类问题，应开发更先进的可工厂化制备、现场直接进行安装的加氢站。着眼于当前加氢站运营成本高的问题，应重点解决高效、低成本的制氢方法与氢源，大幅降低加氢站能耗。在加氢站总体设计时，应严格控制加氢站的充装速率、取气率、连续充装能力、日加氢能力、设备匹配控制模式等加氢站关键指标。

总体而言，加氢站建设在全球范围内已进入快速发展期，各国政府对于燃料汽车和加氢站的认知有了飞速提高。为加快加氢站产业的发展，目前包括中国、日本、德国、韩国、美国等在内的多个国家纷纷出台相应规划以加快加氢站的建设布局。根据 2020 年 10 月 27 日由工业和信息化部指导、中国汽车工程学会修订编制的《节能与新能源汽车技术路线图 2. 0》相关规划显示：到 2025 年，我国加氢站的建设目标为至少 1000 座；到 2035 年加氢站的建设目标为至少 5000 座。随着补贴政策的持续推进以及产业下游需求的不断扩大，我国加氢站建设和运营数量将会持续增长，同时随着未来研发技术以及核心设备国产化率的提升，加氢站建设成本将会持续下降。目前，燃料电池汽车尚未完全普及，因此在短期内，油氢混合站是未来加氢站的发展方向之一。

0.6 加氢站建设过程

加氢站建设属于工程建设项目，一般按既定程序进行。工程项目建设程序包括项目建议书、可行性研究、工程设计、工程施工与监理、验收与使用等内容，如图 0 – 6 所示。

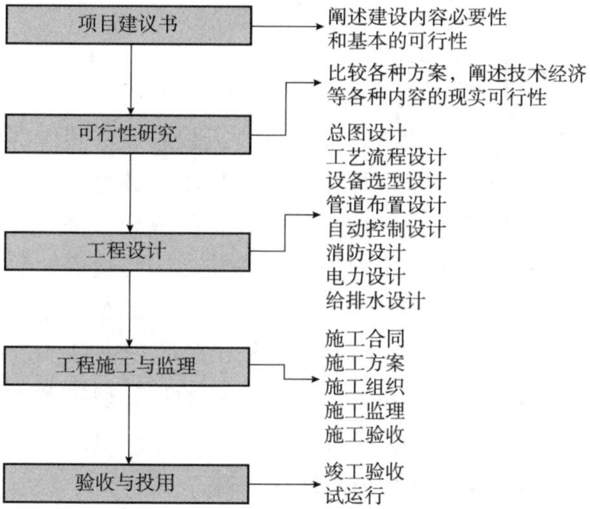

图 0 – 6 加氢站建设程序

0.6.1 项目建议书

项目建议书是对拟建加氢站的初步设想，从必要性角度出发，初步分析建设加氢站的必要性与可能性。结合属地规划、工业或产业布局，在调查研究、收集资料、踏勘建设地点、初步分析投资效果的基础上提出，主要内容有以下几方面。

(1)区域加氢站与氢燃料电池汽车现状以及建站必要性。分析拟建站区域现有加氢站分布、规模、氢燃料电池汽车数量、种类以及氢消费量，预测今后氢消耗的增长情况。

(2)建站规模和内容。根据周转法或者统计预测等方法确定加氢站建设规模。根据加氢站规模、经营或储备性质与任务，确定主要项目与辅助项目、编制人员以及行政管理方案。

(3)站址选择。站址选择直接影响加氢站建设成本及建成后的安全运行、经营效果、社会效益等。站址选择必须符合当地发展规划与环境保护要求，加氢站建设之前需进行环保与安全评价并进行公示。

(4)工艺方案。按照拟建站规模和内容绘制平面布置简图与工艺流程方案。方案应标明拟建站方位，周边环境情况，交通、电力、水源等公用设施状况。

(5)筹建机构和人员配备。筹建机构和人员配备涉及筹建管理费用，而投产后机构人员编制是确定行政管理与生活设施的依据。

(6)主要设备、材料及投资估算。根据拟建站各个项目及工程量，按现行概算、预算定额及市场价格，概算主要设备、材料数量，估算拟建项目投资并汇总。

(7)资金来源。申报建站项目建议书时，应提出建设资金来源与筹措方案。

(8)建站项目工期安排。建站工期是指从开始设计、开工及竣工投产的计划日期。

(9)经济效益分析。建站项目建议书对项目经济效益应作出经济性评估。

(10)建站项目建议书附件。包括建站各项目及投资估算表、主要设备和材料汇总表、筹建组织及人员编制表、地理位置及地形图、总平面规划方案图、工艺流程及主要建筑简图等。

0.6.2 项目可行性研究

项目可行性研究的任务是对拟建项目在技术、工程、经济和外部协作等方面是否合理进行全面分析论证，做出多方案比较与评价。具体技术要进行多方报价与比选，要具有先进性、可靠性、适应性，要参考国内外同类技术设备的成交价格，分析历史成交价格和相关技术设备成交价格，推荐最佳方案，最终提高加氢站项目投资效益。

加氢站建设项目可行性研究是指导和审核建站项目、勘察选址、设计施工、运行投产的依据。它应对建设的必要性和建设条件，技术方案的先进性、适用性、经济性、合理性、安全性、可靠性，以及建设项目的经济、社会效益进行研究和评估。项目可行性研究应在相关部门批准的加氢站建设项目建议书的基础上进行。其主要内容有以下几方面。

(1)肯定和充实加氢站建设项目的必要性和依据。

(2)详细的市场预测分析，考虑加氢站网点的合理布局和发展远景，尤其是所属地在氢能方面的具体规划与支持措施，正确把握当地氢能未来发展趋势，确定合理的建设规模与加注方案。

(3)分析加氢站建设项目可行性。包括以下几个方面。①建站条件：地理位置、气象、水文、地质、地形和社会经济现状；交通、水、电、通信、气、热力供应状况及发展趋势。②主要协作条件：城建、规划、交通、消防、环保等部门对征用土地、选址、“三废”处理、消防等有关方面的书面意见；所需公用设施的数量(如水、电、气)、供应方式的有关协议；交通、铁路、航运部门对公路走向、铁路专用线接轨、修建码头等协作条件的协议文件。

(4)加氢站设计方案。包括：总体布置方案的选定、占地面积，主体工程和配套工程及公用辅助设施的容量、面积、数量的确定，工艺流程、主要设备选型和有关技术经济指标，建站进度和工期等。

(5)附图及附表。附图包括站址位置图、地形图、总平面布置图、工艺管线布置图。项目估算表包括项目名称、结构、工程量、投资额、设备购置及金额等。

对于小型加氢站，项目建议书与可行性研究合并成一项工作进行。对于大型或工艺复杂的加氢站，应严格按照上述程序进行，提高项目建设的针对性和投资的有效性。各个行业一般有可行性研究报告的规范化格式文本，制订可行性研究报告应逐条进行撰写说明。

0.6.3 工程设计

设计是建设项目实施过程中的直接依据。加氢站工艺流程是否先进，设备选型是否得当，库区布置是否紧凑合理，综合经济效果是否理想，工程设计都起着决定性作用。

按加氢站复杂程度，其设计可分为一个或多个阶段进行，一般是两个阶段，即初步设计与施工图设计。初步设计是在选定的站址上进行方案设计，确定加氢站的总体布置、工艺流程、自控、热力系统、消防、电力、给排水等方案，提出经济指标、工程概算、主要设备材料清单、投资额与财务评价等。初步设计经各级部门审批后，便可根据批复意见进行施工图设计。施工图设计深度应满足施工要求。

加氢站详细设计步骤参见附录 A。

0.6.4 工程施工、监理、竣工与交付

为保证加氢站建设施工质量与工期，承建加氢站工程的单位一般通过招投标方式确定。建设单位与承建单位必须签订施工承包合同，承建单位必须编制施工组织设计，按照加氢站施工规范作业，接受工程监理部门及建设单位的监督。

加氢站竣工验收后，施工单位应向使用单位移交如下工程档案资料。

(1)竣工图。包括总平面图、总工艺流程图、单项工程竣工图。若施工图纸变化不大时，施工单位也可在原施工图上将变更部分修改后盖章，作为竣工图移交，不再另行绘制竣工图。

(2)施工技术资料。包括工程概况、开竣工时间、主要材料消耗数量、决算金额、单位面积(吨位)造价、维护管理注意事项、工程质量(包括焊接、试压、试漏、防腐、试运转及土建、安装等有关技术资料)等内容，通常是表格形式辅以必要的文字说明。

(3)图纸会审和设计变更记录、外部协调单位的技术文件及勘探资料等。

(4)施工中出现的重大问题及其处理方法的有关资料。

(5)有关征地、拆迁等文件，征购土地范围界线平面图。

(6)材料、构件和设备的质量检验合格证明书，主要设备使用说明书。

(7)地下管道、土建基础、被覆、电缆等隐蔽工程验收记录。

(8)其他需要说明或移交的文件，以便在加氢站运行与管理中随时查阅。

新建加氢站接收后，在正式投入使用之前，还要做大量的工作。例如：制定规章制度，组织人员进行业务训练，氮气置换，管道吹扫，进行卸气、压缩、加注等试验运行工作。一切顺利完成后，加氢站就可正式投用。

0.7 加氢站设计过程

作为工程建设项目，加氢站设计通常由总图、工艺、设备、自控、电气、土建、给排水、供热等多个专业共同完成，工艺专业在整个设计中起主导作用。图 0－7 给出加氢站工艺设计内容与步骤。

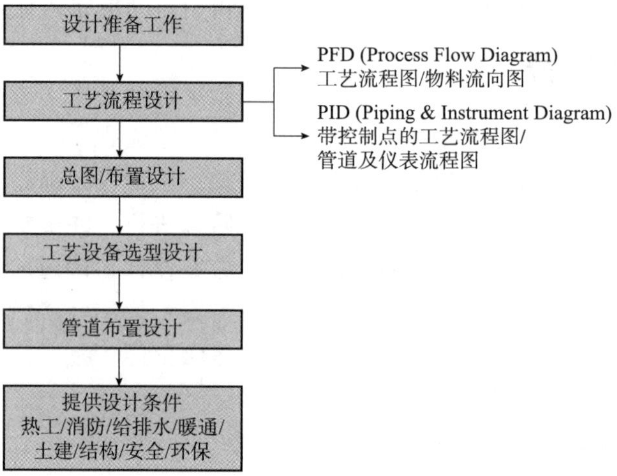

图 0－7　加氢站工艺设计内容与步骤

总图设计也称总体布置，含平面布置与竖向布置，它是指将加氢站各种设施布置在已确定的站址地形图上，标绘出站内设施名称、位置、平面尺寸和竖向标高等，使它们在生产上组成一个有机的整体。总图设计先于其他单体设计，但受到各单体设计制约，随着其他项目逐步深入，在设计过程中需做相应调整。在总图设计之前，一般会有初步工艺流程设计结果或物料的原则流程图。

总图设计直接影响生产的顺利进行以及诸如占地面积、运输总量等各项经济技术指标。

对于一般规模的加氢站，总图设计中站内设施的平面布置以及与站外环境建(构)筑物之间需设置必要的安全距离，安全距离是影响加氢站占地面积的主导因素，如果占地面积过大将导致某些加氢站建设方案难以实施。

氢或其他生产物料按一定的工艺要求在加氢站管道中流动或顺序经过其他加工处理的过程称为加氢站的工艺流程。工艺流程设计是各个功能区(装卸、储存、增压、加注等)布置设计及管道布置设计的基础。设备选型、自控方案、管道与设备布置(配管)、建筑、结构、消防、给排水、电气、暖通等设计工作都需要工艺专业给出工艺设计参数或边界条件。加氢站建设和运营的各个专业与工艺流程都紧密联系。只有工艺流程确定后，其他各项工作才能开展。工艺流程设计与其他设计也存在部分反馈与交叉，必要时，应做相应调整。

狭义的工艺流程或工艺设计一般仅指主要物料的流向与处理方案设计，包含物料的流量、压力、温度、相态等参数的设计结果，还包括基本的控制变量与控制方案。工艺流程设计完成后，工艺专业向其他专业提供工艺流程图(物料流向图，PFD)或带控制点的工艺流程图(管道及仪表流程图，不包含管道尺寸与材料，PID)，以便于其他专业开展相关的设计工作。

广义的工艺设计还包括总图设计与主要设备的选型设计，若热工系统比较简单，工艺设计还包含热工系统与设备的设计，例如加热炉、换热器、气化器、预冷器等的设计。此外，消防、给排水、暖通等与过程(Process)相关的设计也包含在工艺设计里。不同的设计单位面对复杂程度不一的加氢站，专业分工以及所给出的设计结果也有所不同，但所包含的具体设计内容是一致的。

习题/思考题

1. 简述加氢站的主要用途。
2. 试述加氢站的主要组成。
3. 简述加氢站的分类。
4. 简述加氢站对于氢能产业发展的意义。
5. 试述液氢加氢站与气态加氢站的比较优势。
6. 加氢站建设的项目建议书与可行性研究有何区别？
7. 加氢站的工艺设计过程包含哪些内容？

1 氢的性质与氢气品质要求

氢的物性决定其使用性能与加注工艺。各类物理化学属性中，热物理、热化学性质、传递物性以及与燃烧(安全)相关的物性是最重要的性质。加氢站主要服务于氢燃料电池汽车，而氢燃料电池对氢气质量要求很高。本章介绍与加氢站直接相关的氢的物理化学属性，讨论氢燃料电池对氢气的质量要求及各种杂质成分的检测方法。

1.1 氢的物理化学性质

1.1.1 氢元素

氢是元素周期表中序数为 1 的最轻元素，原子量为 1.00794。标准状态下(25℃，1bar)，氢以双原子气体形式存在。氢分子无色、无臭、无味且无毒。所有气体中，氢气的质量比热容与热导率最高，黏度最低[1]。

氢是宇宙中含量最丰富的元素，占所有原子总数 90% 以上，占所有物质质量的 75%。以体积分数计算，氢在地球大气层中含量小于 1.0ppm。氢气分子扩散速度很快，从地表释放的氢气经过大气层逐级扩散，很快从大气圈中逃逸到外层空间。

氢有三种质量不同的同位素，即原子量分别为 1、2、3 的氕(Hydrogen，符号 1H，通称氢)、氘(Deuterium，符号 2D，通称重氢)、氚(Tritium，符号 3T)。最常见氢同位素 1H 的原子有 1 个质子、1 个电子，没有中子。氕和氘是稳定性同位素，氚是放射性同位素。氚极稀有，在 1015 个氢原子中只含有 0.4 ~67 个氚原子，自然氢中几乎全部是氕和氘，它们的含量比约为 6400：1，根据氢的来源不同，氢气中氕的含量为 99.987%，氘的含量范围在 0.013% ~0.016%。

分子氢有两种自旋异构体(Spin Isomers)，即原子核自旋状态不同的化合物，分别为正氢(Orthohydrogen)和仲氢(Parahydrogen)。正氢两个原子核自旋平行，仲氢两个原子核自旋反平行。自旋状态不同，分子能量则不同，其物理性质也不同，但化学性质并无差异。仲氢的熔点和沸点比常态氢的熔点和沸点低约 0.1℃，二者的热性质也不同，如热容。

正氢、仲氢数量比为 3：1 的混合物称为常态氢(Normal Hydrogen，正常氢，标准氢，$n-H_2$)，即通常所谓的氢。正氢、仲氢的平衡组成取决于温度，见图 1 - 1。室温或更高温度下，平衡的常态氢气中，75% 的正氢和 25% 的仲氢比例保持不变。没有催化剂情况下，气相仲氢在室温下需数天才能转化为平衡的常态氢。仲氢可提纯至 100% 纯度，但正氢没有纯态形式。

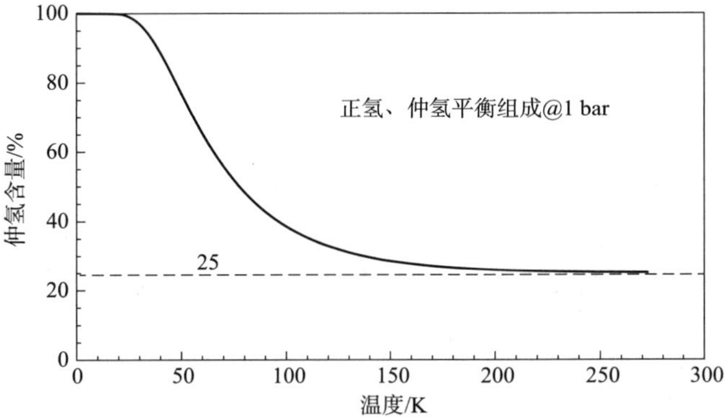

图 1－1　正氢、仲氢的平衡组成

正氢是一种激发态，能量比仲氢高 1.455kJ/mol，当冷却到低温时，它会在几分钟内转化为仲氢形式。正氢至仲氢的转化过程放热，产生的热量会蒸发大部分液体，因此，常态氢中正氢、仲氢含量之比是氢液化与储存的重要安全因素。氢原子失去它唯一的电子就成为 H^+，实际上就是氢原子核或质子。氢质子半径（$\approx 1.5\times10^{-13}$cm）比氢原子半径（$\approx 0.5\times10^{-8}$cm）要小许多倍，使质子有相对很强的正电场，能使与它相邻的原子或分子强烈变形。因此，除了等离子态的氢质子，并不存在自由的氢原子核或质子，它总是同别的原子或分子结合在一起而存在。在酸性水溶液中的氢离子以水合离子 H_3O^+ 形式存在。氢是唯一可以解析求解薛定谔方程的中性原子，对其能量学和化学键的研究在量子力学的发展中起到了关键作用。

标准状态下，氢气比空气轻 14 倍，大量释放时，将以 1.2～9m/s 的速度上升，并迅速扩散[2]，这种浮力特征对于加氢站安全是有利的。氢的可燃浓度范围很广，点火能量极低。氢气无腐蚀性，会使一些金属变脆，导致金属机械性能显著恶化。

氢的大规模生产主要来自天然气水蒸气重整、煤炭气化、石油加工以及氯碱等工业部门。有少部分是使用能源密集型方法生产的，如电解水。氢的应用广泛，但大部分氢在其生产现场附近使用。使用量最大的部门是化石燃料加工（如加氢裂化、加氢精制等）与合成氨，其中合成氨以氮肥产品形式广泛应用于农业生产。

氢的这些应用主要是以氢为原料，最终体现于具体实物产品中，这称为氢的非能源利用或非能源原料利用。若氢的利用过程以释放能量为目的，且氢所蕴含能量由其他一次能源转化而来，最终转化为水或其他能量更低的物质，这称为氢的能源利用或氢作为能源载体利用。图 1－2 给出了 1990—2050 年氢的能源利用与原料利用及其所占比例的变化情况（DNV 预测值）。

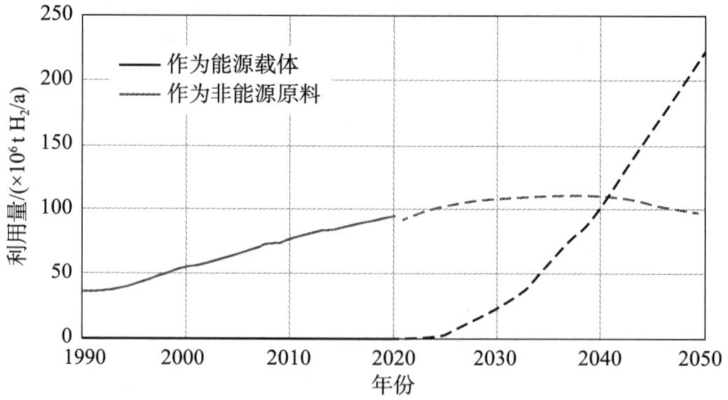

图 1-2　1990—2050 年氢的能源利用与原料利用及其所占比例的变化趋势

1.1.2　氢热物性

(1) 状态方程

精确的氢状态方程(Equation of State，EOS)是计算氢物性最重要的基础。通过热力学 Maxwell 关系式，一旦获得 p、V、T 之间的关系，其他各项热力学函数均可获得。

有很多状态方程可用于计算氢的热物性，其繁简程度与精度各异。美国商务部下属的标准局(National Institute of Standards and Technology，NIST)在线提供高精度氢物性数据[3]，该网站采用理论与实验数据相结合的方法计算氢的各种物性。

此外，也可通过一些第三方提供的程序插件(CoolProp)[4]来计算氢热物性与传递物性等。详细计算方法参见附录 B。

某些简便方法在一定适用范围具有足够精度，因而在工程上被广泛应用。最简单的状态方程是理想气体状态方程，它忽略气体分子间作用力与分子本身体积，适用于低压或高温气体。理想气体的 EOS 可表示为

$$p = \frac{R_g T}{V} \tag{1-1}$$

式中，R_g 为气体常数。若考虑气体分子间作用力与分子本身体积，就得到范德华(van der Waals)状态方程式

$$\left(p + \frac{a}{V^2}\right) = \frac{R_g T}{V - b} \tag{1-2}$$

式中，a、b 为依赖于气体种类的常数。如果 $a=0$，即不考虑分子间作用力，范德华状态方程式简化为 Abel - Noble 状态方程式

$$p = \frac{R_g T}{V - b} \tag{1-3}$$

式中，$b = 7.691 \times 10^{-3}\,\mathrm{m^3/kg}$。

密度 ρ 可表示为

$$\rho = \frac{1}{\dfrac{R_g T}{p} + b} \tag{1-4}$$

Abel－Noble 公式提供了气态氢的 p、V 和 T 之间简单而准确的关系，适用于温度大于 150K、压力低于 200MPa 的场合。在燃烧与安全计算中，广泛采用 Abel－Noble 公式[5]。

此外，在计算氢气压缩过程时，工程上习惯采用压缩因子 Z，即

$$\rho = \frac{1}{Z}\frac{p}{R_g T} \tag{1-5}$$

压缩因子可对高精度计算或实验数据拟合得到

$$Z = \sum_{i=1}^{6}\sum_{j=1}^{4} v_{ij} p^{i-1} (100/T)^{j-1} \tag{1-6}$$

式中，v_{ij} 为拟合系数，具体数值参见表 1－1。

表 1－1　压缩因子拟合系数[6]

v_{ij}		j = 1	2	3	4
i	1	1.00018	－0.0022546	0.01053	－0.013205
	2	－0.00067291	0.028051	－0.024126	－0.0058663
	3	0.000010817	－0.00012653	0.00019788	0.00085677
	4	－1.4368E－07	1.2171E－06	7.7563E－07	－1.7418E－05
	5	1.2441E－09	－8.965E－09	－1.6711E－08	1.4697E－07
	6	－4.4709E－12	3.0271E－11	6.3329E－11	－4.6974E－10

(2)热物理性质

常态氢和仲氢各类热物理性质可通过上述方法进行计算。图 1－3 为氢的气液固之间变化相图，其临界点温度为 33.145K，三相点温度为 13.957K，仲氢和常态氢的临界点稍有不同。

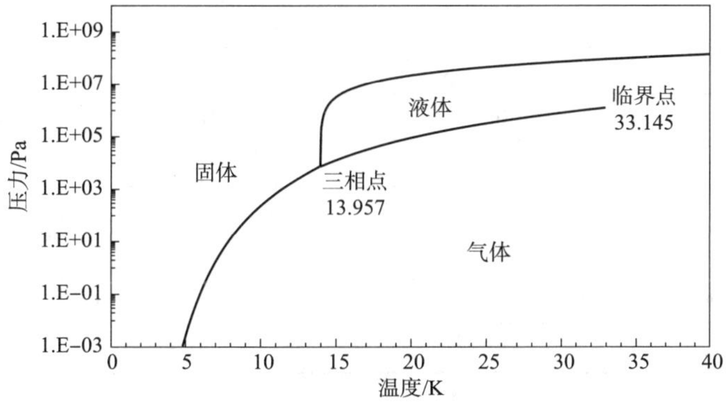

图 1－3　氢的相图

图 1－4 给出不同温度与压力下氢的存储密度。不同存储方式，其密度差异甚大。图中图框 1 是液氢(加压或常压)操作区域，图框 2 是高压气态氢操作区域。这两种方法可实现的最高氢密度为 70kg/m^3；图框 3 是最新发展的高压深冷(Cryo－compressed Hydrogen，CcH2)储存技术，其密度高达 100kg/m^3，但此技术还面临不少工程技术问题。

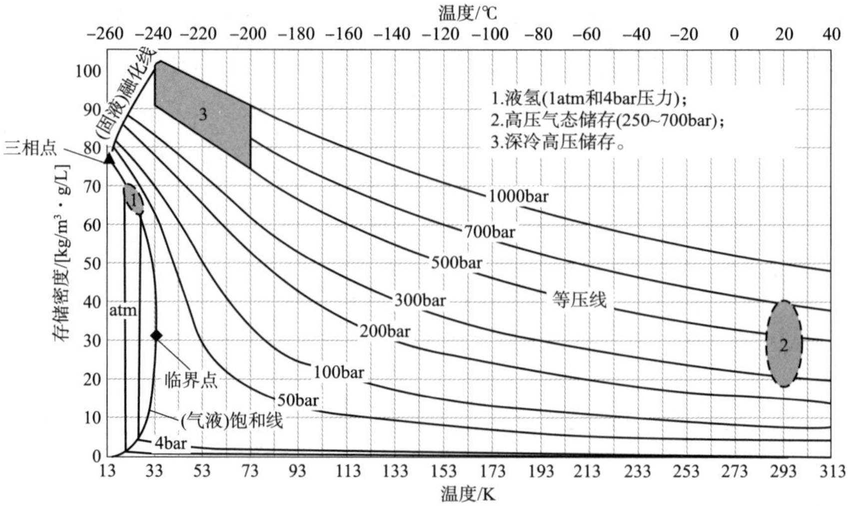

图 1-4 不同温度与压力下氢的存储密度

典型状态点的热物理性质见表 1-2[7]。

表 1-2 常态氢和仲氢的物理和热物理性质

(a)常温常压(Normal Temperature and Pressure, NTP)下的性质

性质	单位	常态氢	仲氢
温度，T	K	293.15	293.15
绝对压力，p	kPa	101.325	101.325
密度，ρ	kg/m³	0.08376	0.08376
比定压热容，c_p	kJ/(kg · K)	14.33	14.89
绝热指数，k	c_p/c_V	1.416	1.383
焓，h	kJ/kg	4129.1	4097.7
内能，u	kJ/kg	2919.5	2888.0
熵，s	kJ/(kg · K)	70.251	64.437
声速，a	m/s	1294	1294
黏度，μ	μPa · s	8.81	8.81
导热系数，λ	mW · m/K	183.8	191.4
温度为 300K 时常态氢转化为仲氢的转化热，Δh	kJ/kg	27.56	
体积膨胀系数，a	K^{-1}	0.003	33

(b)临界点(Critical Point, CP)下的性质

性质	单位	常态氢	仲氢
温度，T	K	33.15	32.976
绝对压力，p	kPa	1315	1292.8
密度，ρ	kg/m³	30.12	31.43

续表

性质	单位	常态氢	仲氢
焓，h	kJ/kg	577.4	38.5
内能，u	kJ/kg	—	2.8
熵，s	kJ/(kg·K)	27.07	17.6
声速，a	m/s	—	350
黏度，μ	μPa·s	3.5	3.5

(c)标准沸点(Normal Boiling Point，NBP)下的特性

性质	单位	常态氢		仲氢	
		气态	液态	气态	液态
温度，T	K	20.930		20.268	
绝对压力，p	kPa	101.325		101.325	
密度，ρ	kg/m^3	1.331	70.96	1.338	70.78
汽化潜热	kJ/kg	446.0		445.6	
比定压热容，c_p	kJ/(kg·K)	12.20	9.772	12.15	9.688
绝热指数，k	c_p/c_V	1.683	1.698	1.869	1.688
焓，h	kJ/kg	717.98	272.0	189.3	-256.3
内能，u	kJ/kg	641.9	270.7	113.6	-257.7
熵，s	kJ/(kg·K)	39.16	17.32	29.97	7.976
声速，a	m/s	357	1	101	355
黏度，μ	μPa·s	1.1	13.2	1.1	13.2
导热系数，λ	mW·m/K	16.9	99.0	16.9	99.0
常态氢转化为仲氢的转化热，Δh	kJ/kg	527.14			
体积膨胀系数，a	K^{-1}	0.0642	0.0164	0.0642	0.0164

(d)三相点(Triple Point，TP)下的性质

性质	单位	常态氢			仲氢		
		气态	液态	固态	气态	液态	固态
温度，T	K	13.957			13.803		
绝对压力，p	kPa	7.205			7.042		
密度，ρ	kg/m^3	0.1298	77.21	86.71	0.1256	77.021	86.50
比定压热容，c_p	kJ/(kg·K)	10.53	6.563	—	10.52	6.513	—
绝热指数，k	c_p/c_V	1.695	1.388	—	1.693	1.382	—
汽化潜热，Δh	kJ/kg	452.0			449.2		

续表

性质	单位	常态氢			仲氢		
		气态	液态	固态	气态	液态	固态
熔化潜热，Δh	kJ/kg	58.09			58.29		
升华潜热，Δh	kJ/kg	—	—	—	507.39		
焓，h	kJ/kg	669.67	217.6	159.5	140.3	-308.9	-367.2
内能，u	kJ/kg	612.52	215.8	157.7	84.23	-309.0	-367.3
熵，s	kJ/(kg·K)	46.4	14.2	10.1	37.52	4.961	0.739
声速，a	m/s	307	1282	—	305	1273	—
黏度，μ	μPa·s	0.74	26.0	—	0.74	26.0	—
导热系数，λ	mW·m/K	12.4	73.0	900	12.4	73.0	900
体积膨胀系数，a	K^{-1}	0.0752	0.0102	—	0.0752	0.0102	0.00494

(e)其他性质

性质	常态氢	仲氢
相对分子质量	2.01594	2.01594
常温常压下的气态氢与标准沸点下的液态氢密度相同时所需压力(固定容积，无泄漏)/MPa	172	—
焦耳-汤姆逊效应的最高转化温度/K	200	—
在常温常压空气中的扩散系数/(cm^2/s)	0.61	—

(3)与其他介质的物性比较

氢气与氦气、氮气、甲烷的热物理性质比较见表1-3[7]。

表1-3　氢气与其他常见气体的热物理性质比较

气体	20℃，100kPa下的密度/(kg/m^3)	20℃，100kPa下的黏度/(μPa·s)	在空气中的扩散系数/(cm^2/s)	低热值/(MJ/kg)
氢气/H_2	0.0827	8.814	0.61	119.93
氦气/He	0.1640	19.609	0.57	—
氮气/N_2	1.1496	17.637	0.20	—
甲烷/CH_4	0.06594	11.023	0.16	50.02

1.1.3　氢传递物性

表1-4和表1-5分别给出采用NIST REFPROP软件计算得到的氢在不同温度和压力下的黏度与导热系数数据[8]。

表 1－4 氢在不同温度和压力下的黏度 μPa·s

温度/℃	压力/MPa						
	0.1	1	5	10	30	50	100
－150	4.8	4.8	5.1	5.5	7.6	9.5	14.3
－125	5.5	5.5	5.7	6.0	7.5	9.2	13.1
－100	6.1	6.1	6.2	6.5	7.7	9.1	12.4
－75	6.7	6.7	6.8	7.0	8.0	9.2	12.1
－50	7.3	7.3	7.4	7.5	8.3	9.4	12.0
－25	7.8	7.8	7.9	8.0	8.7	9.6	12.0
0	8.4	8.4	8.4	8.5	9.1	9.9	12.1
25	8.9	8.9	8.9	9.0	9.5	10.3	12.3
50	9.4	9.4	9.4	9.5	10.0	10.6	12.5
75	9.9	9.9	9.9	10.0	10.4	11.0	12.7
100	10.4	10.4	10.4	10.5	10.8	11.4	13.0
125	10.9	10.9	10.9	10.9	11.3	11.7	13.3

表 1－5 氢在不同温度和压力下的导热系数 mW·m/K

温度/℃	压力/MPa						
	0.1	1	5	10	30	50	100
－150	83.559	85.232	—	—	—	—	—
－125	99.789	101.19	—	—	—	—	—
－100	115.95	117.17	122.49	—	—	—	—
－75	131.33	132.40	137.06	143.04	168.49	—	—
－50	145.84	146.80	150.96	156.26	178.78	202.68	—
－25	159.59	160.48	164.23	169.01	189.25	210.91	302.39
0	172.58	173.39	176.83	181.18	199.61	219.41	310.62
25	184.88	185.63	188.80	192.81	209.75	228.02	318.86
50	196.78	197.48	200.43	204.15	219.85	236.82	327.28
75	209.39	210.06	212.82	216.29	230.93	246.79	337.22
100	221.42	222.05	224.65	227.91	241.65	256.55	346.82
125	233.19	233.79	236.24	239.32	252.27	266.33	356.45

若需要显式公式，可采用式(1－4)、式(1－5)计算氢物性，此外，还可以采用 CoolProp 进行计算。附录 B 提供了 CoolProp 数据库的使用方法。

1.1.4 氢燃烧物性

氢燃烧特征直接关系到加氢站安全，因此，氢燃烧物性是所有物性中最重要的物性之一。由于氢分子量远小于可燃烧烃类或无机气体，其着火、燃烧与爆炸等特性与其他可燃气体或液体具有显著差异。氢燃烧速度快，火焰温度高，火焰接近无色，白天不易察觉，需设置紫外火焰探测器和红外火焰探测器。

表1-6给出氢气基本燃烧特性数据[7]。关于氢气燃烧过程及其安全性参见后续章节。

表1-6 氢的燃烧特性

项目	单位	数值
燃烧热	kJ/g	119.93~141.86
可燃极限(体积分数)	%	4.0~75(常温常压空气中)
		4.1~94(常温常压氧气中)
空气中的化学计量比浓度(体积分数)	%	29.53
空气中的最小点火能量	mJ	0.017
最小点火能量对应的氢浓度(体积分数)	%	22~26
空气中的着火温度	K	858
氧气中的着火温度	K	833
空气中的火焰温度	K	2318
常温常压空气中的燃烧速度	m/s	2.65~3.25
化学计量比(氢气/空气)混合物的爆燃速度	m/s	975
常温常压空气中的爆轰速度	m/s	1480~2150
常温常压空气中的最大爆轰压力	kPa	720
常温常压空气中的最大试验安全间隙	mm	0.08
常温常压空气中的灭火距离	mm	0.64
极限氧指数(体积分数)	%	5

氢的燃烧火焰温度随燃烧反应的混合物含量而变化。干空气中，101325Pa、298K条件下，燃烧产物温度范围从可燃性下限(LFL)的小于800K到化学计量比混合物[29.5% H_2(体积分数)]的2380K，以及可燃性上限(UFL)的约1300K。

1.2 燃料电池对氢气的品质要求

1.2.1 燃料电池工作原理

燃料电池不是一般意义的储能电池，而是一种电化学发电装置，将外部供应的燃料和氧化剂的化学能直接转化为电能(直流电)及生成热和反应产物。一般储能电池中的化学能通常来自金属及其离子或氧化物，它们通常已存在于电池中。燃料电池不同于大多数电池，它需要连续的燃料和氧源(通常来自空气)来维持化学反应，只要提供燃料和氧气，燃料电池就可连续发电。燃料电池有很多种，但它们都由阳极、阴极和电解质组成，电解质允许离子(通常是带正电的氢离子)在燃料电池两侧移动。

燃料电池按其使用电解质类型的不同可分为质子交换膜(Proton Exchange Membrane, PEM)、磷酸盐、固体氧化物和熔融碳酸盐等燃料电池。用于汽车的动力电池广泛采用质子交换膜燃料电池。

图1－5是质子交换膜氢燃料电池的工作原理示意图，其工作过程如下：

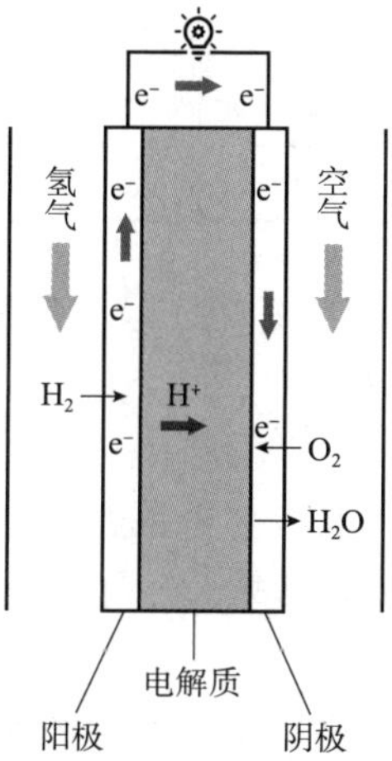

图1－5　质子交换膜氢燃料电池工作原理示意图

(1)氢气供给阳极(Anode)侧；

(2)在铂催化剂作用下，燃料在阳极发生氧化反应，分解为带正电荷的氢离子和带负电荷的电子；

(3)在阴/阳极电势差作用下，氢释放出来的电子通过带有负载的外电路从阳极流向阴极，产生直流电流；

(4)释放电子后的氢分子变成氢离子，通过扩散等作用，经聚合物电解质膜向阴极输运；

(5)氢离子与空气中的氧在阴极催化剂作用下，发生强氧化还原化学反应，结合回流电子生成水。

单个燃料电池产生的电势较小，开路电压为0.9～1.2V，因此，电池被“堆叠”或串联放置，以产生足够电压满足应用要求。除了电之外，燃料电池还产生水与热，并且根据燃料来源，还产生极少量二氧化氮和其他排放物。燃料电池能源利用效率一般为40%～60%，如果采用热电联产方案收集废热，整体可获得85%以上的能源利用效率。

1.2.2　氢气品质要求及杂质对燃料电池影响

(1)燃料电池加氢的氢气品质要求

表1－7给出(质子交换膜)燃料电池加氢的氢气品质要求[9]。

表 1-7 燃料电池加氢的氢气品质要求

序号	项目名称	指标	序号	项目名称	指标
1	氢气纯度	99.97%	9	一氧化碳(CO)	0.2
2	非氢气体总量	300①	10	总硫(按 H_2S 计)	0.004
3	水(H_2O)	5	11	甲醛(HCHO)	0.01
4	总烃(按甲烷计)②	2	12	甲酸(HCOOH)	0.2
5	氧(O_2)	5	13	氨(NH_3)	0.1
6	氦(He)	300	14	总卤化合物(按卤离子计)	0.05
7	总氮(N_2)和氩(Ar)	100	15	最大颗粒物浓度③	1
8	二氧化碳(CO_2)	2		—	

注：①序号 2~14 指标的单位是 μmol/mol；
②当甲烷浓度超过 2μmol/mol 时，CH_4、N_2 和 O_2 的总浓度不许超过 100μmol/mol；
③序号 15 指标的单位是 mg/kg。

(2)杂质对氢燃料电池性能的影响[10]

加氢站供应对象主要是车载燃料电池，氢在燃料电池内部所进行的是高纯环境下的精细电化学反应，这些反应对某些杂质非常敏感，了解这些影响并在运行时检测、控制杂质含量对加氢站具有重要意义。

惰性气体(如 Ar 和 N_2)：主要影响是惰性物质的稀释效应(对氢气的稀释)和惯性(扩散)效应降低了电池电势。高惰性气体浓度将导致电池组件的功率损失、燃料消耗增加和能源利用效率损失。此外，由高惰性气体浓度引起的氢气不足可能导致燃料电池组或车辆的永久性损坏。积聚在阳极回路中的惰性气体影响通风与循环风机控制。有研究表明，N_2 阻碍了吸附在阳极催化剂表面的 CO 解吸。此外，惰性气体还影响氢气分配计量仪表的精度。

O_2：对燃料电池阳极产生有害影响，但产生不利影响时的氧浓度尚不完全清楚。

CO_2：污染效应取决于其浓度、燃料电池运行条件和阳极催化剂组成。CO_2 稀释了氢气，影响燃料电池动力系统的排气和循环风机控制。高浓度的 CO_2 通过逆水煤气变换反应生成 CO，从而令催化剂中毒。氢气中 CO 和 CO_2 共存对电池性能有累积影响。

CO：会导致严重的催化剂中毒，对燃料电池动力系统性能产生不利影响。CO 会强吸附于 Pt(催化剂中的有效元素)，导致 H_2 吸附与氧化的有效表面积减小。催化剂中毒效应与 CO 浓度、暴露时间、电池操作温度和阳极催化剂类型密切相关。虽然 CO 对燃料电池性能的影响可通过膜电极组件的材料选择、系统设计、运行优化等缓解策略来逆转，但 CO 对燃料电池性能寿命的影响是不可逆的。为优化成本所导致的低催化剂负载量尤其会导致更严重的催化剂中毒效应。因此，氢燃料中的 CO 浓度允许值很低。

CH_4：是极少数不会污染质子交换膜燃料电池的碳氢化合物之一。它不与催化剂反应，因此稀释效应是 CH_4 的主要影响。

H_2O：液态水造成金属部件腐蚀，少量水就会对部件造成严重影响。此外，水影响排气功能。水为水溶性杂质提供了一种传输机制，特别是当以气雾剂形式存在时，水成为 Na^+、K^+、Ca^{2+}、Cs^+ 和 NH_4^+ 等阳离子的溶剂，阳离子吸收并阻断聚合物的官能团，从而降低质子膜的质子电导率。大量的水导致电池组件水汽管理问题，从而限制电流和增加过电位。在整个系统运行条件下，水应保持气态。氢气含水量还可用水露点表示，水露点与压力有关，通常应低于 -40℃。

总硫：含硫化合物导致严重的催化剂中毒，即使浓度很低，也会导致燃料电池性能的不可逆退化。相关的含硫化合物有 H_2S、SO_2、羰基硫化物、CS_2、甲硫醇。除了这些化合物之外，还可能存在更多的有害硫化物。含硫物质吸附在催化剂活性中心，阻断氢气在催化剂表面的吸附，导致性能显著下降。吸附的硫化物与 Pt 反应形成非常稳定的硫化铂，导致无法回收催化剂中的贵金属。较低的催化剂负载量特别容易受到催化剂中毒污染物的影响。

NH_3：降低聚合物的质子电导率，从而导致不可逆的燃料电池性能下降。NH_3迁移到膜中，并与质子反应生成 NH_4^+，然后 NH_4^+吸收并阻断聚合物的官能团。影响程度取决于 NH_3 浓度和暴露时间。氨在催化剂表面的吸附覆盖了活性中心，导致催化剂性能下降。

总烃：不同的碳氢化合物对燃料电池性能影响不同。主要影响是吸附在催化剂上，减少了催化剂表面积，从而降低电池性能。另一个影响是分解成 CO，然后吸附在催化剂层上。影响的严重程度取决于碳氢化合物类型。一般来说，芳香烃在催化剂表面的吸附比其他碳氢化合物更强烈。酸、醛等会降低催化剂性能。密封件和软管中可能发现的邻苯二甲酸酯、角鲨烯、芥酸酰胺会导致排气端出现问题。CH_4是一种惰性成分，它对燃料电池性能的影响是稀释氢燃料。

HCHO：对燃料电池性能的影响与 CO 相似。甲醛在催化剂上的吸附过程与 CO 相同，一旦吸附，甲醛立即转化为 CO 和 H_2，生成的 CO 吸附在催化剂上，导致催化剂有效表面积减小，从而降低电池性能。甲醛污染可通过改变电池电压和用纯氢吹扫来恢复。因此，甲醛是一种可逆污染物，对燃料电池的影响与 CO 相同。较低的催化剂负载量特别容易受催化剂中毒污染物的影响。

HCOOH：对燃料电池性能的影响与 CO 相似。在一定的操作条件下，CO 是甲酸吸附并生成 CO_2和 H_2 反应的中间产物。中间产物在催化剂上的吸附导致催化表面积减少，从而降低电池性能。由甲酸引起的污染可通过改变电池电压和用纯氢吹扫来恢复。因此，甲酸是一种可逆污染物，对燃料电池的影响与 CO 相同。较低的催化剂负载量特别容易受催化剂中毒污染物的影响。

卤代化合物：吸附在催化剂层上，减少了催化表面积，降低了电池性能。卤代化合物引起的性能下降是一种不可逆影响。电解水制氢产生一定量的氯，氯化物形成可溶的氯化络合物，随后在燃料电池膜中沉积，这导致铂的溶解。潜在的卤化物来源还包括氯碱生产过程、加工过程中使用的制冷剂和清洁剂。

He：主要影响是稀释(氢气的稀释)和惯性(扩散)效应，降低了电池电位。较高的惰性气体浓度也可能影响排气和循环风机控制。目前的排气设计不会受到较高惰性气体浓度的不利影响，然而，较高的惰性气体浓度将导致功率损失、燃料消耗增加和燃料电池效率损失。

固体颗粒物：气溶胶是分散在气体中的固体/液体颗粒，这些颗粒可能在氢的生产、储存或输送过程进入系统。标准规定了最大颗粒物浓度，以确保过滤器不会堵塞，颗粒不会进入燃料电池系统并影响系统部件和电池组的运行。允许的颗粒最大粒径尚未规定，但粒径应尽可能小，一般应小于 5mm。氢气流中的颗粒对燃料电池组、燃料电池部件和整个燃料电池动力系统有各种影响。这些微粒很多源于加氢站的运行过程，包括清洁剂、油、润滑油、硅氧烷、离子液体、离子液体分解产物、添加剂、金属、金属氧化物和金属离子等。这些物质吸附在燃料电池催化剂的活性部位，阻碍了氢气在催化剂表面的吸附，导致性能显著下降。其他影响包括膜的质子传导性降低、对储存系统的影响以及对氢传感器的干扰等。因此，需要过滤掉氢气流中的固体与液体颗粒，以防止对燃料电池动力系统造成不利影响。

氢气中杂质除了会影响燃料电池性，还对车载供氢系统造成不良影响，如凝胶与颗粒物会造成系统中阀门、减压阀、过滤器、安全泄放阀等关闭不严、内漏、减压不稳、堵塞和氢气泄漏等。长期使用杂质超标氢气还会对氢气瓶内胆造成腐蚀，降低气瓶承压能力与使用寿命。当前运行的一些加氢站已发现，将石化行业副产纯化后的氢当作电解氢进站后，造成了供氢系统故障。因此，应特别重视氢气品质的进站检验。

1.2.3 氢气成分检测方法

针对气体化学成分的分析主要有三类方法，即色谱（Gas Chromatography，GC）、质谱（Mass Spectrum，MS）和各种光学方法[11]。其中，色谱有时仅作为分离混合物的方法使用，分离后的成分仍然依赖光学、电学或热力学方法进行识别与定量。在气相色谱法中，气体样品被注入特定的色谱柱，在色谱柱中分离出单个组分，然后进入检测器。检测器分析各种物理量的变化，以提供成分浓度的定量结果。检测器可采用多种技术，例如：热导检测器（Thermal Conductivity Detector，TCD）；电子捕获检测器（Electron Capture Detector，ECD）；氢火焰离子化检测器（Flame Ionization Detector，FID）；脉冲火焰光度检测器（Pulsed Flame Photometric Detector，PFPD）；脉冲氦离子化检测器（Pulsed Discharge Helium Ionization Detector，PDHID）。大多数 GC 柱针对特定类别的化学品进行了优化。单个 GC 分析多种污染物可能需要多个色谱柱。质谱仪可用作独立检测器，或者与 GC 联用，这对于复杂混合物的检测很常见。在质谱仪中，气体被电离形成粒子，粒子通过磁场加速，粒子的电荷与其质量之比（荷质比，Charge to Mass Ratio，m/z）使它们在磁场存在时改变方向，磁场可量化并用于区分粒子类型及其浓度。MS 比 GC 分析快得多。光学技术通常涉及通过气体样品施加辐射源（如光源）并测量辐射的透射或吸收。光学方法的原理是大多数气体吸收特定波长的辐射，吸收量与浓度成比例。傅立叶变换红外光谱（Fourier Transform Infrared Spectroscopy，FTIR）是一种常见光学技术，可对成分进行定性与定量分析。无论哪种分析技术，当元素含量较低时，都会遇到各种各样的检出限问题。表 1－8 给出采用各种方法检测氢气杂质时的检出限。

表 1－8　氢气成分检测方法的检出限

成分	分析方法	SAE J2719 标准	仪器最低检出限/ppm
总烃	GC－FID/FTIR	2	0.012
氦	GC－TCD	300	20

续表

成分	分析方法	SAE J2719 标准	仪器最低检出限/ppm
氮	GC－PDHID	100	11
氩	GC－PDHID	100	11
二氧化碳	GC－FID/FTIR	2	0.23(FID)/0.011(FTIR)
一氧化碳	FTIR	0.2	0.02
总硫	GC－PFPD	0.004	0.0106~0.0071

图1－6给出杂质影响程度与检测难度表[11]，从图中看出，总硫和一氧化碳是最需要重点检测的杂质成分。

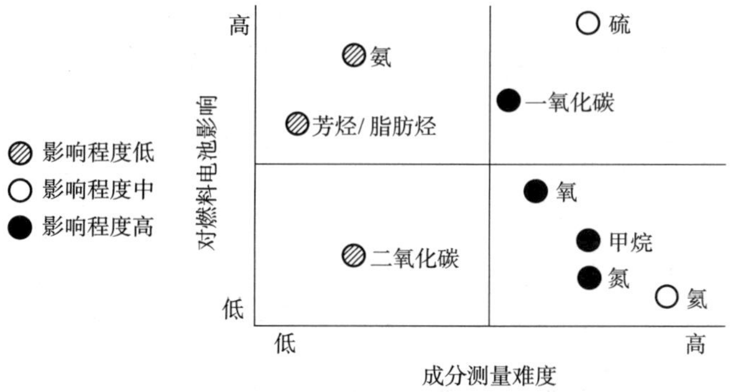

图1－6　杂质影响程度与检测难度表

氢气中的杂质会显著影响燃料电池工作性能，因此，有必要对其成分进行严格检测。但如前所述，各类杂质成分的含量控制指标极低，因此，如何实现高精度、可靠的检测非常重要。例如，氢气中总硫控制指标是十亿分之四，如何在储氢罐或加氢枪前进行采样才能获得具有真实成分的样品而不被污染？如何选择样品的盛装容器才能避免对硫化物的吸附并保持组分稳定？鉴于质子交换膜燃料电池对氢气质量的高要求以及氢气中杂质种类的多样性，目前还难以用一种方法将氢气中所有种类的杂质及其含量进行精确检测。痕量分析除了需要分析仪器具有较高检测灵敏度以外，对于样品的前处理、分析过程的操作以及分析流程的设计都提出了更高的要求。针对氢燃料指标的成分检测，美国材料与试验协会(American Society for Testing and Materials，ASTM)制定了各项标准，我国的GB/T 37244中也推荐了相应的采样与测量方法。

ASTM制订的氢气成分检测标准：

(1)ASTM D7650/喷嘴处氢燃料颗粒的取样；

(2)ASTM D7606/喷嘴处气态氢取样；

(3)ASTM D7652/H_2在0.02ppbv时H_2S、COS、CH_3SH和CS_2的分析；

(4)ASTM D7649/用喷射脉冲喷射/GC/MS分析5ppmv或更低的氢气中的CO_2、Ar、N_2、O_2和H_2O；

(5)ASTM D7651/氢燃料中微粒浓度的测量；

(6)ASTM D7634/氢燃料中颗粒尺寸的测量；

(7) ASTM D7892/氢燃料中总有机卤化物、总非甲烷烃和甲醛的气相色谱和质谱测定。

不同的氢气来源其所含杂质种类不同，因此，针对不同的氢源，应采取适用的检测方法。表 1 –9 针对不同的氢气来源给出可能存在的杂质种类。

表 1 –9　氢气来源及其杂质

氢源	压缩氢气								液氢
站内储氢方式	压缩氢气							液氢/气氢	液氢
生产/净化方式	电解			裂解/PSA				液化	
原料	碱性	PEM	氯碱	NG	甲醇	乙醇	汽油	无关原料	
水	X	X	X	X	X	X	X	X	n/a
钾离子	3	n/a	n/a	n/a	n/a	n/a	n/a	n/a	n/a
钠离子	n/a	n/a	3	n/a	n/a	n/a	n/a	n/a	n/a
总烃	X	X	X	X	X	X	X	X	n/a
氧	X	n/a	n/a	1	1	1	1	n/a	n/a
氦	n/a	n/a	n/a	1	1	1	1	n/a	n/a
氮/氩	2	2	2	2	2	2	2	2	2
二氧化碳	2	2	2	1，2	1，2	1，2	1，2	2	2
一氧化碳	n/a	n/a	n/a	1	1	n/a	n/a	n/a	n/a
硫	X	X	X	X	X	X	X	X	n/a
甲醛	n/a	n/a	n/a	n/a	1	n/a	n/a	n/a	n/a
甲酸	n/a	n/a	n/a	n/a	1	n/a	n/a	n/a	n/a
氨	n/a	n/a	n/a	1	1	n/a	n/a	n/a	n/a
总卤化物	n/a	n/a	X	n/a	n/a	n/a	n/a	n/a	n/a
颗粒	X	X	X	X	X	X	X	X	n/a

注：X——如果存在故障或污染，则可能发生，应始终进行测试；

1——若氢气进站时有产品质量报告，则无须测试；

2——调试/维护后可能会发生污染，预计会随着使用而减少；

3——若未超过含水极限，则无须测试这些杂质。

DOE 在近期研究计划中[12]，拟采用两台仪器进行在线成分测量，其中一台测量一氧化碳，剩余的成分采用 FTIR 测量。在线测量一氧化碳的仪器已研制成功，单台价格仅为 3000 美元。

当氢用于内燃机进行燃烧利用时，对其品质要求将大为降低，检测和采样要求也宽松许多。

习题/思考题

1. 比较 NIST 和 Abel – Noble 两种方法得到的氢气密度。
2. 利用 Maxwell 关系式，获得焓、熵的计算公式。

3. 对燃料电池正常工作危害最大的化学杂质有哪些？应采用哪种方法进行检测？
4. 仲氢与常态氢的物性区别有哪些？在低温下有何意义？
5. 什么是爆炸(explosion)、爆燃(deflagration)、爆轰(detonation)和爆裂(bursting)？
6. 氢气泄漏至空气中，当浓度大于4%一定会发生爆炸吗？

参考文献

[1]冯光熙，黄祥玉，申泮文，等．无机化学丛书(第一卷)：稀有气体 氢 碱金属[M]．北京：科学出版社，1984.

[2]AMERICAN NATIONAL STANDARDS INSTITUTE. Guide to safety of hydrogen and hydrogen systems：G－095A－2017[S]. Reston：American Institute of Aeronautics and Astronautics，2017.

[3]NIST chemistry webbook，SRD 69：hydrogen[DB/OL]. [2023－01－10]. https：//webbook. nist. gov/cgi/inchi/InChI%3D1S/H2/h1H.

[4]BELL I H，WRONSKI J，QUOILIN S.，et al. Pure and pseudo－pure fluid thermophysical property evaluation and the open－source thermophysical property library CoolProp[J]. Industrial & Engineering Chemistry Research，53：2498－2508.

[5]GROTH K M，HECHT E S，REYNOLDS J T. Methodology for assessing the safety of hydrogen Systems：HyRAM 1. 0 technical reference manual：SAND2015－10216[R]. Albuquerque：Sandia National Laboratories，2015.

[6]中国节能协会．氢燃料电池车辆用加注规范 第一部分：通用要求：T/CECA－G 0018—2018[S].

[7]全国氢能标准化技术委员会．氢系统安全的基本要求：GB/T 29729—2022[S]．北京：中国标准出版社，2023.

[8]LEMMON E W，HUBER M L，MCLINDEN M O. NIST Standard Reference Database 23，Reference Fluid Thermodynamic and Transport Properties(REFPROP)，version 9. 0[DB]. Gaithersburg：National Institute of Standards and Technology，2010.

[9]全国氢能标准化技术委员会．质子交换膜燃料电池汽车用燃料 氢气：GB/T 37244—2018[S]．北京：中国标准出版社，2018.

[10]ISO. Gaseous hydrogen－fuelling stations－Part 8：Fuel quality control：ISO 19880－8：2020[S]. Zurich：International Organization for Standardization，2020.

[11]TERLIP D，AINSCOUGH C，BUTTNER W，et al. H2FIRST hydrogen contaminant detector task：NREL/TP－5400－64063[R]. Golden：National Renewable Energy Lab，2015.

[12]BUTTNER W，POST M，KOLEVA M，et al. Hydrogen Contaminant Detector：DOE Hydrogen Program 2021 Annual Merit Review and Peer Evaluation Meeting[EB/OL]. [2023－07－01]. https：//www. hydrogen. energy. gov/docs/hydrogenprogramlibraries/pdfs/review21/h2042_buttner_2021_p－pdf. pdf?sfvrsn=15e2de4e_0.

2 加氢站选址与布局

加氢站选址需进行多方案比较，方案选择主要决定于最终投资收益。作为处理危险性介质的场所，加氢站选址受多方面因素限制与约束，其中，加氢站级别是主要限制因素之一。当选址与初步工艺方案确定之后，在确保安全前提下，站场内、外布置是影响加氢站占地面积从而影响最终投资收益的重要因素。本章首先介绍加氢站分级原则与计算方法，然后介绍站址选择原则与方法，给出加氢站内设备与外部建筑物防火距离规定。接下来以某加氢站为实例，列出加氢站主要设备组成及其功能分区，在此基础上，说明站区平面布置原则并给出实例。

2.1 分级原则与计算方法

2.1.1 加氢站类型

加氢站有多种分类方法，按加注燃料不同，可分为单独建设加氢站以及具备汽油、柴油、LPG(Liquefied Petroleum Gas，液化石油气)、LNG(Liquefied Natural Gas，液化天然气)和CNG(Compressed Natural Gas，压缩天然气)等燃料加注的合建站。单独建设加氢站或合建站内的加氢部分可进一步细分。单独建设的加氢站目前适用标准是GB 50516《加氢站技术规范》(2021年版)[1]；油、气、氢等合建站适用GB 50156《汽车加油加气加氢站技术标准》[2]。GB 50156是多个地方政府[3,4]进行加氢站或合建站内加氢部分的工程验收主要标准。与欧美广泛建设的单独的加氢站不同，在2019年之后，伴随GB 50156—2021《汽车加油加气加氢站技术标准》的编制与实施，国内广泛建立的是依托原有加油(气)站而增设的加氢合建站，并且，这些合建站中的加氢设施几乎全部针对的是诸如公交车、卡车、物流车、厂区或港口等叉车等各类商用车。国内氢燃料电动汽车发展以各类商用车的发展为初期重点[5]，适用于商用车的加氢站广泛采用35MPa压力级别，而不是70MPa乘用车加注系统。

GB 50156中所规定的合建站中存储与加注燃料包括汽油、柴油、乙醇汽油、甲醇汽油、LPG、CNG、LNG、L-CNG(液化天然气气化再压缩的压缩天然气)、GH(气态氢)、LH(液态氢)和L-GH(液态氢气化再压缩的压缩氢气)。该标准中的“加油”涵盖汽油、柴油、乙醇汽油、甲醇汽油等；“加气”涵盖LPG、CNG、LNG和L-CNG；“加氢”涵盖GH、LH和L-GH。

表2-1是自从1992年首次制定标准之后，GB 50156历次修改所适用范围的变化。从表中看出，“加油站”所处理的“油品”或燃料不断顺应时代发展而发生变化。

表 2-1 GB 50156 的历次修改及其适用范围的变化

年份	标准名称	适用范围	适用范围的变化
1992	GB 50156—1992《小型石油库及汽车加油站设计规范》	适用于小型石油库和汽车加油站的新建工程和扩建工程的设计	首次编写
2002	GB 50156—2002《汽车加油加气站设计与施工规范》	适用于新建、扩建和改建的汽车加油站、液化石油气加气站、压缩天然气加气站和汽车加油加气合建站工程的设计和施工	删除了原规范中有关小型石油库设计方面的内容； 增加了汽车用 LPG(液化石油气)加气站内容； 增加了 CNG(压缩天然气)加气站内容； 增加乙醇汽油使用； 制定了加油加气合建站的有关规定
2006	GB 50156—2002(2006 年版)《汽车加油加气站设计与施工规范》	适用于新建、扩建和改建的汽车加油站、液化石油气加气站、压缩天然气加气站和汽车加油加气合建站工程的设计和施工	适用范围无变化
2012	GB 50156—2012《汽车加油加气站设计与施工规范》	适用于新建、扩建和改建的汽车加油站、加气站和加油加气合建站工程的设计和施工	增加了 LNG(液化天然气)加气站内容； 增加了电动汽车充电设施内容
2014	GB 50156—2012(2014 年版)《汽车加油加气站设计与施工规范》	适用于新建、扩建和改建的汽车加油站、加气站和加油加气合建站工程的设计和施工	适用范围无变化
2021	GB 50156—2021《汽车加油加气加氢站技术标准》	适用于新建、扩建和改建的汽车加油站、加气站、加油加气合建站、加油加氢合建站、加气加氢合建站、加油加气加氢合建站工程的设计和施工	增加了加氢合建站的内容

在能源危机、环境保护、CO_2减排及气候变化等背景下，交通领域尝试过的可替代燃料(Alternative Fuel)或非常规燃料(Unconventional Fuels, Advanced Fuels)种类繁多，目前仍处于发展变化之中。形成一定规模并商业化运行的可替代燃料，在加油站规范的历次修订中都有所体现。

国内各类清洁替代燃料发展过程中，在不同时期分别大力推广过 LPG、CNG 和 LNG，加气站场很多也依托于原有加油站进行建设。这与国内经济环境和能源发展历程等诸多因素相关联。上述燃料种类中，目前国内 LPG 机动车保有量已很少，CNG 汽车在某些城市的保有量仍然较大，且以乘用车为主。在重卡领域，LNG 应用仍很普遍。乙醇汽油在黑龙江、吉林、辽宁、河南、安徽等5省普遍使用，在其他省份则部分使用。甲醇汽油目前还在试点。图2－1给出美国各类可再生替代燃料加油(气)站数量及其历史变化[6]。

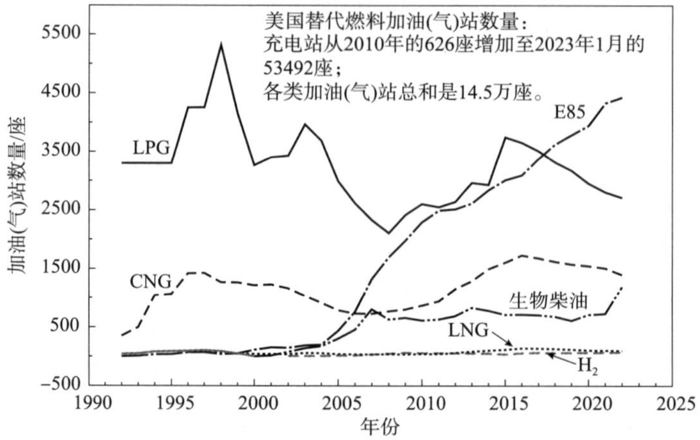

图2－1　美国各类可再生替代燃料加油(气)站数量(截至2023年1月)

在GB 50156中规定汽车加油加气加氢站内可设置电动汽车充电设施[1,2,7]，但对此规定目前还存在一定争议，从现场运行角度考虑，在加氢站内建设充电站存在一定安全隐患。

独立建设加油站或者加氢站而不是与其他建筑物合建，是由所处理对象的易燃易爆特性所决定的，即该燃料对公众存在较大危险性，因此，有必要集中进行建设、运行、管理和监管。充电桩的风险远小于加油加氢站，这主要是由于其能量通过电网输送而不是就地储存，然后“加注”给机动车。但如果改为换电站，即在合建站建设有大量的动力电池，那么，按照目前的电池技术，其危险性将大大增加[8]。因此，加氢合建站内一旦存储大量动力电池，在设计、运行等方面就需要仔细斟酌。此外，充电设施一般不防爆，设备布置时须远离爆炸危险区域。

由于可替代燃料(能源)的发展和在交通领域的渗透是一种渐进、缓慢发展过程，因此，在可预计的相当长时间内，新建、扩建和改建的加氢设施还需要依托于当前广泛分布的加油站。本文所称加氢站既包括单独建站，也包括合建站。

2.1.2　加氢站分级原则

加氢站所存储燃料量越多，其释放能量就越大，一旦发生泄漏、着火与爆炸等事故，造成的损失也越大。因此，从风险控制角度出发，根据储存燃料总质量的多少，加氢站被分为若干等级并制订与其相应的安全防火标准，以保证加氢站的风险控制在一定范围以内。加氢站的安全防火距离、人员编制、各种设施和技术要求，均要根据加氢站等级和相应的技术规定分别予以考虑。

对于压缩性气体(例如70MPa的高压氢气)，在其释放至大气环境过程中，产生巨大机械效应，这足以产生相当的破坏力；同样，存在潜在相变可能的介质(例如－253℃的液氢)，在其相变过程中，也会产生强烈的机械效应并引发破坏和伤害。

此外，不同的燃料储存形式、发生破坏的历程以及事故发生概率等诸多因素均影响加氢站安全性能。这些都是加氢站进行分级需要考虑的因素。

对于单独建设的加氢站，由于仅存储氢，其分级相对较为简单。表 2－2 给出单独建设的加氢站的分级标准。

表 2－2 加氢站的等级划分[1]

等级	储氢容器容量/kg	
	总容量 G	单罐容量①
一级	$5000 \leqslant G \leqslant 8000$	$G \leqslant 2000$
二级	$3000 < G < 5000$	$G \leqslant 1500$
三级	$G \leqslant 3000$	$G \leqslant 800$

注：①液氢罐的单罐容量不受本表中单罐容量的限制。

对于混合加氢站，针对不同燃料类型和储存形式，表 2－3 列出合建站中不同燃料分级所采用的燃料容量形式。

表 2－3 合建站中不同燃料分级所采用的燃料容量形式[2]

燃料种类	GH	LH	汽油	柴油	LPG	CNG	LNG
容量计算形式	质量 G	质量 G	体积 V	体积 V，减半计算	体积 V	体积 V；不分级，控制总量	体积 V

2.1.3 储罐容积与库容计算方法

加氢站内储氢容器总容积或库容应根据氢气来源、氢燃料电池汽车及氢气天然气混合燃料汽车数量、每辆汽车的氢气充装容量、充装时间以及储氢容器压力等级等因素确定。

储氢容器的容积(容量)有公称容量、储存容量、作业容量和计算容量等几个不同容量概念。这些容量的数值一般并不相等。公称容量或名义容量、公称储量、名义储量，是指储氢容器系列中的容积等级，一般按纯氢介质，依据储罐公称尺寸，在参考工况下计算得到的储存质量并圆整。

储存容量是考虑储罐实际尺寸与变形后，在操作工况下，储罐内部实际储存的氢气质量，也称为水容积，相当于储罐内胆的实际容积。对于高压气态储氢，水容积是在高压状态下测量得到的实际充水容积。

作业容量是指储氢容器装载时，充装率一般不允许达到 100%；卸载时，又禁止将罐内氢完全排空，因此，容器内储存的氢不能被完全利用，最大储存容量也不能完全利用。装卸过程中可利用的那部分氢质量，称为作业容量。

计算容量是指针对不同工艺与安全的要求，具体所使用的容量标准。

在一般性的工艺计算以及与其他专业协调时，计算容量采用公称容量，以简化实际计算过程。计算加氢站等级时，凡存储于站内的氢，均构成风险因素，因此，需要考虑站内实际储存的全部氢，此时，应采用储存容量作为计算容量。有时为了简化计算，当储存容量与公称容量差别不大时，储存容量也可按参考工况与储罐名义尺寸进行计算。为满足氢加注、转运等作业需求而进行的工艺计算应采用作业容量作为计算容量。

储氢容器按制造材质可分为金属材质、纤维增强金属内胆和全非金属材质储氢容器。

按储存介质类型可分为高压气态储氢、液态储氢、金属氢化物储氢等多种形式。加氢站固定式高压气态储氢一般采用设计工作压力为20MPa或40MPa钢制压力容器，也可采用多个小容量气瓶组合成气瓶管束。当采用碳纤维增强气瓶结构时，高压下气瓶存在变形。某公司公称容积166L的35MPa气瓶，其水压试验下的最大变形量为2717mL，即实际存储量大于公称容量。液态储存一般采用双层高真空金属容器，储存介质为常压低温或者高压低温液氢。

对于典型的固定式钢制高压氢气储罐、碳纤维高压氢气储罐以及长管拖车而言，公称容量与储存容量差别不大，但作业容量显著小于公称容量。以公称压力20MPa的长管拖车为例，由于拖车卸气压力不低于5MPa，在参考温度下(15℃)，其作业容量仅占公称容量的72.7%。若拖车作为分级加注的最后一级，假定其卸气压力不低于8MPa，在参考温度下，其作业容量仅占公称容量的57%。加氢站一般采用不同压力等级的多级高压瓶组的顺序取气工艺，整个高压储罐系统的作业容量显著低于储存容量。

对于液氢储罐，由于罐内存在潜液泵、隔舱、液位计、各种内部管路以及其他结构，加之充装系数问题，公称容量与储存容量差别较大。

无论哪种储氢形式，其容量均按质量计算。在一定容积下，由于气态氢储存质量与温度、压力紧密相关，因此，高压气态氢气储存质量一般基于15℃或20℃的温度以及储氢容器额定工作压力(绝对压力)进行计算。常压液态氢储罐可按实际储罐水容量与常压下密度进行计算。计算高压液态氢储罐公称容量时，需要考虑操作工况下的压力。

当氢气长管拖车、氢气管束式组装箱、液氢罐车、液氢罐式集装箱等运输氢的车辆作为加氢站内固定储氢设施使用时，其容量需计入总容量中。工艺过程中加气、卸气以及为降低气流脉动导致机组共振而设置的缓冲罐，当其容量足够大时，也应计入总容量中。这些储存容器的容积大小均影响最终的加氢站级别及其安全距离。

不同的燃料形式，其储存容量用于加氢站级别计算时的折算当量并不一致。表2－4给出合建站级别计算时各类燃料折算当量。从表中可看出，按照折算当量计算，氢气的危险性并不比CNG和LNG更危险，从而导致更高的安全分级。

表2－4　合建站分级各类燃料折算当量

序号	汽柴油	LPG	CNG	LNG	GH	LH	各类燃料在合建站分级燃料库容计算方法		
							三级站	二级站	一级站
1	√						$V \leqslant 90m^3$	90~150	150~210
2		√					$V \leqslant 30m^3$	30~45	45~60
3			√				$V \leqslant 30m^3$	$V \leqslant 30$	$V \leqslant 30$
4				√			$V \leqslant 60m^3$	60~120	120~180
5					√		$G \leqslant 3t$	3~5	5~8
6						√	$G \leqslant 3t$	3~5	5~8
7	√	√					$\frac{V_{Oil}}{120}+\frac{V_{LPG}}{30} \leqslant 1$	$\frac{V_{Oil}}{180}+\frac{V_{LPG}}{45} \leqslant 1$	$\frac{V_{Oil}}{240}+\frac{V_{LPG}}{60} \leqslant 1$

续表

序号	汽柴油	LPG	CNG	LNG	GH	LH	各类燃料在合建站分级燃料库容计算方法		
							三级站	二级站	一级站
8	√		√				$V_{Oil}\leqslant 90$ $V_{CNG}\leqslant 12$	$V_{Oil}\leqslant 120$ $V_{CNG}\leqslant 24$	$V_{Oil}\leqslant 150$ $V_{CNG}\leqslant 24$
9	√			√			$\frac{V_{Oil}}{120}+\frac{V_{LNG}}{60}\leqslant 1$	$\frac{V_{Oil}}{180}+\frac{V_{LNG}}{120}\leqslant 1$	$\frac{V_{Oil}}{240}+\frac{V_{LNG}}{180}\leqslant 1$
10	√				√		$\frac{V_{Oil}}{120}+\frac{G_{GH}}{2}\leqslant 1$	$\frac{V_{Oil}}{180}+\frac{G_{GH}}{4}\leqslant 1$	$\frac{V_{Oil}}{240}+\frac{G_{GH}}{8}\leqslant 1$
11	√					√	$\frac{V_{Oil}}{120}+\frac{V_{LH}}{60}\leqslant 1$	$\frac{V_{Oil}}{180}+\frac{V_{LH}}{120}\leqslant 1$	$\frac{V_{Oil}}{240}+\frac{V_{LH}}{180}\leqslant 1$
12	√			√	√	√	—	$\frac{V_{Oil}}{180}+\frac{V_{LNG}}{120}+\frac{G_{GH}}{4}\leqslant 1$ $\frac{V_{Oil}}{240}+\frac{V_{LNG}}{180}+\frac{V_{LH}}{120}\leqslant 1$	$\frac{V_{Oil}}{240}+\frac{V_{LNG}}{180}+\frac{G_{GH}}{8}\leqslant 1$ $\frac{V_{Oil}}{240}+\frac{V_{LNG}}{180}+\frac{V_{LH}}{180}\leqslant 1$

注：V 表示体积，G 表示质量；氢气库容按照储存质量计算，其他燃料按照储存容积计算。

2.1.4 混合加油、加气、加氢站分级计算方法

混合加氢站级别不仅取决于储氢量的多少，还取决于其他燃料储存容量，尤其是受到储存汽油、柴油容量的限制，其计算稍微复杂一些。如表 2－5 ~ 表 2－7 所示[2]。

表 2－5 是加油与高压储氢加氢合建站的等级划分。

表 2－5 加油与高压储氢加氢合建站的等级划分

合建站等级	油罐总容积与氢气总储量计算公式	油品储罐单罐容积/m^3
一级	$V_{01}/240+G_{H1}/8000\leqslant 1$	≤50
二级	$V_{02}/180+G_{H2}/4000\leqslant 1$	汽油罐≤30，柴油罐≤50
三级	$V_{03}/120+G_{H3}/2000\leqslant 1$	≤30

注：V_{01}、V_{02}、V_{03} 分别为一、二、三级合建站中油品储罐总容积，单位为 m^3；G_{H1}、G_{H2}、G_{H3} 分别为一、二、三级合建站中氢气的总储量，单位为 kg。式中“/”为除号。

表 2－6 是加油与液氢储氢加氢合建站的等级划分。

表 2－6 加油与液氢储氢加氢合建站的等级划分

合建站等级	油罐总容积与氢气总储量计算公式	配套储氢容器、氢气储气井总容积/m^3	油品储罐单罐容积/m^3
一级	$V_{01}/240+V_{H1}/180\leqslant 1$	≤15	≤50
二级	$V_{02}/180+V_{H2}/120\leqslant 1$	≤12	汽油罐≤30；柴油罐≤50
三级	$V_{03}/120+V_{H3}/60\leqslant 1$	≤9	≤30

注：V_{01}、V_{02}、V_{03} 分别为一、二、三级合建站中油品储罐总容积，单位为 m^3；V_{H1}、V_{H2}、V_{H3} 分别为一、二、三级合建站中液氢储罐总容积，单位为 m^3。式中“/”为除号。

表2－7是加油、LNG加气与高压储氢或液氢储氢加氢合建站的等级划分。

表2－7　加油、LNG加气与高压储氢或液氢储氢加氢合建站的等级划分

合建站等级	油罐和LNG储罐总容积、氢气总储量计算公式	油罐、LNG储罐和液氢储罐总容积计算公式
一级	$V_{O1}/240+V_{LNG1}/180+G_{H1}/8000\leqslant1$	$V_{O1}/240+V_{LNG1}/180+V_{H1}/180\leqslant1$
二级	$V_{O2}/180+V_{LNG2}/120+G_{H2}/4000\leqslant1$	$V_{O2}/180+V_{LNG2}/120+V_{H2}/120\leqslant1$

注：①V_{O1}、V_{O2}分别为一、二级合建站中油品储罐总容积，单位为m^3；V_{LNG1}、V_{LNG2}分别为一、二级合建站中LNG储罐的总容积，单位为m^3；G_{H1}、G_{H2}分别为一、二级合建站中氢气的总储量，单位为kg；V_{H1}、V_{H2}分别为一、二级合建站中液氢储罐总容积，单位为m^3。"/"为除号。

②LNG加气站包括L－CNG加气站、LNG/L－CNG加气站。

③配套储氢容器、氢气储气井总容积、CNG储气设施总容积应小于或等于$12m^3$。

2.2　站址选择

2.2.1　加氢站选址原则

加氢站以及合建站的站址选择应遵循如下几个原则[9－11]：

(1)符合国家法律、法规和各类行政规定

例如，加氢站位于军事禁区、机场等重要设施附近时，应符合相应的规范、标准对布置的要求。

(2)满足区域、地方政府的城市(镇)、区域、工业区的规划与要求

例如，站址选择应节约土地，不占或少占良田；有条件时应开拓新的土地资源，减少拆迁。站址的选择一般需要进行严格的环境评价，有需要的地方还需要进行安全评价。各类评价中，需要针对地方行政部门的各种规定与要求进行合规性说明[4,12]。

(3)符合各项与环境保护、安全相关的要求

①选址应符合环境保护的有关规定，保护附近城市(镇)和居住区的环境质量，有利于人身和生产安全；

②宜保留原有绿地，合理布置防护林带和新的绿地；

③不应选在对站场环境、劳动安全卫生有威胁的区域，如有严重放射性物质或大量有害气体的地域、传染病和地方病流行区域、有爆破作业的危险区；

④在城市中心区不应建一级汽车加油加气加氢站、CNG加气母站。

(4)符合各种技术限制与约束条件，保证技术经济性最优

①应考虑自然气候、气象、地形、地质、水文等对加氢站的影响，因地制宜，充分利用自然条件，例如，不应选在有泥石流、滑坡、流沙、溶洞等直接危害的地段；

②岸基水上加油加氢站应选在船舶流量较大且陆路交通便利的岸边，海边站应防止潮汐及盐雾的侵害；

③站址附近宜有方便的电源、水源、热源及通信线路等公共基础设施；

④满足生产要求，有利于外部与加氢站内的物料输送和节约能源；

⑤宜避开地下构筑物、各类地下管线与地下电(光)缆等。

(5)符合整体经济性最大化

①当前氢能正处于快速发展前期，因此，宜对近期和远期工程项目进行全面考虑与统一安排；

②站址应根据可行性研究报告预测的氢供应量、车流量、车型、车辆进站率、销售量以及非燃料品需求等因素选择在车流量大、交通便利地段；

③站址选择既要满足各种车辆对加油加氢的要求，又要兼顾非氢业务要求；

④宜选择与公路高差小的地理区块或区域；

⑤站址应选在交通便利且用户及其车辆进出方便的地方；

⑥城市建成区内的加氢站宜靠近城市道路，但不宜选在城市干道交叉路口附近；

⑦统一考虑站外运输的便利性和经济性；

⑧新站址应与现有加氢站保持合理距离。

2.2.2 加氢站选址方法与步骤

按照上述选址原则，一般可确定加氢站大致地域、范围，结合具体站场规模、工艺方案以及主体设备类型，对所选地址进行合规校核，编制可行性研究报告后，经由相关部门论证、审批和备案后即可进行具体建设施工[12]。

从经济性角度考虑，加氢站选址与其他诸如超市、消防设施、物流中心等设施点的选址类似，是运筹学中的经典问题[13-15]，即在选定区域内选取一个或多个设施使经济性目标最优。此外，公共设施的选址还涉及社会、管理学等诸多问题。但就目前而言，加氢站建设仍处于政策扶持阶段，且主要是服务于特定商用车的加氢站[16]，商用车数量、线路以及行驶里程相对固定，但是中远期发展的不确定性很大，因此，在加氢站具体选址时，地点选择的自由度相对较少、不确定性却很大。

2.2.3 加氢站工艺设备与站外建(构)筑物的安全间距

当加氢站的站址初步确定后，结合具体工艺原则流程即可确定初步的设备组成及其布置方案。此时，需要校验加氢站的合规性，其中，最重要的就是论证初步方案中的加氢站工艺设备与站外建(构)筑物的安全间距(防火间距、防火距离、安全距离)是否符合要求，若初步方案不满足要求，就需要修改方案，若修改后的方案仍然不符合要求，加氢站将不能通过评审论证与批准。

加氢站与站外设施之间所设置的安全间距有两方面作用：一是防止站外明火、火花或其他危险行为影响加氢站自身安全；二是避免加氢站发生泄漏、着火、爆炸等事故时，对站外人员、设施与财产造成危害。加氢站的设防边界是站区围墙或站区边界线；对站外设施来说，需要根据设施的性质、人员密集程度等条件区别对待其设防边界。设置与站外建(构)筑物安全间距可降低“不伤害别人”“不被别人伤害”事件发生的概率与后果，而设置站内安全间距的作用是“不伤害自己”。

存在风险的场所与操作过程，可用风险事件发生的概率和该事件造成的后果来进行定量风险评估[17,18]。

对于加氢站，所谓风险事件发生概率是指在正常操作过程中发生泄漏、着火、爆炸等事件的可能性。这一方面源于设备或工艺过程本身存在问题，另一方面也可能源于人员操作失误；针对以往的事故进行统计，辅以数学模型，可大致得到某些工艺与设备发生某一特定事件的概率[18]。而该事件造成的后果是指发生事件之后，对人、财、物等造成的损失或负面影响。例如，加氢站存在众多高压可拆卡套接头，若发生泄漏，可能造成着火、爆炸，假定该接头发生泄漏的频率 f 是 10^{-5}次/年，加氢站卡套接头总数 N 是 1000 个，那么，发生接头泄漏的频率 f_N 为

$$f_N = f \times N \tag{2-1}$$

同样，泄漏后着火的概率是 f_{Fire}，那么，依次乘以各项概率，就可得到某个事件发生的总概率。依据事故所涉及的各种物理、化学过程，进行相应的计算，就可得到最终的安全间距。例如，根据管道尺寸和压力，可计算得到着火(射流火)的火焰长度，然后计算热辐射，根据人员可承受的热辐射强度，就可确定出伤亡的情况和安全距离。其中，伤亡或损失情况若小于某个可接受值，那么，这个风险就是可承受的，这种方法是一种定量风险评价。其中，所涉及的基本原理是确定各类安全间距和安全问题分析的基础。

加氢站或合建站内，燃料在各类设备内部沿工艺路线顺序流动，设备或管道一旦泄漏，就会释放出可燃物质并与空气形成爆炸性气体混合物，遇到火源就会发生火灾或爆炸。氢气作为可燃物具有与其他可燃物相同的重要特点之一——具有最小的点火能，即高压状态泄漏后极易发生爆炸。

因此，加氢站安全设计的首要任务是要防止火灾发生，即防止上述存在伤害潜质事件的发生或降低其发生概率。防止火灾发生大致有两种办法。一种办法是工艺安全。例如：加强设备的强度和密闭性能，设置防护设备和消防设备等。另一种办法是保持安全距离，使发生火灾的设备不影响未发生火灾的设备或其他设施。

安全距离究竟定多少为最恰当？这是一个很难确定的问题。单从安全角度出发，当然距离越远越安全。然而，发生火灾和爆炸的原因是多方面的，从过去发生火灾事故原因分析中知道，多数原因是误操作或违反防火规范造成的[19-21]。即使保持了一定的安全距离也不一定绝对可靠，再则，一旦火灾或爆炸发生又有很多影响因素，不是靠加大距离就能免受其影响的，所以安全距离只能是相对的。在国外的标准、规范中，安全距离没有统一的标准[22-25]。由于各国技术水平和消防设施不同，再加上国情等多方面因素的影响，因而制定的防火间距也不尽相同。例如：有些国家，国土不大、地皮昂贵，偏重于采用较高程度的安全设备而较少占用土地，因而制定的防火间距较小；而另一些国家则相反。从建设许可与工程验收角度来看，加氢站与站外设施之间的间距必须严格遵守已颁布的各项国家标准或地方性法规。

防火间距的确定要考虑诸多因素。除了前面所述的防止火灾发生的两个办法，还要具体研究可燃物质散发的可能最大距离，火灾蔓延的影响范围，建筑物的耐火等级和耐火保护的耐火极限，防火对象的重要性、火灾发生概率及其影响，等等。

广东省对新建加氢站选址要求进行定量风险分析和安全评价。加氢站须计算个人风险、社会风险和外部安全距离，须满足 GB 36894—2018《危险化学品生产装置和储存设施风险基准》，确保加氢站对高敏感防护目标、重要的防护目标、一类防护目标构成的风险

在可接受范围内[3]。

表2－8是GB 50516规范所给出的加氢站内氢气工艺设施与站外建筑物、构筑物的防火距离规定。其中的储氢容器是指固定安装、用于储存氢燃料的压力容器，包括氢气储存压力容器、液氢储存压力容器和固态储氢压力容器，简称为储氢容器。

表2－8　加氢站内氢气工艺设施与站外建筑物、构筑物的防火距离

m

项目名称		储氢容器			氢气压缩机(间)、加氢机	放空管管口
		一级	二级	三级		
重要公共建筑		50	50	50	35	50
明火或散发火花地点		40	35	30	20	30
民用建筑物保护类别	一类保护物	35	30	25	20	25
民用建筑物保护类别	二类保护物	30	25	20	14	20
民用建筑物保护类别	三类保护物	30	25	20	12	20
生产厂房、库房耐火等级	一级、二级	25	20	15	12	
生产厂房、库房耐火等级	三级	30	25	20	14	
生产厂房、库房耐火等级	四级	35	30	25	16	
甲类物品仓库，甲、乙、丙类液体储罐，可燃材料堆场		35	30	25	18	30
室外变、配电站		35	30	25	18	30
铁路		25	25	25	22	30
城市道路	快速路、主干路	15	15	15	6	15
城市道路	次干路、支路	10	10	10	5	10
架空通信线		不应跨越，且不得小于杆高的1倍				
架空电力线路		不应跨越，且不得小于杆高的1.5倍				

注：①加氢站的橇装工艺设施与站外建筑物、构筑物的防火距离，应按本表相应设施的防火间距确定。

②加氢站的工艺设施与郊区公路的防火距离应按城市道路确定；高速公路、Ⅰ级和Ⅱ级公路应按城市快速路、主干路确定；Ⅲ级和Ⅳ级公路应按城市次干路、支路确定。

③氢气长管拖车、管束式集装箱固定车位与站外建筑物、构筑物的防火距离，应按本表储氢容器的防火距离确定。

④铁路以中心线计，城市道路以相邻路侧计。

表2－9是GB 50156合建站标准所给出的站内氢气工艺设备与站外建(构)筑物的安全间距规定。与GB 50516相比，两个标准所规定的安全间距大致相同。与表2－8相比，GB 50156将液氢储罐与一般储气容器分开来确定安全间距。一般而言，高压气体储罐或管道泄漏后，其释放的气体量较液体储罐大；着火后形成很长的射流火焰，对周边设备与人员造成极大的危害。液氢储罐存储压力远小于高压气态氢储罐，发生事故的概率以及发生事故后所造成的后果均小于相应气态氢储罐，因此，其设定的安全间距较气态氢储罐更小。此外，GB 50156将可燃液体储罐中的丙类液体单独分出，并制订了较小的安全间距，这对于建设在存储有丙类液体(润滑油、甘油、重柴油、乙二醇等)介质的工业园区内的加氢站具有重要意义。

表 2-9　加氢合建站中的氢气工艺设备与站外建(构)筑物的安全间距　m

项目名称		储氢容器(液氢储罐)			放空管管口	氢气储气井、氢气压缩机、加氢机、氢气卸气柱、氢气冷却器、液氢卸车点
		一级	二级	三级		
重要公共建筑		50(50)	50(50)	50(50)	35	35
明火或散发火花地点		40(35)	35(30)	30(25)	30	20
民用建筑物保护类别	一类保护物	35(30)	30(25)	25(20)	25	20
	二类保护物	30(25)	25(20)	20(16)	20	14
	三类保护物	30(18)	25(16)	20(14)	20	12
甲、乙类物品生产厂房、库房，甲、乙类液体储罐		35(35)	30(30)	25(25)	25	18
丙、丁、戊类物品生产厂房库房，丙类液体储罐以及单罐容积不大于 $50m^3$ 的埋地甲、乙类液体储罐		25(25)	20(20)	15(15)	15	12
室外变、配电站		35(35)	30(30)	25(25)	25	18
铁路、地上城市、轨道线路		25(25)	25(25)	25(25)	25	22
城市快速路、主干路和高速公路、一级公路、二级公路		15(12)	15(10)	15(8)	15	6
城市次干路、支路和三级公路、四级公路		10(10)	10(8)	10(8)	10	5
架空通信线路		1.0*H*			0.75*H*	
架空电力线路	无绝缘层	1.5*H*			1.0*H*	
	有绝缘层	1.0*H*			1.0*H*	

注：①室外变、配电站指电力系统电压为35～50kV，且每台变压器容量在10MV·A以上的室外变、配电站，以及工业企业的变压器总油量大于5t的室外降压变电站。其他规格的室外变、配电站或变压器应按丙类物品生产厂房确定。

②地下LNG储罐和半地下LNG储罐与站外建(构)筑物的距离，分别不应低于本表地上LNG储罐的安全间距的70%和80%，且不应小于6m。

③一、二级耐火等级民用建筑物面向加气站一侧的墙为无门窗洞口实体墙时，站内LNG设备与该民用建筑物的距离，不应低于本表规定的安全间距的70%。

④LNG储罐、放空管管口、加氢机、LNG卸车点与站外建筑面积不超过 $200m^2$ 的独立民用建筑物的距离，不应低于本表的三类保护物的安全间距的80%。

⑤表中一级站、二级站、三级站包括合建站的级别。

⑥*H* 为架空通信线路和架空电力线路的杆高或塔高。

⑦表中括号内数字为液氢储罐与站外建(构)筑物的安全间距。

表2-10是三级混合站不同燃料及储存形式与站外建(构)筑物的安全间距规定。从中可以看出，不同燃料及其储存形式对安全间距影响甚大。

表 2-10　三级混合站不同燃料及储存形式与站外建(构)筑物的安全间距[2]　m

站外建(构)筑物		储氢容器(液氢储罐)	埋地油罐	CNG储气瓶
建筑	公用	50(50)	35(25)	50
	民用	20(16)	8.5(6)	20
厂房		25(25)	12.5(9)	25

续表

站外建(构)筑物			储氢容器(液氢储罐)	埋地油罐	CNG 储气瓶
道路	铁路		25(25)	15.5(15)	30
	公路	干线	15(8)	5.5(3)	12
		支线	10(8)	5(3)	10
基础设施	电网电站		25(25)	12.5(12.5)	25
	通信线路		1.0H	5(5)	1.0H
	电力线路		1.5H	6.5(6.5)	1.5H
明火/火源			30(25)	12.5(10)	30

注：①H 表示架空通信线路和架空电力线路的杆高或塔高。

②表中括号内数字为液氢储罐与站外建(构)筑物的安全间距。

表 2-11 给出 GB 50156 规范中的具体规定，即加油站、加油加气合建站、加氢合建站中的汽油、柴油工艺设备与站外建(构)筑物的安全间距，不应小于表 2-11 的规定。与表 2-10 相比，二者在具体的安全间距数值上存在少许差异。

表 2-11　汽油(柴油)工艺设备与站外建(构)筑物的安全间距[2]

m

站外建(构)筑物		站内汽油(柴油)工艺设备			
		埋地油罐			油气回收处理装置
		一级站	二级站	三级站	
重要公共建筑物		35(25)	35(25)	35(25)	35(25)
明火地点或散发火花地点		21(12.5)	17.5(12.5)	12.5(10)	12.5(10)
民用建筑物保护类别	一类保护物	17.5(6)	14(6)	11(6)	11(6)
	二类保护物	14(6)	11(6)	8.5(6)	8.5(6)
	三类保护物	11(6)	8.5(6)	7(6)	7(6)
甲、乙类物品生产厂房、库房，甲、乙类液体储罐		17.5(12.5)	15.5(11)	12.5(9)	12.5(9)
丙、丁、戊类物品生产厂房、库房，丙类液体储罐以及单罐容积不大于 50m³ 的埋地甲、乙类液体储罐		12.5(9)	11(9)	10.5(9)	10.5(9)

注：①室外变、配电站指电力系统电压为 35～500kV，且每台变压器容量在 10MV·A 以上的室外变、配电站，以及工业企业的变压器总油量大于 5t 的室外降压变电站。其他规格的室外变、配电站或变压器应按丙类物品生产厂房确定。

②汽油设备与重要公共建筑物的主要出入口(包括铁路、地铁和二级及以上公路的隧道出入口)还不应小于 50m。

③一、二级耐火等级民用建筑物面向加油站一侧的墙为无门窗洞口的实体墙时，油罐、加油机和通气管管口与该民用建筑物的距离，不应低于本表规定的安全间距的 70%，并不得小于 6m。

④表中一级站、二级站、三级站包括合建站的级别。

⑤表中括号内数字为柴油设备与站外建(构)筑物的安全间距。

对于典型加氢站，其周边可能有学校(一类)或其他建筑(三类)，对此类型加氢站，标准对储氢容器与站外各类建筑物有最严格的距离要求，表 2-12 给出不同级别加氢站储罐与站外环境的间距 D，以此可确定加氢站最小占地面积 $A(A=\pi D^2/4)$。从表中看出，对于三级站，其最小占地面积约为 2.4 亩(1600m²)。若考虑加氢站还需布置站房、加注区、车辆行驶道路等，则加氢站占地面积一般大于 3 亩(2000m²)。同等规模、类似周边环境的国内加氢站或加油站，其占地面积显著大于欧美站场。

表 2-12 储罐与站外环境的间距与加氢站最小占地面积 m/亩

外部环境类型	一级站	二级站	三级站
一类建筑	35/7.3	30/5.4	25/3.7
三类建筑	30/5.4	25/3.7	20/2.4

针对加氢站工艺设备的安全间距设计，美国标准为 NFPA 2[24]，此标准主要源于 NFPA 55[25]。欧洲的适用标准是 ISO 19880[22]。NFPA 2 安全距离的设置原则是：首先基于发生一定的概率事件假设，然后进行事故后果计算，得到安全距离，此安全距离针对不同的设备和操作工况，其安全距离不同。例如，对于两条都是 35MPa 额定工作压力的管道，但管道内径不同，发生泄漏、着火时所导致的射流火焰长度不同，从而热辐射伤害半径不同，那么，其安全距离就不同。欧洲标准则要求：首先按照上述所说的定量风险评价程序进行各类工艺设备的风险评价，然后进行最终的评审与评估。

图 2-2 给出 NFPA 2 所规定高压氢气储罐与内外部建(构)筑物、人员等的安全间距，从图 2-2 与表 2-8 的对比可以看出，NFPA 2 所规定的安全距离大多数显著小于 GB 50156 所规定的对应距离，当然，二者对内外部建(构)筑物、人员的分类有所不同。与最新的版本相比，早期 NFPA 2 版本规定的安全间距要更大，这导致新建加氢站以及在加油站基础上的改扩建加氢站选址困难，经过系列细致化的实验，新版本降低了对安全距离的要求。

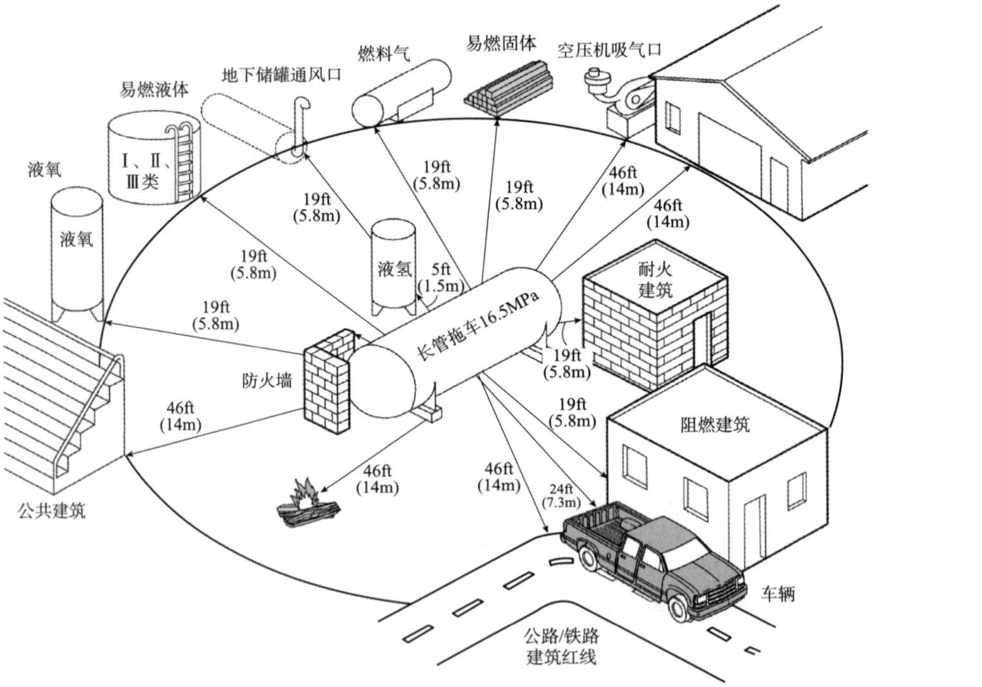

图 2-2 NFPA 2 高压氢气储罐与内外部建(构)筑物安全间距

按照 ISO 标准进行严格的定量风险评价存在的困难有：已建成运营的加氢站数量较少，因此，相关工艺设备与过程发生事故的概率缺乏足够的现场数据支撑。此外，当前加氢站各项技术仍处在快速发展中，这进一步降低了定量风险评价的准确度。

尽管安全距离的确定是一种合规性检查和校验，但在加氢站运行过程中，内外部环境总会发生变化或出现影响安全的突发事件，此时，利用定量风险分析或者正确地计算事故后果对运行和管理具有重要意义[18]。对于安全距离已经确定的加氢站场，安全防范重点是尽可能降低事故发生概率。

按当前各类技术规范与管理规定，结合加氢站与加油站的分布、配置情况，在满足安全条件下，新建加氢站的选址存在一定困难，而建设油气氢合建站的可行性更好。

2.3 加氢站设备组成、分区与防火间距

2.3.1 加氢站基本组成

由于采用的工艺不同，加氢站设备及其组成差异很大。按功能进行分区，加氢站内设施与区域可分为：供应区、处理区、储存区、加注区和辅助区。如表 2－13 所示。

表 2－13 加氢站基本组成

供应区	处理区	储存区	加注区	辅助区
站内制氢	分离净化	高/中/低压储罐		站房
管道输出	压缩机			
长管拖车	气化器			供配电
液氢槽车	制冷机加热器	液氢储罐	加氢机计量/控制	安防
卸气柱	预冷器			消防区
低温泵	顺序控制盘	储气井	加氢枪	其他设施

表 2－13 中横线标示的是最简单的无固定储存区的加氢站组成，所用设备包括长管拖车、压缩机、制冷机、顺序控制盘、加氢机、加氢枪以及辅助的站房、供配电、安防和消防区等设施。

2.3.2 功能分区及其主要设备

图 2－3 是加氢站原则流程与工艺设备，图中给出各种可能的工艺单元。对于一种具体工艺，其中并没有给出一些工艺单元，实现某类功能的设备一般布置在一起，形成一个功能分区。

下面给出 500kg/d 加氢量的某橇装加氢站的主要设备及其选择依据。这些设备代表了典型加氢站所用设备规格与型号。加氢站橇装化不仅能显著降低现场安装工作量，且更易实现工厂化制造与安装，减少占地面积需求，从而降低建设成本。但加氢站内压缩机所需制冷单元机组、储罐等系统仍然需较大占地面积，其小型化、橇装化存在困难。此外，加氢站各单元设备间距也不应布置得过于紧凑，否则，一旦某设备出现泄漏、着火等事故，容易使事故扩大，阻碍消防救援，阻滞人员疏散，因此，宜保留必要分隔空间。完全的橇装化加氢站适合小型机组以及各类临时性的加氢需求。对于加氢量较大的加氢站，各功能单元可进行模块化生产，从而减少系统耦合，加快加氢站部署。

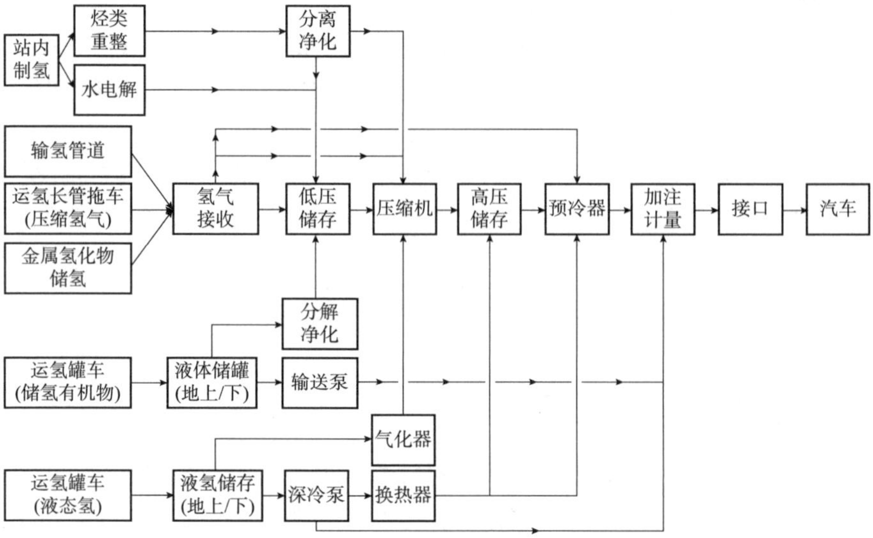

图2－3　加氢站原则流程与工艺设备

(1)橇装加氢站工艺流程

该橇装加氢装置的主要设备由卸气柱(从长管拖车卸氢)、氢气压缩机、储氢瓶组、加氢机及控制系统等组成。加氢装置采用外供氢模式，氢气长管拖车为氢源，氢气由长管拖车卸气后经氢气压缩机加压，由加氢机加注至氢燃料电池汽车(图2－4)。

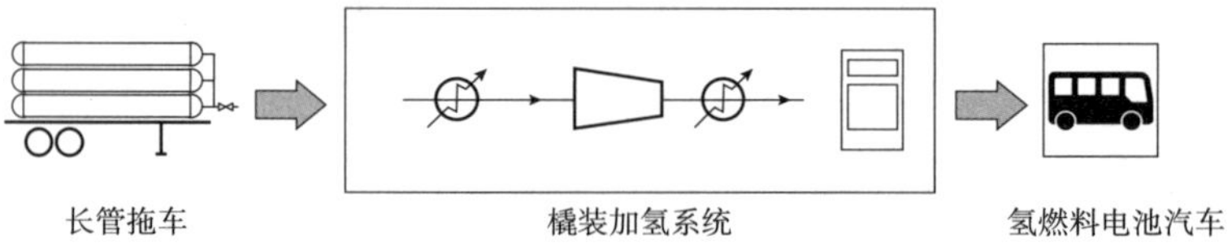

图2－4　橇装加氢站简易流程

根据加氢装置的工艺需求及设计控制要求，系统以数据采集控制系统和上位机为核心组成站点监控系统。实现对整个生产过程的监控。其系统共分为三个层次，即现场设备层、采集控制层、信息管理层。

(2)主要工艺设备选型

表2－14给出某橇装加氢装置的主要工艺设备选型结果。

表2－14　橇装加氢装置主要工艺设备选型

序号	设备名称	技术性能
1	氢气隔膜压缩机	型号：PDC－13－7500 进气压力：5～20MPa 出口压力：45MPa 单台排气量：468Nm^3/h 数量：1台 含冷却系统，换热功率≥15kW 额定工作压力：35MPa 加注流量：0.3～2kg

续表

序号	设备名称	技术性能
2	加氢机	数量：1 台 配置 TK25、TK16 加氢枪各一把，双枪单计量 收费软件、配套计算机、IC 卡
3	卸气柱	氢气进口：2 个 氮气进口：2 个 额定工作压力：20MPa
4	站控系统	PLC + 上位机，包含远程监控接口、通信协议 TCP/IP、设置氢气泄漏检测系统、火焰检测系统及视频监控系统(两路)
5	低温/快速加注冷却系统	工业冷水机组，制冷量≥50kW，冷冻水出水温度：根据客户要求可选 5℃或者 -20℃
6	氢气预冷换热器	换热量：≥50kW 型式：印刷电路板式换热器
7	现场材料	包含管道、放散塔、阻燃电缆等
8	备品备件	常规卡套、垫片，一年内更换压缩机膜片 1 套，机油、油滤 2 次，校验替换用压力表、安全阀 1 套

(3)氢气隔膜压缩机

①根据加氢站对氢气纯度与品质的使用要求，氢气压缩机有如下特点：

a. 气体在压缩过程中不受任何污染；

b. 气体在压缩过程中无泄漏；

c. 压缩比大；

d. 排气压力高。

根据上述氢气压缩机的要求，加氢站的氢气压缩机选用隔膜式压缩机。隔膜式压缩机作为一种特殊的往复式压缩机，通过一组膜片将液压油系统和气体压缩系统完全分开。隔膜压缩机中，膜片由液压油驱动，完成吸气、压缩、排气的循环往复的过程。膜腔中气体压缩系统没有任何需要润滑的滑动部件，而是由静密封件与液压油系统做到与外界完全密封。

②氢气压缩机设备参数的选择依据：

a. 动力规格：380V/3/50Hz；

b. 压缩机防爆等级：Ex d ⅡC T4；

c. 控制柜等级：适用氢气防爆等级；

d. 冷却进水压：<1.0MPa；

e. 仪表气：0.4~0.8MPa；

f. 气体种类：氢气；

g. 气体来源：长管拖车；

h. 最高入口压力：20MPa；

i. 最低进气压力：5MPa；

j. 额定排气压力：45MPa；

k. 气体油含量：无油。

③隔膜压缩机主要由电机、底座、曲轴箱、曲轴连杆运动机构、缸体部件、油气管路、电控系统以及一些附件组成。可实现下述功能：

a. 压缩机膜片破裂，报警停机；

b. 润滑油压力低，报警停机；

c. 进气压力低，报警停机；

d. 排气压力高，报警停机；

e. 冷却水流量低，报警停机；

f. 冷却水温度高，报警停机；

g. 排气温度高，报警停机；

h. 润滑油温度低和高，报警停机；

i. 提供冷却系统；

j. 压缩机进、出口管道设置置换吹扫阀；

k. 压缩机进、出口与第一个切断阀之间设置安全阀。

表 2－15 给出所选定氢气压缩机的主要性能参数，此参数由设备选型后的生产商提供。

表 2－15　45MPa 氢气压缩机主要参数

机组性能参数			
项目	单位	参数	备注
进气压力	MPa	5～20	
入口温度	℃	30	
额定排气压力	MPa	45	
最大排气量	Nm^3/h	745	20MPa 压力
气体油含量	—	100% 无油	
排气温度	℃	≤45	冷却后
机组结构参数			
机组形式	—	往复隔膜式	
机组布置	—	水平布置	
氢气冷却方式	—	水冷	
油冷却	—	水冷	
缸头腔内润滑	—	全密封，无油	
传动方式	—	皮带传动	
机组安装及防爆等级			
安装位置	—	压缩机橇内	
压缩机电机防爆等级	—	Ex d ⅡC T4	
控制柜防爆等级	—	Ex de ⅡC T4	
机组噪声（距机组 1m 处噪声）	Db(A)	<85	

(4)加氢机

作为计量设备的加氢机是用于加氢站计量结算的加气设备，计算机控制部分采用工控微处理芯片；选用质量流量计，内置温度传感器以实现温度补偿；所有管路、阀门、接头及流量计等均采用不与气体介质发生化学反应的材料；电气部分采用防爆结构以适应加氢装置的(爆炸性)环境。

压缩氢气经过管道进入加氢机，依次流经入口过滤器、针阀、单向阀、气控阀(低压、中压或高压)、质量流量计、应急球阀、拉断阀、高压软管、加氢枪，最后流入车载气瓶。质量流量计测出流经加氢机的气体密度、温度、质量流量等参数的物理信号，经由信号转换器转换成电脉冲信号并传送至 PLC 控制器，计算机经计算后得出相应的体积/质量、金额并由显示屏展示给用户，从而完成一次加气计量过程。加氢机还宜具有与车载储氢罐通信并控制加注过程的功能，车载气瓶温度、压力、容积等信息可实时传输至加氢机，便于安全可靠地实现加注过程。着眼于未来对车载供氢系统的诊断，车载系统的信息也需要实时传递相关信息至加氢站。当前欧美正在开发的大流量商用车加氢协议，也以车辆与加氢站之间的通信为基础。

加氢机主要技术参数：

①计量精度：±1%；

②流量范围：≤3.6kg/min；

③型式：双枪，TK25、TK16 加氢枪各 1 把；

④进气形式：单线；

⑤工作压力：35MPa；

⑥最大工作压力：43.8MPa；

⑦设计压力：48.2MPa；

⑧环境温度：-25 ~ +55℃；

⑨工作电源：220V ±15%，(50 ±1)Hz；

⑩功率：<200W；

⑪环境湿度范围：20% ~95% RH；

⑫环境大气压：80 ~110kPa；

⑬计量单位：kg，Nm^3；

⑭读数最小分度值：0.01kg，Nm^3；

⑮单次计数范围：0 ~9999.99Nm^3，kg；

⑯累计计数范围：0 ~999999.99Nm^3，kg；

⑰单价设置范围：0 ~99.99 元/Nm^3，元/kg；

⑱预置定量范围：1 ~9999.99Nm^3，元/kg；

⑲具有软管拉断阀，拉断后软管两端均能密封，防止气体流出；

⑳加气控制方式：单压力控制加气；

㉑带通信协议控制接口，可与计算机连接，监控加气机的工作状态；

㉒具有气体泄漏报警功能；

㉓具有收费软件及配套 IC 卡。

(5)卸气柱

卸气柱是将外供氢源(即氢气长管拖车)的氢气安全卸至橇装加氢站的装置，设计参数为氢气进口2个，氮气进口2个，额定工作压力为20MPa。

(6)站控系统

1)电源及供电系统：

主要动力设备包括1台压缩机(70kW)、1套冷水机组(75kW)、1台加氢机(2.0kW)、仪表自控系统、照明、备用等用电负荷，按总功率约150kW设计。

2)设备选型及线路敷设：

站区爆炸危险场所内的电气设备应符合《爆炸和火灾危险环境电力装置设计规范》[26]的要求，防爆等级不低于Ex d ⅡC T4。站区内动力线路采用铠装电缆沿沟敷设方式，电缆沟内充沙填实，电缆进出建筑物、出地面及穿越车行道处要穿钢管保护。场地照明选用防爆灯具，照明线路穿镀锌钢管敷设。

3)防雷防静电接地：

按标准GB 50057《建筑物防雷设计规范》要求，站区按“二类”防雷建筑物设防，罩棚屋面设避雷网，利用基础内钢筋做接地装置。

为保证站区用电设备和站区供、配电系统的安全运行，供电系统设避雷器；为减少过电压危害，低压电源进线配电柜和配电箱处均加装电涌保护器；对特别重要仪器仪表电源则加装插座式电涌保护器，达到三级保护要求。

在站内工艺管道的始末端和分支处做防静电接地，在爆炸危险区域内工艺管道上的法兰、高压胶管两端做防静电跨接。加氢机和加氢机附近处设置防静电接地装置。氢气长管拖车的卸气场所设置卸气用的防静电接地装置。

加氢站的设备保护接地、防雷接地、防静电接地、工作接地等均采用联合接地方式。

(7)低温/快速加注冷却系统

为防止氢气加注过程中导致车载氢瓶温升过快，保证加氢机快速、高效加氢，在加氢机进口端设冷水机组，对氢气压缩机直接升压而来的氢气进行预冷，实现加氢作业连续、大流量地进行。工业冷水机组的制冷量是50kW，冷冻水出水温度可选5℃或者-20℃。

(8)氢气预冷换热器

换热量50kW，选用印刷电路板式换热器。

(9)加氢装置高压管路、阀门及附件

加氢装置的卸气、压缩、存储、加注、放空管路均为高压，介质为高压氢气。因此，管路和阀门、附件的选择要考虑耐高压、抗氢脆要求。为提高加氢装置的安全性，采用氢气集中放散系统，即将卸气柱、压缩机、储氢瓶组、加氢机的放散管接到总管集中放散。放散总管出口加装阻火器。

2.3.3 站内设施防火间距

站内设施防火间距的确定原则与上述类似，这里强调的是“不伤害自己”。具体数值参见表2-16。

加氢站内的高压储罐或液氢储罐普遍设置防爆墙(Risk Mitigation Measures)，设置该防爆墙之后，可降低事故后果的伤害程度(后果)，从而可降低设备之间的间距。

表 2－16　加氢站站内设施的防火间距

m

设施名称		储氢容器			制氢间	氢气放空管管口	氢气压缩机	氢气调压阀	加氢机	站房	消防泵房和消防水池取水口	其他建筑物、构筑物	燃气（油）热火炉间、燃气厨房	变、配电间	道路	站区围墙
		一级	二级	三级												
储氢容器	一级	—	—	—	15	—	9	5	10	10	30	12	14	12	5	5
	二级	—	—	—	10	—	9	5	8	8	20	12	12	10	4	5
	三级	—	—	—	8	—	9	5	6	8	20	12	12	9	3	5
制氢间		—	—	—	—	—	9	9	4	15	15	15	14	12	5	3
氢气放空管管口		—	—	—	—	—	6	—	6	5	6	10	14	6	4	5
氢气压缩机		—	—	—	—	—	—	4	4	5	8	10	12	6	2	2
氢气调压阀		—	—	—	—	—	—	—	6	5	8	10	12	6	2	2
加氢机		—	—	—	—	—	—	—	—	5	6	8	12	6	—	—
站房		—	—	—	—	—	—	—	—	—	—	6	—	—	—	—
消防泵房和消防水池取水口		—	—	—	—	—	—	—	—	—	—	6	—	—	—	—
其他建筑物、构筑物		—	—	—	—	—	—	—	—	—	—	—	5	—	—	—
燃气（油）热火炉间、燃气厨房		—	—	—	—	—	—	—	—	—	—	—	—	5	—	—
变、配电间																
道路																
站区围墙																

注：①加氢机与非实体围墙的防火间距不应小于5m。

②橇装工艺设备与站内其他设施的防火间距，应按本表制氢间或相应设备的防火间距确定。

③站房，变、配电间的起算点应为门窗。其他建筑物、构筑物指根据需要独立设置的汽车洗车房、润滑油储存及加注间、小商品便利店、厕所等。

2.4 站区平面布置

2.4.1 平面布置原则

站内设备布置遵循两个原则，其一是安全性原则，其二是经济、便利性原则。涉及平面布置的安全性，在 GB 50516 和 GB 50156 以及地方性法规中也有一定说明。

火灾和爆炸对站内设施与人员的危险程度，从操作安全角度来看，可划分为一次危险和次生危险两种。一次危险是设备或系统内潜在发生火灾或爆炸的危险，但在正常操作状况下，不会危害人身安全或设备完好。次生危险是指由于一次危险而引起的危险，它会直接危害到人身安全、设备毁坏和建筑物的倒塌等。站内设备的布置，首先要预防一次危险引起的次生危险，其次是一旦发生次生危险，则尽可能限制其危害程度和范围，最后是次生危险发生以后，能为及时抢救和安全疏散提供方便条件，如安全梯、逃生通道等。

安全性原则中重要的一点是防爆区域的设定与隔离。前述加氢站组成中，除了辅助区之外的区域均为作业区，作业区内当燃料发生泄漏时，将形成可燃烧的混合物，即“爆炸性气体混合物”。爆炸性气体混合物是指在大气条件下，气体、蒸气、薄雾状的可燃物质与空气的混合物，引燃后燃烧将在全范围内传播[16]。爆炸性气体环境是指在大气条件下，气体或蒸气可燃物质与空气的混合物引燃后，能够保持燃烧自行传播的环境。爆炸性气体环境内的各类工艺过程、设备、仪表与电气以及运行操作与站内其他一般性环境需要区别对待。

在加氢站正常操作过程中，总是需要电气与仪表装置，这些装置是危险的潜在点火源。针对电力装置的爆炸危险区域是指爆炸性混合物出现或预期可能出现的数量达到足以要求对电气设备的结构、安装和使用采取预防措施的区域。因此，针对加氢站作业区的电力装置安装和使用，划定了不同的“区”，此区是指爆炸危险区域的全部或一部分。按照爆炸性混合物出现的频率和持续时间，站内环境可分为危险程度不一的若干区。

爆炸性气体环境应根据爆炸性气体混合物出现的频繁程度和持续时间分为 0 区、1 区、2 区，分区应符合下列规定[26]：

(1)0 区应为连续出现或长期出现爆炸性气体混合物的环境；

(2)1 区应为在正常运行时可能出现爆炸性气体混合物的环境；

(3)2 区应为在正常运行时不太可能出现爆炸性气体混合物的环境，或即使出现也仅是短时存在的爆炸性气体混合物的环境。

加氢站具体的防爆分区参见后续章节。

针对站内平面布置，GB 50156—2021 的具体规定如下[2]：

5.0.1 车辆入口和出口应分开设置。

5.0.3 作业区与辅助服务区之间应有界线标识。

5.0.5 加油加气加氢站作业区内，不得有“明火地点”或“散发火花地点”。

5.0.7 电动汽车充电设施应布置在辅助服务区内。

5.0.8 加油加气加氢站的变、配电间或室外变压器应布置在作业区之外。变、配电间的起算点应为门窗等洞口。

5.0.9 站房不应布置在爆炸危险区域。

5.0.10 当汽车加油加气加氢站内设置非油品业务建筑物或设施时，不应布置在作业区内，与站内可燃液体或可燃气体设备的防火间距，应符合本标准第4.0.4条至第4.0.8条有关三类保护物的规定。当站内经营性餐饮、汽车服务、司机休息室等设施内设置明火设备时，应等同于“明火地点”或“散发火花地点”。

5.0.11 汽车加油加气加氢站内的爆炸危险区域，不应超出站区围墙和可用地界线。

5.0.12 汽车加油加气加氢站的工艺设备与站外建(构)筑物之间，宜设置不燃烧体实体围墙。

5.0.16 加油加气加氢站内爆炸危险区域的等级和范围划分应符合本标准附录C的规定。

加氢站既是危险品站场，同时也是终端零售站场。其平面布置或设计在满足安全前提下，核心是服务于最终的经济效益或投资收益。作为燃料或能源的零售站场，加氢站的平面布置或设计原则可借鉴加油站的已有设计[9]。

(1)坚持以市场为导向、以服务为宗旨、以经济效益为中心、科学预测销量、合理确定建设类型、功能和规模，优化平面布局与设计方案；

(2)根据当地氢能发展规划，充分考虑预留措施，适度超前发展；

(3)当预测销量、品种发生较大变化时，要依据加氢站布置的原则，根据加氢枪、加氢机、加氢岛的计算方法，科学合理地进行加油区设计，保证高效、快捷，满足高峰时段的加油需求；

(4)当站外环境对站内布置有影响时，要在满足规范的前提下，做布置调整，调整的原则要各功能兼顾，不应有大的消费流程和习惯的改变；

(5)站界形状的选择应优先选择长边、临道长方形、梯形或矩形；

(6)适应市场变化和发展，根据站址、车辆种类、燃料品种、销量等，合理规划站内及加油岛(加氢岛)的布置和选配设备；

(7)在确保完成燃料加注前提下，根据地理位置、周边环境、客户需求等综合情况，合理设置非油品业务；

(8)车辆进、出站行驶顺畅、停靠方便，流程合理，路径短；

(9)加油高效、服务周到、客户方便、消费快捷、环境优美、效益最大化；

(10)方便用户并考虑人性化设计，符合消费流程、消费习惯；

(11)站区布置要方便加注与其他相关作业、管理和检维修。

2.4.2 典型加氢站平面布置

图2-5给出典型加氢站的平面布置。该项目为某港口区商用车加氢站，服务对象是港区氢燃料电池拖车。设计日供氢能力为500kg，二期预留日供氢能力为500kg，站内设置1组45MPa固定储氢瓶组，二期预留设置另一组同级别固定储氢瓶组。站内设2个长管拖车停车位，1用1备；设置1座加氢岛，2台加氢机，一、二期各1台。表2-17是各个功能区以及主要设备列表。

表 2-17 某加氢站功能分区及主要设备表

类别	工程组成	具体内容
主体工程	生产区	位于站区南侧，布置两辆氢气长管拖车车位(1 用 1 备)，卸气柱含 2 根 20MPa 卸气软管，位于长管拖车尾侧，2 个车位间居中布置。氢气长管拖车的卸气端设有防爆墙，高 4m，长 12.5m
	辅助生产区	位于站区中西部，设置站房 1 座，建筑面积 162.81m²，站房为 1 层建筑，站房内包括：机柜间、收费间、值班室、厕所等
	加氢区	位于站区北侧，由 2 座加气岛、1 台 35MPa 加氢机及罩棚组成。加氢机为双枪，单系统，含预冷换热器。加氢岛两侧设置车道(车道宽度不小于 4m)
	压缩区	位于站房以南，设置 1 台 45MPa 压缩机橇及压缩机冷水机组
储运工程	储氢瓶组	在压缩区以东设置 1 组 45MPa 储氮瓶组(氢气卧式瓶组，单瓶 1m³，9 个/组，单组储量 250kg)
	长管拖车	在储氢瓶组以东设置 2 个 20MPa 长管拖车(单台车容量约为 300kg)，卸气柱 2 个(1 用 1 备)
	运输	本项目氢气气源通过长管拖车运输到加氢站内
公用工程	供水工程	就近从前湾港区奋进路给水管道上引出一路 DN63 管道作为生活、生产用水
	排水工程	采用雨污分流的排水原则，运营期无生产废水产生，经厂区雨水管道排至厂外：生活污水经化粪池沉淀后进入市政污水管网，经市政污水管网进入镰湾河水质净化厂
	供电工程	采用一路电源供电，引自附近 10kV 港区高压电网
	自动控制	新建控制室及相应装置，采用 45MPa 顺序控制盘进行氢气加注控制
	供气工程	原料气由中国石化炼油化工有限责任公司通过长管拖车运输到加氢站内
	仪表风	采用氮气作为仪表风
	氮气	氮气作为仪表风和吹扫气
	通风工程	项目罩棚、压缩机房为敞开式布置，通风以自然通风为主：站房卫生间采用全面机械通风，采取机械排风、自然通风的通风方式，排除室内异味
	采暖制冷	站房的配电间、机柜间、办公室、门厅及值班间设计空调
环保工程	废气	无
	废水	本项目无生产废水产生，生活污水经化粪池沉淀后进入市政污水管网，经市政污水管网进入镰湾河水质净化厂
	噪声	基础减振、消声器、距离衰减
	固体废物	压缩机废液压油属于危险废物，委托有资质单位处置；废含油抹布、生活垃圾由环卫部门清运

加氢站总占地面积为 3906.6m²，总平面布置分为生产(处理)区、辅助生产区及加氢区等三个区域(图 2-5)。

生产区位于站区(东南)南侧，布置两辆氢气长管拖车车位(1 用 1 备)，场地设计满足长管拖车回车要求。卸气柱位于长管拖车尾侧，2 个车位间居中布置。氢气长管拖车的卸气端设有防爆墙，高 4m，长 12.5m。固定储氢瓶组紧邻长管拖车停车位西侧，压缩机和冷水机组布置在站房后侧，固定储氢瓶组的西侧。放散管位于生产区的中南部。

辅助生产区(站房)位于站区中西部，主要包含机柜间、收费间、值班室、厕所等。

加氢区位于在站区北侧，由 2 座加氢岛、1 台加氢机及罩棚组成。加氢岛两侧设置车道，车道宽度不小于4m，满足加注口位置不同的车辆的加注需求。

站内设出、入口各1处，均位于站区北侧，面向北侧港区奋进路，开口大小为15m。站区东西南三侧均采用2.2m高的实体围墙、工艺区南侧采用2.0m高铁艺围墙。加氢站东侧与南侧预留有二期建设用地。

该加氢站加注区与生产区用栅栏分隔开，降低了非工作人员导致的风险发生概率，避免人员受到事故伤害。压缩机布置在站场中间位置，有利于降低噪声对外部环境的影响。为二期及后续发展预留了充足的区域。

从平面布置来看，该加氢岛距离路边太近，若大型牵引车牵引着拖车，由于转弯半径不够，无法靠近加氢；由于建设在港区，加气站没有其他零售以及洗车间、保养间、维修间等客户服务设施。生产区的布置没有消防环形通道，一旦发生火灾，消防车不易靠近。

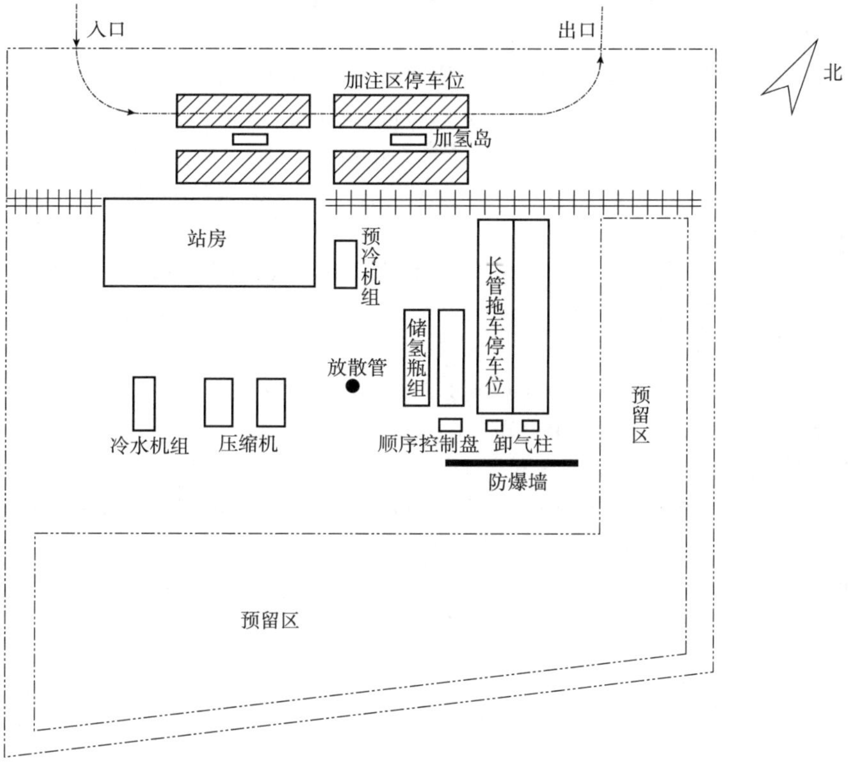

图2-5 典型加氢站平面布置

习题/思考题

1. 与其他燃料(能源)相比，当前加氢站规模很小，如何评价这种状况？

2. 比较 NFPA 2 和 GB 50156 两种标准计算得到的最小加氢站占地面积。

3. 计算管道泄漏后着火导致的热辐射，并确定安全距离。

4. 混合加氢站分级的原则是什么？与加油站、LPG 站、CNG 站、LNG 站相比，计算依据有何不同？

5. 加氢站的基本组成(功能分区)有哪些?
6. 什么是定量风险分析?
7. 若加氢站定位于零售站,其设计、运营和管理应注意哪些事项?
8. 加氢站产生最大噪声污染的设备或工艺过程是哪些?在平面布置时应如何考虑?
9. 加氢站的站内布局对日常运营和管理有哪些影响?

参考文献

[1]中国电子工程设计院有限公司. 加氢站技术规范:GB 50516—2010(2021年版)[S]. 北京:中国计划出版社,2021.

[2]中国石化工程建设有限公司. 汽车加油加气加氢站技术标准:GB 50156—2021[S]. 北京:中国计划出版社,2021.

[3]广东省住房和城乡建设厅. 广东省燃料电池汽车加氢站安全管理规范(试行)[EB/OL]. (2023-03-09)[2023-07-01]. http://zfcxjst.gd.gov.cn/gkmlpt/content/4/4127/mpost_4127932.html#3846.

[4]上海市住房和城乡建设管理委员会. 上海市燃料电池汽车加氢站建设运营管理办法[EB/OL]. (2022-01-17)[2023-07-01]. https://zjw.sh.gov.cn/jsgl/20220706/72ac663916d54f4dad4eacb9d61e9060.html.

[5]中华人民共和国国家发展和改革委员会. 氢能产业发展中长期规划(2021—2035年)[EB/OL]. (2022-03-23)[2023-01-10]. https://www.ndrc.gov.cn/xxgk/zcfb/ghwb/202203/t20220323_1320038.html.

[6]DOE. U. S. Public and Private Alternative Fueling Stations by Fuel Type[EB/OL]. (2022-01-15)[2023-07-01]. https://afdc.energy.gov/data/10332.

[7]中华人民共和国住房和城乡建设部. 住房和城乡建设部办公厅关于国家标准《电动汽车充电站设计规范(局部修订条文征求意见稿)》公开征求意见的通知[EB/OL]. (2021-01-27)[2023-07-01]. https://www.mohurd.gov.cn/gongkai/fdzdgknr/zqyj/202101/20210127_248937.html.

[8]北京市应急管理局. 丰台区"4·16"较大火灾事故调查报告[EB/OL]. (2021-11-22)[2023-07-01]. http://yjglj.beijing.gov.cn/art/2021/11/22/art_7466_470.html.

[9]中国石油天然气股份有限公司销售分公司. 加油站建设标准(2010版)[S]. 北京,2011.

[10]中国石化工程建设有限公司. 石油化工工厂布置设计规范:GB 50984—2014[S]. 北京:中国计划出版社,2014.

[11]中国石化工程建设有限公司.《石油化工工厂布置设计规范》局部修订条文征求意见稿[EB/OL]. (2021-12-22)[2023-01-10]. https://www.mohurd.gov.cn/gongkai/fdzdgknr/zqyj/202112/20211222_763534.html.

[12]北京市城市管理委员会. 北京市氢燃料电池汽车车用加氢站运营管理暂行办法(征求意见稿)[EB/OL]. (2022-04-18)[2023-07-01]. https://www.beijing.gov.cn/hudong/gfxwjzj/zjxx/202204/t20220418_2679914.html.

[13]李玉珊. 考虑氢燃料汽车市场扩散的氢燃料基础设施规划研究[D]. 北京:清华大学,2019. DOI:10.27266/d.cnki.gqhau.2019.000156.

[14]CHEN T P, Hydrogen delivery infrastructure option analysis:GO15032F[R]. San Fancisco:Nexant Inc.,2010.

[15]赵磊. 基于热力学与排队理论的加氢站高压供氢系统优化[D]. 杭州:浙江大学,2015.

[16] 北京市城市管理委员会. 北京市氢燃料电池汽车车用加氢站发展规划(2021—2025 年)[EB/OL]. (2022 - 11 - 10) [2023 - 07 - 01]. https://www.beijing.gov.cn/zhengce/zhengcefagui/202211/t20221125_2865746.html.

[17] 中国石油化工股份有限公司青岛安全工程研究院. 石化装置定量风险评估指南[M]. 北京: 中国石化出版社, 2007.

[18] EHRHART B D, HECHT E S. Hydrogen plus other alternative fuels risk assessment models(HyRAM +) version 5.0 technical reference manual: SAND2022 - 16425[R]. Albuquerque: Sandia National Laboratories, 2022.

[19] LØKKE J A. The kjørbo incident[EB/OL]. (2019 - 06 - 28)[2023 - 01 - 10]. https://mb.cision.com/Public/115/2852735/8189422a0b076d6c.pdf.

[20] HANSEN O R. Hydrogen safety: kjørbo - incident, overview and perspectives[EB/OL]. (2019 - 06 - 28)[2023 - 01 - 10]. https://mozees.no/wp - content/uploads/2019/10/Hansen_ Hydrogen - safety_ Kjoerbo - incident - overview - and - perspectives.pdf.

[21] PANEL H S. Report on the june 2019 hydrogen explosion and fire incident in santa clara, california: PNNL - 31015 - 1[R]. Battelle: Pacific Northwest National Laboratory, 2021.

[22] ISO. Gaseous hydrogen - fuelling stations - part 1: general requirements: ISO 19880 - 1: 2020[S]. Zurich: International Organization for Standardization, 2020.

[23] ISO. Example safety distances for hydrogen fuelling stations[EB/OL]. (2022 - 11 - 02)[2023 - 07 - 01]. https://standards.iso.org/iso/19880/ - 1/ed - 1/en/Example%20Safety%20Distances%20For%20Hydrogen%20Fuelling%20Stations.pdf.

[24] NFPA. Hydrogen technologies code: NFPA 2: 2020 [S]. Quincy: National Fire Protection Association, 2020.

[25] NFPA. Compressed gases and cryogenic fluids code: NFPA 55 - 2020 [S]. Quincy: National Fire Protection Association, 2020.

[26] 中国寰球工程公司. 爆炸危险环境电力装置设计规范: GB 50058—2014[S]. 北京: 中国计划出版社, 2014.

3　加氢站工艺设计

不同设计单位面对复杂程度不一的加氢站，工艺设计所包含的内容有所不同。对加氢站具体工艺影响最大的因素是氢源。本章首先简略介绍氢源，然后介绍加氢站的规模与储气量确定方法、储罐分级加注原理及其对加氢站性能的影响；以两个具体在役加氢站为实例说明加氢站的典型工艺流程；简略说明目前国内正在发展的液氢－气氢加氢站典型工艺流程；最后，详细介绍氢气加注过程的工艺计算过程。

3.1　概述

当前对加氢站的研究方兴未艾，存在多种多样加氢站方案，不同的方案对应着不同的站内工艺。按氢源不同，加氢站可分为站外供氢和自产氢。

站外供氢进站后需要进一步处理的有：管道输送混合氢气、氢化液体(有机液体储氢)、固体氢化物。是否要进行处理依赖于汽车用氢方式。例如，对于氢化液体，若氢气释放在车上完成，那么，就无须对进站氢化液体进行处理，可直接给汽车加注。反之，氢化液若是仅作为运输氢的载体，那么，在站内就需要分解氢化液体，释放氢气之后，进行压缩储存。固体氢化物与氢化液体类似。

站外供氢进站后不需要进一步处理的有长管拖车运输进站的高压氢气。长管拖车可以作为站内的0级氢气储罐使用，或者进行卸载作业，然后加压输送至站内高压储罐。这在某种程度上也可以视为一种处理。另外就是液氢，同样，液氢既可以直接加注给汽车，也可以气化、升温、增压后存储在高压储罐。通过管道输送纯氢也是正在研究的一种技术方案。

站外供氢无论是否处理，由于其化学形态已然是单质氢或者是容易分解、脱附等状态，对其所进行的加工深度较低，相应的工艺流程短、设备数量少、监控变量少，安全性也较高。

另外一类是站内自产氢。最典型的就是电解水制氢。电源可以是电网供电，也可以是离网运行的风电、光伏发电等新能源形式等。当采用不便于上网的离网电源时，由于发电端的低电价特性，加氢站整体经济性有可能会提高。此外，站内制氢还可以采用化学方法，例如天然气或轻烃水蒸气重整、氨分解、甲醇分解等。站内制氢的复杂度远高于外供氢，对加氢站而言，这相当于一个小型工厂外加一套储运系统。氢气作为危险化学品，其生产宜在化工园区内进行，这使得加氢站的站内制氢存在一定困难。此外，与加氢过程相比，站内制氢的管理与运营成本较高，若产出氢仅用于车辆加注，其综合成本与无站内制氢的加氢站相比处于劣势。若加氢站为加氢母站，即给长管拖车、液氢槽车或管道供氢，则加氢站设置在化工园区内亦无不可，此时的加氢站相当于制氢工厂。但正如前文所述，研究者目前提出了各种加氢站方案，这些方案还都处于急速发展变化之中。某种技术方案是否最终大规模应用，目前并不十分确定[1]。

当前，应用最广的加氢站方案有两种：第一种是拖车外供高压氢，站内压缩机增压存储，然后进行气态加注。第二种是以液氢槽车进行氢供应，站内应用低温泵增压气化或气化后压缩机增压存储，然后进行气态加注。后面将主要介绍这两种加氢站方案。

3.2 加氢站工艺与流程设计

对于特定加氢站，其重要工艺技术指标有：充装(或加注)能力，即每日可加注多少台车或加注多少数量氢气；连续充装能力，即对车辆进行连续加注(back－to－back)时，在满足安全条件下，可加注车辆数量或氢气质量；充装速率，即平均每辆车加注时间或氢气每分钟的平均加注质量。此外，对于高压储气系统，还包括氢气利用率或取气率。对于整个站而言，还存在占地面积、总能耗、事故或者设备故障率、经济性指标等。这些既是加氢站工艺与流程设计需要满足的技术经济指标，也是运营、管理过程中的重要生产参数。

3.2.1 加氢站设计工况

作为仓储中转站场，加氢站面临各类物流中转站所遇到的同一个问题，即物料进出与加工处理存在季度、月份、星期、日以及小时不均匀性。因此，为了维持物料进出的不平衡，必然要进行一定的物料储备。与之对应的就存在不同时间尺度的统计量与平衡量。加氢站的加氢规模、储气量以及用于工艺过程的设计流量等其他各类参数均存在类似的问题[2,3]这些参数是工艺设计基础，受具体工艺方案的影响。

以氢气瞬时加注量，即流量为例，其随时间发生显著波动，那么，应该以哪个时间或时间段的平均流量作为各类设备的计算流量或设计流量呢？换句话说，以参数的哪个数值为设计工况？

一种办法是按统计时间范围内出现的最大值作为设计工况，此时，加氢站的压缩机、储罐、制冷负荷等都处于最大值，这使得设备投资很大。另一种办法是按统计时间范围内出现的代数均值作为设计工况，这种设计使一些工艺过程在某些工况下性能不足而无法实现。国内燃气输配行业习惯采用计算月的概念，即按月考虑，若某月的日平均参数值最大，则该月为计算月，在该月中，选取最大日平均参数值作为计算日，若进一步细化，则选择计算日的小时最大参数值作为最终计算工况[3]。相应的参数分别为月(日、小时)不均匀系数，不均匀系数最大值对应的时间区间是高峰月(日、小时)。

无论采取哪种取值方法，总是对参数在全年统计数据中选择某种极值或(加权)平均值作为该参数的计算工况。不同的参数适用于不同的场合，应采取适宜的取值方法。

3.2.2 加氢规模与储气量的确定方法

加氢站的加氢规模、储气量以及用于工艺过程的设计流量等参数是加氢站进行工艺流程设计的基础参数，这些参数又受到不同工艺方案的影响。

(1)加氢规模确定方法

加氢规模是指加氢站对外提供加氢服务的氢总质量。一般采用年加氢规模或日加氢规模衡量。年加氢规模又称为供气规模，大致相当于氢销售量，一般用于项目建设初期的项目计划书、可行性研究报告或初步设计。进入详细设计阶段后，需要把年加氢规模细化至日加氢量或小时加氢量。小时加氢量一般可以作为设计工况，即设计流量，此参数确定后，可依此进行各类设备和管道的工艺设计。与其他专业进行衔接时所给定的流量就是这个设计流量。不同时间尺度的加氢规模对应的储存量含义不同。当前广泛采用日加氢规模，但此参数无法反映季节性变化，例如，冬季低温环境使加氢量大幅增加，加氢站供氢能力将不足。若采用风、光等可再生能源电解水制氢，氢供应量在某些季节成为瓶颈。

年加氢规模主要受外部需求量限制，外部供应条件也影响到加氢规模。年加氢规模可通过市场调研、统计预测等技术经济方法获得。一般预留一定需求裕量以备后续发展。

当前，加氢站多是在政府资金补贴下建设的[1]，因此，氢能汽车当前数量及地方政府规划是决定加氢站加氢规模的主要因素，此时的加氢规模确定过程相对简单。根据氢能汽车数量、类型、年行驶里程以及单位里程耗氢量，可确定年加氢规模。计算公式如下：

$$\text{年氢气需求量 } Q_a = \text{某类氢能汽车数量 } N \times \text{年行驶里程 } L_a \times \text{单位里程耗氢量 } q_H \quad (3-1)$$

$$\text{年氢气需求总量 } Q_{a,m} = \text{年氢气需求量 } Q_a \times \text{车型数量 } m \quad (3-2)$$

$$\text{年加氢规模 } Q_F = \text{年氢气需求量 } Q_{a,m} \times \text{安全系数 } \eta \quad (3-3)$$

式中，安全系数 η 一般大于 1。当车辆较多时，可采用较小数值；反之，若车辆较少，需要采用较大数值的安全系数。

(2) 加氢站储存量（储气规模、储气量）的确定方法

对于加油站、加氢站、油库以及各类商品物流仓库以及能源储存站场，当进站量与出站量不等时，各类站场需储备一定量物品或能量以平衡进、出量差额[2,3]。对于加氢站，进站可能是长管拖车、液氢槽车或者管道供应的氢，出站相当于销售量。如果进出氢的质量不平衡，储备量应设置多少才能满足出站的要求？同时，又不必储备过多物品使站场等级提高、各类成本上升？

图 3-1 是某加氢站进、出站氢气量与当地储存量时间序列示意图。该加氢站采用长管拖车供氢，站内储氢罐对车载储罐直充充气。基本流程如图 3-1 上部所示。

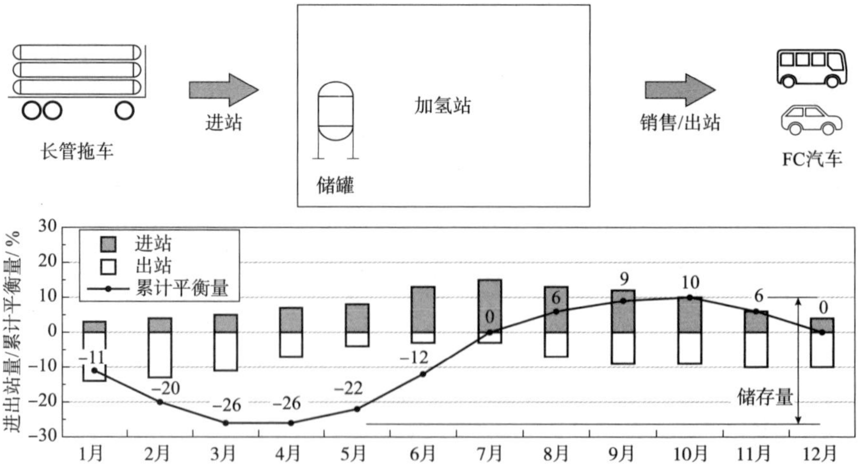

图 3-1 某加氢站进、出站氢气量与当地储存量时间序列示意图

图 3－1 中柱形图上部为一个循环周期内，每月氢气进站氢质量百分比；柱形图下部为出站量；下部曲线表示累计平衡量。

图 3－1 中上部柱形图是一个循环周期内，该站按月统计的进站氢质量百分比 G_j，下部柱形图是按月统计对外销售出站氢质量百分比 G_c。G_j 与 G_c 计算式为

$$G_j = (\text{每月进站氢质量/年进站氢质量}) \times 100\% \tag{3-4}$$

$$G_c = (\text{每月出站氢质量/年出站氢质量}) \times 100\% \tag{3-5}$$

在一个循环周期内，年进站质量等于年出站质量。年销量通过市场调研结合各类规划已经确定。

进站氢质量百分比 G_j 为正数，体现站内氢气量增加，对外销售出站氢质量百分比 G_c 为负数，体现站内氢气量减少。G_j 与 G_c 相加，即为当月站内氢的平衡量 $G_{p,n}$

$$G_j + G_c = G_{p,n} \tag{3-6}$$

图 3－1 中下部曲线是一个循环周期内，该站按月统计的站内氢的平衡量。若平衡量为正数，意味着当月有过多的氢进站且未销售出去；反之，平衡量为负数，意味着仅依赖于当月进站氢量无法满足当月可销售量，在月初必须有一定的氢储存量才能实现可销售量。

各月份平衡量 $G_{p,n}$ 逐月累加，即得到累计平衡量 G_{lp}

$$G_{lp} = \sum_{n=1}^{12} G_{p,n} \tag{3-7}$$

图 3－1 中累计平衡量 G_{lp} 曲线的最大值 $G_{lp,max}$，即图中的 10%，意味着该月进站氢质量累计了 10% 年销量，此部分必须有足够容积的储罐进行存储；累计平衡量 G_{lp} 的最小值 $G_{lp,min}$，即图中的 －26%，意味着该月出站氢质量累计了 －26% 年销量，储罐必须在该月月初储备 26% 年销量的氢气，才能对外实现这些销售。因此，为了 100% 实现全部销售量，最低储存量应为

$$\begin{aligned}\text{最低储存量} &= (G_{lp,max} - G_{lp,min}) \times \text{年销量} \\ &= [10\% - (-26\%)] \times \text{年销售量}\end{aligned} \tag{3-8}$$

此时确定的储存量是可实现进站和出站的储量，即所谓的作业储量。作业储量不等于站场储存设备实际储存的最大储量，即所谓的实际储量，也不等于名义或公称储量。

以某加氢站 1 个压力等级 45MPa 的高压储罐对额定 35MPa 的车载气瓶直充为例，高压储罐储存最高压力 $p_t = 45\text{MPa}$，其充气的最低工作压力就是 35MPa（不考虑热效应等问题），因此，其作业储量就是储罐由 45MPa 降至 35MPa 而对外释放的氢气量。当采用站内压缩机对储存氢气增压时，由于压缩机的吸入压力有限制，例如隔膜压缩机进气压力不允许低于 5MPa，因此，低于吸入压力的储存氢气无法充装。即便采用无限多压力等级的分级充气，由于进站 FC 汽车车载气瓶最低压力为 0.5MPa，因此，无论怎么设定，储罐中 0.5MPa 以下的储存氢气也是无法进行充装作业的。

确定了最低储存量，考虑波动的不确定性乘以大于 1.0 的安全系数或考虑诸如储存设备圆整、储存设备最低数量要求、操作便利性等因素之后，就可确定最终储存量。

这种储气量确定方法称为统计预测法。统计预测法的基础是具有类似站场的时间序列

数据，新建加氢站没有这些数据，此时，可借鉴具有类似物流特征的数据。例如，可借鉴采用其他燃料(如汽柴油车、电动车等)形式获得的统计数据。

当前建设的加氢站以服务商用车为主，与乘用车相比，这些车辆的行驶里程及其氢需求量按月或日比较均匀，且统计分布的特征参数稳定性较好。

若已有燃油公交车时间序列数据，氢气需求量时间序列可用下式计算：

$$氢气需求量\ Q_m = 车辆总数\ N \times 燃油公交车每月(日)行驶里程\ L_m(km) \times 耗氢量\ q_H(kg\ H_2/km) \tag{3-9}$$

若加氢站同时供应多种类型商用车，只需把不同种类商用车氢气需求量进行叠加即可得到氢总需求量。

此外，还可以采用周转系数法或储存天数法确定库存量。

所谓周转系数，就是储氢设备所存容量在一年内可被循环周转使用的次数，其计算式为

$$周转系数 = 氢的年度周转额/储氢设备内氢的可利用量 \tag{3-10}$$

周转系数越大，设备利用率越高，储存成本也越低。对于加氢站，加快周转，意味着年度总销量高，最终储存设备摊销成本降低，从而经营效益提高。同理，对于大容量氢中转站库，例如，化工厂给长管拖车加氢的站库，高周转还意味着资金效率的大幅提高，经济收益与周转次数的指数函数成正比，这一点的意义尤其重要。

储存天数法一般适用于外部供给受某些限制的场合。例如，外部氢通过长管拖车进行供应，但长管拖车一周供给一次出现的概率大于某个数值，例如5%，此时站内储量须满足一周对外销量，即存储7天销售量。当前建设的加氢站，由于受加氢站级别约束，倾向于采用较小的储气量。按当前标准规范，当储氢量大于5t时，即被列为重大危险源。一级加氢站的储存总量为5～8t。

对于采用长输管线末段储气、大规模液氢储罐群、地质方法储存的储氢站库，其目的是实现长周期或季节性调峰，其储量的确定采用类似方法。

(3)考虑压缩机加压生产过程的储气规模确定方法

上述储气量从进出站氢气量平衡角度来确定，未涉及进站氢加压过程。

加氢站一般采用高压氢气加注方式，进入加氢站的“原料”是中低压氢，低压原料氢不足以给汽车进行加注，因此，需要在加氢站内对原料加压，加压后的高压氢气才是真正能够进行充装的“作业气量”。高压气体量必须储存得足够多，才能满足进站车辆的充装作业，否则，面对瞬时需求负荷高峰值，必须配置排量足够大的压缩机才能满足充气要求。此时，压缩机生产高压气体与对外充气之间存在需求－供给平衡，为了维持这种平衡，需要设置高压气体储罐，形成一定的储气量[3]。这种储气量与前述的储气量的意义不同。前述储气量相当于储存容量的储气量，考虑压缩机加压生产过程的储气量相当于总作业容量对应的储气量。

加氢站的压缩机生产与对外充气之间的需求－供给平衡一般按计算日的逐时时间序列进行平衡并确定储气量。计算日可以按照高峰(计算)月的高峰日进行。

图3－2是某加氢站的生产、销售和累计平衡量的逐时时间序列。生产、销售和累计

平衡量均按照百分比表示。与上述确定加氢站储气规模类似，通过对生产量(压缩机增压的气体量)和销售量的波动与平衡关系，可以确定满足日供应规模的高压氢气储量。

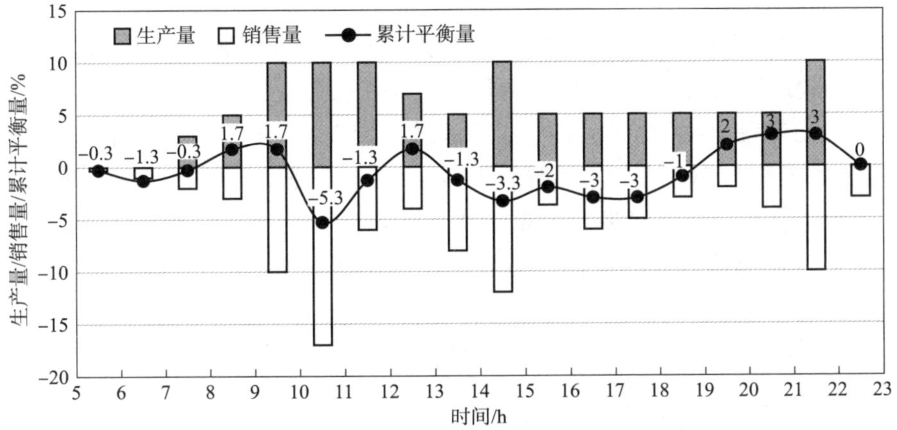

图3-2　某加氢站的生产、销售和累计平衡量的逐时时间序列

压缩机生产与对外充气在一天24h内不是每个小时都进行工作。其工作时间为5:00～23:00，此时段之外，加氢站处于歇业状态。加氢站对生产时间、生产量上的计划安排以及供应时间、供应量的安排称为加氢站的工作制度。供应量相当于对外销售量，一般由外部环境决定，但生产时间和生产量安排由加氢站决定。

工作时间内，压缩机可选择连续开机充气状态，也可以选择间歇开机。可选多台压缩机的小机组同时运行，也可以选择单台大容量机组。可选排量与出口压力相同的多台机组，也可选择排量与出口压力不同的各型号机组的组合。不同的压缩机组合方案意味着不同的投资与运行成本，在设计时进行多方案比选，最终确定既满足生产、销售需求，又同时综合经济性最优的方案。

压缩气体的耗电构成加氢站主要操作成本。工业用电价格采用峰谷电价，即夜间电价远低于日间电价[4,5]，因此，压缩机夜间开机储存高压氢气具有更好的经济效益，但以提高储气量为代价。

加氢站一般设置在毗邻居民区的市区，压缩机房通常采用半开敞或全开敞设计，噪声较大。夜间允许的加氢站环境噪声排放限值低于昼间[6]。对于2类声环境功能区，环境噪声限值从昼间(6:00～22:00)的60dBA降为夜间(22:00～6:00)的50dBA；3类声环境功能区，夜间允许的环境噪声是55dBA。若加氢站毗邻居民区，其昼间环境噪声限值只有45dBA。典型隔膜压缩机间距为1m的噪声水平可达85dBA，若要达到45dBA的噪声排放限制，距离将达到100m左右。这意味着加氢站的占地面积不少于40000m^2，远大于GB 50156出于防火距离的考虑所确定的加氢站面积。采取某些降噪措施会影响安全和正常的工艺操作。

3.2.3　储罐分级对加氢站性能的影响

储罐按压力进行分级充气(Cascade Filling)，有利于降低节流温升的不利影响。此外，从整个加氢站设计、可靠性、经济性、能耗等诸多角度来说，设置固定储气罐、对储气罐分级、增加储气罐的储气额定压力等都会对加氢站工作性能产生巨大影响[7]，这些不同的组合可形成多种多样的工艺流程和具体设计参数的组合。

下面以两级分区为例说明储罐分区(分级)充气过程。在气瓶整个充气过程中，氢气视为理想气体，假定为等温过程，即储罐温度与气瓶温度相等。

图3-3给出储罐分区(分级)充气过程示意图，有两个储气罐，总容积为1.0。一个是低压储罐，水容积为λ，储存氢气质量为m_1；另一个是高压储罐，水容积为$1-\lambda$，储存氢气质量为m_2；高、低压储罐初始充满状态下的压力均为p_t。待充气车载气瓶初始压力为p_0。图3-3中储罐内部横线表示压力高低，相对大小用左边坐标纵轴表示。

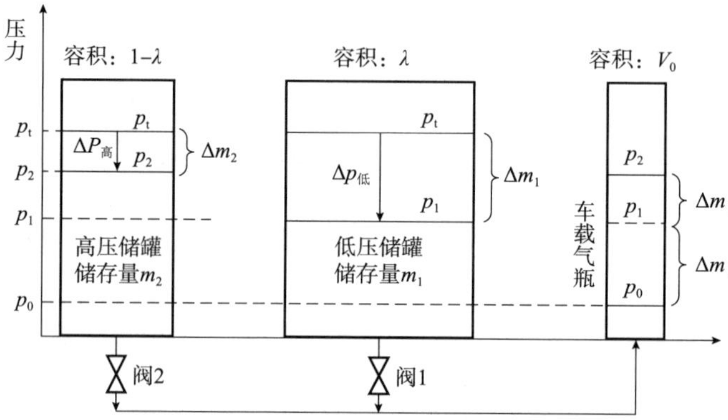

图3-3　储罐分区(分级)充气过程示意图

充气分两个阶段进行，第Ⅰ阶段：阀1打开，阀2关闭，初始压力为p_t的低压储罐向初始压力为p_0的车载气瓶进行充气。忽略气瓶与储罐间压差，当气瓶压力上升至p_1时，低压气瓶压力由p_t下降至p_1。此时，低压储罐已不能继续对气瓶充气。

第Ⅱ阶段：阀1关闭，阀2打开。初始压力为p_t的高压储罐向压力为p_1的车载气瓶继续充气。当气瓶压力上升至p_2时，车载气瓶压力达到设定充气最高压力，此时的气瓶已经充满。高压气瓶压力由p_t下降至p_2。

此时，低压储罐压力为p_1，高压储罐压力为p_2，尽管可以继续对初始压力为p_0的气瓶充气，但已无法充满气瓶，储罐达到加气最大负荷。

现在考察两个阶段，高、低压储罐分别对气瓶的充气质量。

低压储罐压力由p_t降至p_1，对车载气瓶的充气质量Δm_1为

$$\Delta m_1 = \frac{(p_t - p_1)}{R_g T}\lambda \tag{3-11}$$

车载气瓶由初始压力p_0被增压至p_1，其获得质量Δm_{I}为

$$\Delta m_{\mathrm{I}} = \frac{(p_1 - p_0)}{R_g T}V_0 \tag{3-12}$$

显然，二者相等，即

$$\Delta m_1 = \Delta m_{\mathrm{I}} \tag{3-13}$$

同理，对于充气的第Ⅱ阶段，高压储罐压力由p_t降至p_2，对气瓶的充气质量Δm_2为

$$\Delta m_2=\frac{(p_t-p_2)}{R_gT}(1-\lambda) \tag{3-14}$$

车载气瓶由压力 p_1 继续增压至 p_2，其获得质量 Δm_{II} 为

$$\Delta m_{\text{II}}=\frac{(p_2-p_1)}{R_gT}V_0 \tag{3-15}$$

二者相等，即

$$\Delta m_2=\Delta m_{\text{II}} \tag{3-16}$$

公式(3－11)与公式(3－14)相除，得到

$$\frac{\Delta m_1}{\Delta m_2}=\frac{p_1-p_0}{p_2-p_1}=\frac{(p_t-p_1)\lambda}{(p_t-p_2)(1-\lambda)} \tag{3-17}$$

整理式(3－17)，可得到用各个压力所表示的低压储罐的容积 λ

$$\lambda=\frac{(p_1-p_0)(p_t-p_2)}{(p_2-p_1)(p_t-p_1)+(p_1-p_0)(p_t-p_2)} \tag{3-18}$$

储气利用率(取气率) η 定义为

$$\eta\equiv\frac{\Delta m_1+\Delta m_2}{m_1+m_2} \tag{3-19}$$

代入上式表达式，可得

$$\eta=\frac{\lambda(p_t-p_1)+(1-\lambda)(p_t-p_2)}{\lambda p_t+(1-\lambda)p_t}=\frac{(p_t-p_2)+\lambda(p_2-p_1)}{p_t} \tag{3-20}$$

利用质量平衡公式($\Delta m_1=\Delta m_{\text{I}}$)和($\Delta m_2=\Delta m_{\text{II}}$)，总单位水容积的储罐可充气的气瓶总容积 V_0 为

$$V_0=\frac{p_t-p_1}{p_1-p_0}\lambda=\frac{p_t-p_2}{p_2-p_1}(1-\lambda)=\frac{(p_t-p_1)\lambda+(p_t-p_2)(1-\lambda)}{p_2-p_0} \tag{3-21}$$

若不进行分区，即只有一个单位水容积，初始压力为 p_t 储罐向初始压力 p_0 的车载气瓶充气，气瓶充满时压力为 p_2，那么，该储罐对气瓶的充气质量 Δm 为

$$\Delta m=\frac{(p_t-p_2)}{R_gT} \tag{3-22}$$

储罐的储存质量 m 为

$$m=\frac{p_t}{R_gT} \tag{3-23}$$

不分区工况下，储罐储气利用率 η' 为

$$\eta'\equiv\frac{\Delta m}{m}=\frac{p_t-p_2}{p_t} \tag{3-24}$$

不分区可充气气瓶的总容积 V'_0 为

$$V'_0=\frac{p_t-p_2}{p_2-p_0} \tag{3-25}$$

对比分区与不分区的储罐的利用率公式(3－20)与公式(3－24)，可知，分区工况下的取气率、可充气气瓶的总水容积均恒大于不分区工况相应数值。

与上述分析类似，可推导出当采用高、中、低三个储罐时，其利用率、可充气气瓶总水容积分别为

$$\lambda=\frac{(p_t-p_3)(p_t-p_2)(p_1-p_0)}{(p_t-p_2)(p_t-p_1)(p_3-p_0)-(p_t-p_2)(p_3-p_1)(p_1-p_0)+(p_t-p_1)(p_3-p_2)(p_2-p_1)} \tag{3-26}$$

$$\beta=\lambda\frac{(p_t-p_1)(p_2-p_1)}{(p_t-p_2)(p_1-p_0)} \tag{3-27}$$

$$\eta=\frac{(p_t-p_3)+\lambda(p_3-p_1)+\beta(p_3-p_2)}{p_t} \tag{3-28}$$

$$V_0=\frac{p_t-p_1}{p_1-p_0}\lambda \tag{3-29}$$

式中，λ、β 分别是低压级和中压级储罐容积；p_1、p_2和 p_3分别是低、中、高三级储罐的最低工作压力。储罐总水容积为单位值。

上述参数 λ、β、η 和V_0均是 p_0、p_1、p_2、p_3和 p_t的函数，一般而言，p_0、p_3和 p_t是固定的数值，因此，取气率对 p_1、p_2分别求一阶偏导数，并令其为零，即可得到理论上的最大取气率以及高、中、低压储罐的水容积比例。

目前，国内已建成加氢站几乎都采用三级储罐[8-10]，部分加氢站的最后一级还采用压缩机进行增压，称为三区(高、中、低压三个压力级别分区)四线(高、中、低压储罐和压缩机四条工艺管线进行充气)制。国内数量众多的 CNG 加气站也普遍采用此类配置并写入规范作为推荐值[11]。

具体工艺中，高、中、低压储罐既可采用不同压力级别，也可采用完全相同规格储罐。高、中、低压储罐并不是加注之前该罐储氢压力就设定为高、中、低压，其初始储氢压力相同。加注车辆从第一个储氢罐取气，该罐就是低压罐，第二个取气的就是中压罐，第三个取气的就是高压罐，且此顺序不断变化，当低压罐内气压低至不足以给车辆加注时，进行补气操作，此储罐就成为高压罐。这可以保证氢气储罐内的一次升压储存的氢气可被充分利用，分级降压平衡充装即此工艺。当采用不同压力级别储罐时，确定加氢站级别所使用的计算容量不同。

由于氢气加注过程存在的显著热效应，以及当前加氢站建站投资和能耗仍然未达到普遍希望的技术经济目标，因此，不断有研究者提出各种优化工艺方案。其中，美国能源部下属的阿贡实验室提出，对长管拖车进行增压，从而大幅降低隔膜压缩机容量是一种有效工艺方案，此工艺授权给 PDC 公司进行商业推广[12-14]。

3.2.4 氢气卸载、储存与加注流程

(1)无储气加氢站加注工艺

所谓无储气，是指加氢站无单独设立的固定储气装置，采用外供长管拖车、外接氢气供应管道或站内实时制氢作为氢源。图 3-4 是某一建成运行加氢站的长管拖车供气、压缩机增压充气工艺流程。

加注充气分三个阶段。第一阶段：车辆进站后，因气瓶压力较低，若此时长管拖车内压力大于气瓶剩余压力，V01、V02 打开，V03 关闭，氢气经由下部管线，由预冷却器冷却到一定温度后对气瓶充气，一旦气瓶压力上升接近拖车气瓶压力时，V02 关闭，第一阶段充气完成。

第二阶段：开动压缩机自循环，V01 处于打开状态，V11、V12 和 V13 打开，V14 是减压阀，压缩机出口高压气体经此减压阀降压至 17.9MPa 后返回入口；V21、V22 和 V03 处于关闭状态。当压缩机循环压力大于设定压力，例如 35MPa，V13 关闭，自循环流程结束，转为压缩机增压加注阶段。

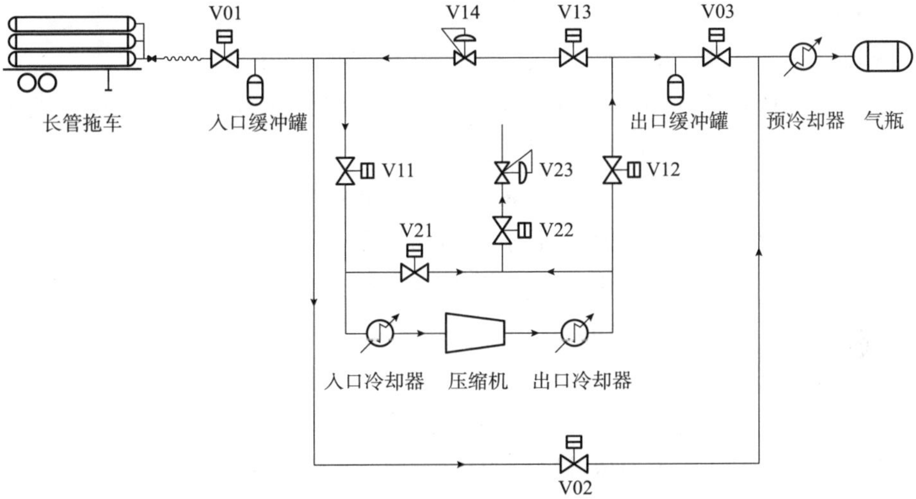

图 3-4　无储气加氢站加注工艺

第三阶段：V13 处于关闭状态，V03 打开，气瓶由压缩机充气，直至充满，第三阶段结束，气瓶完成一次充气过程。

充气完成之后，V21 和 V22 打开，V23 为出口放空减压阀，压缩机以及管路中剩余气体经由放空管路排空，排空后气体压力由 V23 控制。在从长管拖车卸气、旁路充气、压缩机自循环以及压缩机增压充气之前，各个管路进行氮气吹扫与置换。

这种无固定储氢或无高压储氢罐(压力大于车载气瓶工作压力)的工艺方案比较简单，适用于当前氢气加注较少的工况。

总体而言，这种工艺方案能耗较大，只有保持比较大的设计裕度，尤其是要选择相对于充气需求，排量更大的压缩机才能满足现场加氢量要求。采用压缩机直接加注，其最大加注速率取决于压缩机的排量，若采用高压储罐进行加注，高压储罐与车载储罐之间的有效压差远大于使用压缩机的工况，从而使得氢气流速增加，提高了加注速率。气体经压缩后，温度升高，在加注前，要么需要预冷，要么需要降低加注速率，这不利于提高加注速率。此外，日间启动压缩机所耗电费贵于夜间电费。因此，若条件许可，应尽量采用高压储罐分级加注或降压平衡加注从而获得更合理的经济性。在一些地方政府法规中，已不允许采用压缩机直充。

(2)典型加氢站工艺

在上述工艺基础上，增加固定储气罐可大幅度提高供气能力，增强供气可靠性，并降低压缩机排量。下面介绍配置固定储氢容器的某加氢站工艺流程及其设备[15]。该站为196辆燃料电池汽车加注氢气，氢气供应量为6765m³/d。这种流程具备了气态加氢站各种基本要素。

1)卸气工艺。氢气由长管拖车将18～20MPa高压氢气运至加氢站。现场设3个长管拖车车位，两用一备。首先在卸气泊位一处利用拖车－储罐压差，将长管拖车上的氢气卸到储罐，当压差缩小至设定值，启动压缩机，将剩余氢气卸载到储罐。拖车内氢气压力降至6MPa时，该拖车停止卸气并离开加氢站去外部氢源加气。同时，卸气泊位二启动，完成卸气后离开加氢站去外部氢源加气，如此循环完成周期性操作。

2)增压工艺。加氢站压缩机采用隔膜式单级双缸氢气压缩机，配置4台组成压缩机组，每个压缩机橇内的两台压缩机共用一套冷却系统。4台压缩机可独立工作，也可并联运行。依据加氢车辆负荷，可顺序启动单台或多台压缩机。氢气加注过程中，当高、中、低压储气瓶组中任意一个储氢瓶压力低于38MPa时，压缩机启动，对储气瓶组内氢气增压，增压顺序为高压储气瓶组→中压储气瓶组→低压储气瓶组。对于三级储氢系统，高、中、低压是相对的，低压储罐总是第一个给车载气瓶平衡充气，直到气压低至不值得再平衡充气为止。启动压缩机给第一储罐充氢至最高压力。这时，在补充氢气时用中压储罐作为低压储罐给车载气瓶充气，原来的高压储罐作为中压储罐顺序充装氢气。当第一储罐补充压力后就从低压储罐变成了高压储罐，第二储罐从中压储罐变成了低压储罐，第三储罐从高压储罐变成了中压储罐。完成一个循环。这样设计的好处是可以最大限度地减少氢气压缩机的启动次数，节省电力。且可更多地利用夜间低谷电，节省成本。

3)储氢工艺。采用固定和移动式两种储气装置，总储氢量为860kg，组成4级储气加注。两组长管拖车作为站内储气，单车储氢量为280kg，考虑瓶组剩余压力，每车实际可用储氢量为250kg，故站内移动储氢能力约为500kg。根据加氢站连续加注要求，站内固定储氢量需300kg，分为低、中、高三级容量，采用15个ASME瓶，分配数量为6：6：3。单瓶直径0.406m、水容积约0.767m³。

4)加氢工艺。加氢站设三台35MPa加氢机，一台70MPa配有满足其压力等级的增压器和额外的冷却系统的加氢机。加氢系统主要包括高压管路、阀门、加气枪、过滤器、节流保护、用户显示面板、计量、温度补偿、控制系统及应急管路系统等。加气枪安装有压力传感器、温度传感器、过压保护、软管拉断保护及优先顺序加气控制系统(Priority panel)等功能。

5)氮气相关工艺。加氢站配置有氮气瓶组，作为气控系统的气源(仪表风)、管路以及设备的吹扫置换气体。来自氮气瓶组高压氮气经减压后，压力降至0.7MPa，分两路，一路供给各紧急切断阀气动执行机构，另一路送至压缩机内及储氢罐各气动阀执行机构。氮气输送管路上预留接口，当系统需要吹扫时，利用软管将氮气吹扫接口与预留接口相连，进行氮气吹扫置换或用于系统调试维修过程中的吹扫置换。当需要大量放空氢气时，放空管管口应设置氮气伴气系统，氮气伴气压力应不低于氢气放空的压力。

3.2.5 液氢卸载、储存与加注流程

这里所指的液氢加氢站不是给汽车加注液态氢燃料，而是指氢来源或存储状态是液态氢。在加注至车载气瓶之前，需要对氢气增压、气化和升温。

液氢储存密度远大于当前技术下的高压气态氢，在加氢量较大站场，其整体经济性好于气态加氢站。美国与欧洲已建成加氢站有相当部分为液氢储存、气氢加注加氢站[16-18]，中国目前还没有此类加氢站。直接给汽车加注液态氢的技术目前正在研发阶段，目前此类技术应用较少[19]。

氢的液态与气态热力学状态及其参数相差悬殊，对液体介质加压时，不存在显著热效应，因此，增压数值相同时，泵耗功小于压缩机。此外，液体增压泵复杂度与造价低于压缩机。但是，液氢泵始终处于极低温度环境，对其工作可靠性要求很高。总体而言，泵送增压技术经济性好于压缩机增压。

与气氢加氢站相比，液氢加氢站增加了低温泵、气化器、加热器和 BOG(Boil Off Gas，闪蒸气)处理等装置，减少或消除了气态储罐与压缩机等设备。图 3-5 是一种典型液氢加氢站工艺流程。

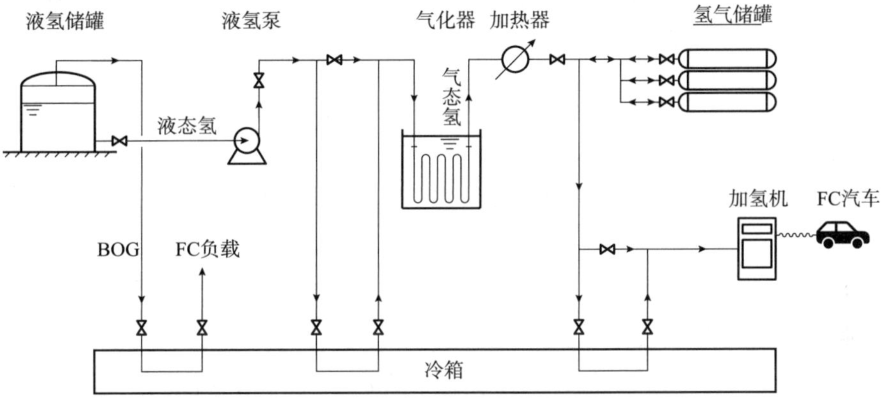

图 3-5 液态储存、气态加注加氢站工艺流程

图 3-5 中，外供液氢储存在高度绝热液氢储罐中，经由低温液氢泵增压，然后经气化器加热气化，气化后氢气温度仍然很低，继续通过加热器加热到适宜温度，存储至三级分区的氢气储罐。当有车辆进行加注时，氢气储罐按一定顺序经由加氢机对 FC 汽车的车载气瓶进行充气，此时，由于储存在氢气储罐的气态氢温度为环境温度，因此，在加注前需要经由冷箱冷却后加注。

低温液氢含有大量冷量，此冷量一方面可冷却加注时气态氢，另一方面可用于其他冷却负荷。液氢气化时的冷量可流经冷箱，利用这部分冷量。

由于采用深冷低温存储，不可避免存在 BOG，此部分 BOG 经由冷箱释放冷量后继续被加热至适宜温度，可用于各种燃料电池发电负载，也可将其回收至气态储罐。

3.3 氢气加注过程工艺计算

氢气加氢站是给车载气瓶充气，最简单流程是连通站内高压储罐与车载气瓶，氢气在压差作用下由高压储罐流向低压车载气瓶，当气瓶压力达到设定压力或充气率之后，停止充气。

充气过程中的高、低压转换存在显著热效应，即：①向气瓶内的充气压缩产生温升；②高压氢气在充气管路中节流产生温升；③压缩机压缩气体过程产生温升。

目前车载高压氢气储罐均采用纤维增强、树脂固化工艺，固化树脂最高工作温度为85℃，气瓶本体温度不能超过此温度[20]。充气过程热效应是制约氢气加注工艺方案的主要因素之一。

3.3.1 氢气加注瞬态流动过程分析

下面以恒定气源向气瓶充气过程(图3－6)为例，考察充气过程热效应。以气瓶作为开口系热力学系统，其对应状态参数压力 p、体积 V、温度 T、比焓 h、比内能 u、系统质量 m、单位质量动能 $c^2/2$。气瓶初始状态“0”时的参数为 p_0、V_0、T_0、u_0，气瓶初始剩余气体质量为 m_0；状态参数为 p_1、V_1、T_1、h_1的储罐向气瓶充气，充满后气瓶状态“2”的参数为 p_2、V_2、T_2、u_2，此时气瓶质量为 m_2。

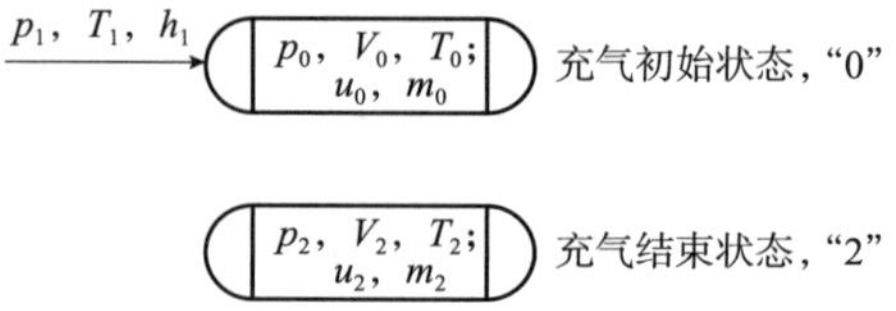

图3－6　氢气充气过程示意图

在充气时间 Δt 内，对气瓶列能量方程

$$\Delta Q=\Delta E+\Delta w_s+\left(h_{out}+\frac{c_{out}^2}{2}\right)\Delta m_{out}-\left(h_{in}+\frac{c_{in}^2}{2}\right)\Delta m_{in} \tag{3-30}$$

其中，系统能量 E 为

$$E=\left(u+\frac{c^2}{2}\right)m \tag{3-31}$$

假定气瓶充气为绝热过程，氢气为理想气体，且比热容为常数，系统对外界不做功，忽略进入系统的气体动能，有

$$\Delta Q=0,\ \Delta w_s=0,\ c_{out}=0,\ c_{in}=0,\ \Delta m_{out}=0, \tag{3-32}$$

代入式(3－30)，有

$$\Delta(mu)=h_{in}\Delta m_{in} \tag{3-33}$$

对式(3－33)从状态0积分到状态2，有

$$\int_0^2\Delta(mu)=m_2u_2-m_0u_0=\int_0^2 h_{in}\Delta m_{in}=h_{in}(m_2-m_0) \tag{3-34}$$

即

$$m_2c_VT_2 - m_0c_VT_0 = c_pT_1(m_2 - m_0) \tag{3-35}$$

由氢气状态方程得

$$p_2V_2 = m_2R_gT_2 \tag{3-36}$$

式中，R_g为气体常数。在式(3-35)、式(3-36)中，已知状态“0”和“1”各类参数，气瓶充满时的p_2已知，$V_0=V_2$，未知参数有m_2和T_2，联立方程求解，可得m_2和T_2。定义

$$\lambda = \frac{p_2}{p_0}\text{，表示储罐气瓶充气前后压缩比；} \tag{3-37}$$

$$\varepsilon = \frac{T_0}{T_1}\text{，表示气瓶充气前预冷温度与环境温度之比；} \tag{3-38}$$

$$k = \frac{c_p}{c_V}\text{，氢气质量热容比。} \tag{3-39}$$

经整理，可得

$$\frac{m_2}{m_0} = 1 + \varepsilon\frac{\lambda - 1}{k} \tag{3-40}$$

考虑到，$p_0V_0 = m_0R_gT_0$，充气前后氢气温度比T_2/T_0为

$$\frac{T_2}{T_0} = \frac{\lambda k}{k + \varepsilon(\lambda - 1)} \tag{3-41}$$

表3-1给出式(3-41)计算得到的绝热工况下不同压缩比、预冷温度，充气后气瓶温度氢气充气过程热效应具体数值。

表3-1 不同压缩比、预冷温度的充气后气瓶温度(*k*取1.4)

压缩比 λ		2	3	4	5	8	10	50	70
预冷温度/℃	-40	38.5	43.3	45.7	47.2	49.4	50	52.6	52.8
	-20	50.7	60.3	65.3	68.4	73.1	75	79.9	80.3
	0	61.9	76.3	84	88.8	96.2	99	107.1	107.7
	25	74.7	95.1	106.3	113.3	124.4	128	140.9	141.9

从表3-1看出，若预冷不足，那么，在稍高压比条件下，氢气加注后温度将显著超过限定温度85℃。若气瓶额定工作压力为35MPa，即便其初始剩余压力为7MPa，那么，在0℃预冷温度下，加注温度也将达到约88.8℃(此时，进气前后的压力比为4.94。若采用真实气体计算，此温度值为83.3℃)。

除非气瓶原始压力较高，即大幅度降低压缩比，在充气量较小条件下才能获得较低温升。但此时的汽车行驶里程显著降低。

若氢气冷却到-40℃或-20℃，在表中所列全部范围内，压缩温升均不超过85℃。这也是国际上所通用的氢气加注协议SAE J2601[21]推荐较低预冷温度的主要原因。

尽管上述推导采用理想气体假设，但与采用真实气体所得结论差别不大。

上述讨论的充气压缩过程限定为绝热过程，相当于极快充气。若充气不是那么迅速，气体升温过程中，将加热气瓶与沿程管件，同时，向环境释放热量。这两种因素一定程度上降低了氢气充气过程温升。

对于典型Ⅳ型气瓶，储存质量4kg，仅考虑加热气瓶与沿程管件的热容量影响时，氢气绝热状态下温度每升高1℃，对应着非绝热状态下系统总体温度升高约0.356℃。

向环境的散热也会影响加注过程温升。重载汽车储罐一般开放布置或处于良好通风状态，其散热将显著影响氢气温升过程，而轿车气瓶一般置于较封闭的状态，散热条件很差。

SAE J2601 加注协议基于某些特定型号气瓶进行实验，然后进行外推得到推荐加注数据，由于当前氢能技术发展变化很快，协议不会立刻覆盖最新各类气瓶发展。此外，不同气瓶安装状态也会影响该协议适用性，在使用该规范时需仔细甄别所充气的气瓶及其当前状态。否则，充气超压或超温将带来严重安全事故。

从散热和热容量角度来说，Ⅳ型、Ⅴ型气瓶散热性能不如Ⅲ型气瓶，从而导致其充气危险性增加[22]，因此，确定不同车载气瓶型式也应综合考虑各种因素。

3.3.2 气体等焓节流过程

根据对氢气充气过程分析可知，氢气充气压缩过程产生显著温升，若充气速度过快，充气接近绝热过程，在多数工况下，温度将大于气瓶所承受的85℃限制，因此，采用高压储气罐进行氢气充气时，气源压力总是高于气瓶压力，在很多时候，这种压差非常大，为控制充气过程流速以及充气质量流量，在工艺管道上总是通过节流实现压力或流量控制。这种压力控制方式一般通过调节阀限流阀的节流过程实现。

气体节流是典型等焓流动过程，其温度效应依赖于焦－汤系数μ_{JT}，其定义为

$$\mu_{JT} \equiv \left.\frac{\partial T}{\partial p}\right|_H \tag{3-42}$$

若$\mu_{JT}>0$，那么，随着压力降低，介质温度降低，即节流降温。一般流体节流后温度下降，而氢气恰好相反。在典型温度、压力条件下，$\mu_{JT}<0$，节流产生显著温升。图3－7给出氢气加注过程所处温度与压力范围下的焦－汤系数。

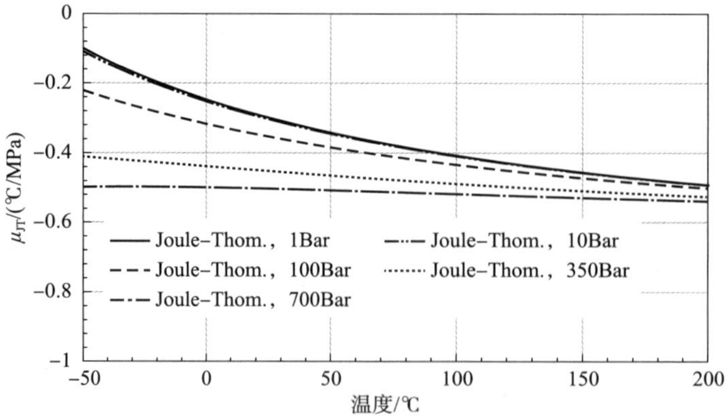

图3－7 典型工艺条件下的焦－汤系数

在节流过程中，压力和温度连续变化，因此，对于一定的调节阀压降不易直接计算得到温降数据。但可通过图3-7分析其大致范围。从图中看出，在全部温度、压力范围内，$\mu_{JT}<0$；但几乎不大于0.5℃/MPa。若20℃的氢气压力从70MPa直接降低到35MPa，那么，温升接近16.9℃，这种温升显然非常不利。因此，氢气加注工艺流程中，调节阀之后一般均配置预冷器，使得节流温升后的氢气降温，同时预留充气压缩温升空间。

此外，着眼于节流温升效应，加注流程的上下游压差不宜过大，而储罐按压力高低进行不同的分级，然后进行加注是一种有利工艺方案。

在通常的加注过程中，上下游的压差会导致显著温升，尤其是储罐压力较高时。因此，压力分级进行加注不但能够提高储罐的容器利用率，也会降低制冷负荷，而由后续的分析可知，制冷负荷影响是加注成本的重要因素之一。

3.3.3 SAE J2601 加氢规范及其应用

(1)加注协议的产生背景

氢气加注过程一方面由于压缩和节流过程产生气体温升，另一方面由于加注系统的热容以及通过壁面向环境散热，因此，安全快速地进行高压氢气的加注与通常的汽油(液体)加注存在显著差别。汽油加注主要受到诸如静电、液体蒸发、油气回收等因素的限制，而气体加注主要受到热力学以及气体动力学等因素的限制。CNG汽车的加注与氢气加注有类似之处，差别在于车载CNG储罐压力只有20MPa(20℃温度下的公称压力，*NWP*，表压，不另加说明，后续均为表压)，而车载储氢气瓶的公称压力为35MPa和70MPa，远高于CNG气瓶。CNG气瓶是钢瓶，耐温性更高。此外，天然气在加注操作条件的节流使得其温度下降，因此，有时还需要配置加热器，而氢气节流时温度上升。

因此，针对氢气的加注需要特别的程序或者规定，只有这样，才能保证加注过程的安全，这是加注规范(协议)产生的背景。任何一个加氢站或者加氢机，都需要进行加注规范的技术认证，只有满足SAE J2601标准的加注过程，才被允许进行加注操作。由于氢能领域的快速发展与变化，规范或标准总是落后于现场最新技术的发展，并不能覆盖全部工况。

(2)加注目标与限制条件[23]

对于既定的车载储罐，其加注目标是在尽可能短的时间，将储罐加满，同时保证系统安全。

"尽可能短的时间"是希望加注时间与传统燃油车加注时间相当，例如，在相同的续航里程情况下，3~5min可完成加注过程。

"加满"是指气瓶具有足够的充装气体质量，假定加注全过程中气瓶容积不发生变化，那么，所充装气体质量与当地气体密度成正比。因此，"加满"可以用当地密度进行衡量。定义加注率(State Of Charge，SOC)为

$$SOC=\rho(p,\ T)/\rho(NWP,\ 15℃) \tag{3-43}$$

式中，$\rho(p,\ T)$为加注终了气瓶压力p和温度T下的当地密度；$\rho(NWP,\ 15℃)$为15℃、公称工作压力下的气体密度。对于70MPa压力级别的车载气瓶，其密度为：40.21kg/m^3；70MPa压力级别的车载气瓶，其密度为24.05kg/m^3。

对于所有加注过程，*SOC*不能超过100%，否则，有可能在温度过高时，其压力超过

气瓶所允许的安全压力高限(87.5MPa)，此压力是气瓶的最大操作压力或者许用压力，也是加注过程的最大允许加注压力。

需要注意的是，气瓶的爆破压力远大于气瓶许用压力。表3－2是车载气瓶各种压力及其设定值。

表3－2 车载气瓶各种压力及其设定值[24] MPa

公称压力 p	气密性试验压力	许用压力	安全阀设定压力	水压试验压力	爆破压力
	$1p$	$1.25p$	$1.375p$	$1.5p$	$2.25p$
70	70	87.5	96.25	105	157.5
35	35	43.75	48.125	52.5	78.75

除了出于气瓶安全考虑的许用压力外，气瓶还有许用温度的限制条件，即加注过程不允许气瓶温度超过85℃，同时也不得低于－40℃。

因此，对于加注过程，存在三类限制条件，分别是：

①*SOC*不大于100%；

②压力在0.5～87.5MPa；

③温度在－40～85℃。

这三个限制条件就是所谓的加注边界条件，图3－8为加注边界条件的示意图。无论采用何种加注协议或方法，这个加注边界始终需要遵守。

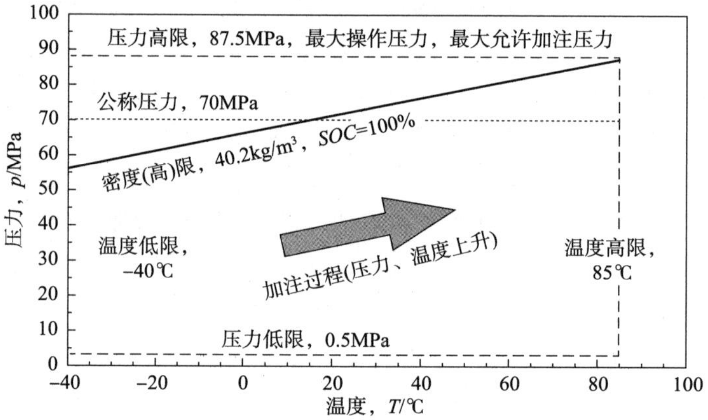

图3－8 加注边界条件的示意图

加注过程中，气瓶内的温度和压力如图3－8中箭头所示，不断上升，直至达到或接近100%充装率，就完成了一次加注。

针对乘用车的SAE J2601规范中，还限定加注速率不大于60g/s(3.6kg/min)。但目前由于商用车的应用，针对商用车的(单枪)平均加注速率可达10kg/min，着眼于重载车辆，欧盟和美国正在开发的新的加注协议，可以达到更高加注速率。

(3)SAE J2601加注协议制订原则与实施方法

氢气加注目标是快速加满，快速意味着加注过程完全绝热，按照前述分析，此时唯一的办法是将加注氢气预冷至很低的温度(不低于－40℃)，从而提前对冲压缩与节流过程所导致的温升。此时，加注过程制冷能耗较高，且受限于复合材料低温限制，温度不能低于 -40℃。

需要说明的是，若只考虑加注速率而不考虑温升，可以证明氢气可在数十秒内就完成加注，且不会在高压小直径管道中达到声速，从而不会出现堵塞工况。

另一种方法是控制加注过程，即放慢加注速度从而控制温升。在加注时间段内，加注管道与车载气瓶系统吸热并向环境散热，从而使加注气体温度与绝热过程相比得以降低，从而令气瓶温度不超标。

气瓶内安装有温度与压力传感器，若只是从保护气瓶角度出发，只需加注人员时刻监测气瓶温度与压力传感器，或者采用安装有通信部件的气瓶所发送过来的信息，那么，就可以通过调节加注流量，从而控制加注时间，最终完成加注，同时还保持温度与压力不超标。但是，若进入加氢站的汽车所安装车载气瓶压力或温度监测有误，或者通信传递数据有误，加注过程将陷入危险。这就引出了加注过程的安全责任划分问题。

SAE J2601 经多轮讨论所确立的加注协议基本原则是：

①加氢站是加注过程安全的责任人(H_2 Station is fully responsible for safe fueling of the vehicle)。这表明，无论车载气瓶是怎样的一种情况，加氢站都需要对加注过程安全负责。因此，必须在加氢站的加注段进行安全控制。

②车载气瓶所传递的数据和信息并不用于安全过程(No safcty critical information from vehicle is used)，其信息仅用于确定是否充装数量足够。

③假定充装过程处于最恶劣工况(Worst case boundary conditions are assumed)。

上述原则是一种保守性原则。SAE J2601 加注协议的多年实践表明，最终的充装温度与高限温度存在较大温差。在上述原则之下，若能完成充装，加注过程的安全性可以得到保障。

该协议采用查表法(Look - up Table)来确定具体的加注方法与加注参数。

在加注过程中，影响安全(即不超过安全边界)的因素有：环境温度、加注氢气的压力和温度、车载储氢系统的尺寸、形状、材料热物性、初始温度和压力、散热状况等。面对不同的外部环境温度、气瓶结构类型、初始温度、初始压力以及管路系统，需要一种统一、简便的方法来进行安全的加注。

由于压缩导致的温升是加注过程主导因素，因此，无论气瓶的压力等级如何，对加注过程进行控制的参数均是气瓶内的压力上升速率。定义从开始加注到结束加注的压力增加平均值(MPa/min)为平均升压速率(APRR，Average Pressure Ramp Rate)。针对不同工况，该协议制订了不同平均升压速率，对于不同压力等级车载气瓶，其升压速率决定了最终加注时间。

因此，该协议对影响安全加注的几类主要因素进行分组，每一分组可确定一个平均升压速率，若此升压速率可完成前述加注任务，且处在加注边界内，此加注即为合格的加注。即此时确定的升压速率就是合适的，反之，就需要降低升压速率。

该协议对气瓶压力级别、加注冷却级别、气瓶尺寸级别和是否有通信这 4 类因素进行分组，每一类参数有数量不同的分组，合计 42 类工况，如表 3 - 3 所示。

表 3－3　加注分组表

气瓶压力级别	加注冷却级别	气瓶尺寸级别	是否有通信	备注
H35	T40/T30/T20	A/B/C	有/无	3×3×2＝18 种
H70	T40/T30/T20	A/B/C/D	有/无	3×4×2＝24 种

各类分组内的参数的适用范围如表 3－4 所示。

表 3－4　加注标准适用范围

<table>
<tr><td colspan="2">压力等级</td><td colspan="3">H35</td><td colspan="3">H70</td></tr>
<tr><td colspan="2">气瓶容积/L</td><td>≤49.7</td><td>49.7～248.6</td><td>>248.6</td><td>≤49.7</td><td>49.7～248.6</td><td>>248.6</td></tr>
<tr><td colspan="2">可充气质量/kg</td><td>≤1.19</td><td>1.19～5.97</td><td>>5.97</td><td>≤2.0</td><td>2～10</td><td>>10</td></tr>
<tr><td colspan="2">气瓶尺寸级别</td><td>TBD</td><td>A，B，C</td><td>D</td><td>TBD</td><td>A，B，C</td><td>D</td></tr>
<tr><td colspan="2">最大充气质量流量/(g/s)</td><td>≤60</td><td>≤60</td><td>≤60</td><td>≤60</td><td>≤60</td><td>≤60</td></tr>
<tr><td rowspan="5">充气温度级别</td><td>T40</td><td rowspan="5">不适用</td><td rowspan="3">适用</td><td colspan="2" rowspan="5">不适用</td><td colspan="2" rowspan="3">适用</td></tr>
<tr><td>T30</td></tr>
<tr><td>T20</td></tr>
<tr><td>T10</td><td rowspan="2">不适用</td><td colspan="2" rowspan="2">不适用</td></tr>
<tr><td>环境温度</td></tr>
</table>

在每一工况下，由于环境温度的不同，可选择不同的加注速率，即不同的升压速率。加注终了的衡量指标是目标加注压力。

SAE J2601 协议针对加注过程热力学和流动过程建立相应的数学模型，然后进行实验以验证模型的可靠性，最后利用数学模型尝试计算不同参数组合下的各种工况，在满足限制条件下的加注即为合格的加注。据此，就可制订出一系列表格，实际遇到的各种工况可直接按照现场条件在表格中进行查询。

表 3－5 给出 H70 压力级别、B 类气瓶、T40 预冷级别、有通信的加注查询示例表。

现场加注过程中，针对需要加注汽车的车载气瓶种类，先确定气瓶压力级别(H35/H70)和气瓶容积级别，然后选择一种充气温度(T40/T30/T20)，确定是否有通信接口，然后找到相应表格。在表 3－5 上方的“初始压力”下确定气瓶初始压力，然后根据左侧“环境温度”确定对应的 APRR(第三列)和气瓶目标压力(初始压力与环境温度的交叉点)。按照此 APRR 进行充气，待气瓶压力达到气瓶目标压力时停止充气。此时，即完成一次加注。这就是利用 SAE J2601 加注协议进行氢气加注的工艺计算及其实施过程。目前国内规定 70MPa 车载储气系统必须有通信，35MPa 则不强制要求安装通信系统。

(4)现场加注运行效果

自从 2014 年加州政府建设第一个加氢站，截至 2021 年 2 月共计建设了 52 座加氢站，这些加氢站主要以乘用车加注为主。DOE 对加州已建成的加氢站的加注过程和各类数据进行了详细的统计，图 3－9 给出采用 SAE J2601 进行加注的现场统计数据，包含每次加注质量分布、加注耗时分布、加注终了压力和加注速率分布统计数据[25]。

表3-5 加注查询示例表——H70、B类气瓶、T40、有通信

H70-T40级别B 有通信		平均升压速率/（MPa/min）	目标压力/MPa	Top-Off 目标压力/MPa	Top-Off 平均升压速率/（MPa/min）	气瓶目标压力/MPa											
		初始压力 P_0/MPa															
		0.5~5（禁止插值）				0.5	2	5	10	15	20	30	40	50	60	70	>70
环境温度，Tamb/℃	>50	不予充装															
	50	5.1	78.2	87.5	2.6			80.8	85.7	86.8	86.5	85.8	85.0	84.0	82.7	81.1	
	45	8.1	76.3	87.5	4.0			81.1	86.9	86.6	86.2	85.3	84.3	83.0	81.6	79.7	
	40	11.5	73.2	87.5	5.4			81.1	86.9	86.4	85.9	84.7	83.5	82.0	80.3	78.3	
	35	12.4	72.9	87.5	5.6	参见 Top-Off		81.2	86.9	86.4	85.9	84.7	83.4	81.9	80.2	78.2	
	30	15.3	70.6	87.5	6.6			81.0	86.8	86.3	85.6	84.3	82.8	81.2	79.4	77.2	
	25	18.5	69.0	87.4	7.2			81.0	86.8	86.1	85.4	83.8	82.2	80.4	78.5	76.1	
	20	21.8	67.9	87.4	7.6			81.2	86.8	85.9	85.1	83.3	81.5	79.6	77.5	75.1	不予充装
	10	28.0	66.3	87.4	9.0			81.2	86.8	85.7	84.7	82.6	80.5	78.3	76.1	73.4	
	0	28.5				78.4	84.6	86.8	85.6	84.4	83.1	80.6	78.1	75.6	73.1		
	-10	28.5				82.2	87.1	86.4	85.2	84.0	82.8	80.4	77.9	75.4	72.9		
	-20	28.5	无 Top-Off			86.0	86.8	86.1	84.9	83.7	82.4	80.0	77.6	75.1	72.7	不予充装	
	-30	28.5				86.8	86.5	85.7	84.5	83.3	82.1	79.6	77.2	74.9	72.5		
	-40	28.5				86.5	86.2	85.4	84.2	83.0	81.8	79.3	77.0	74.6	72.3		
	<-40	不予充装															

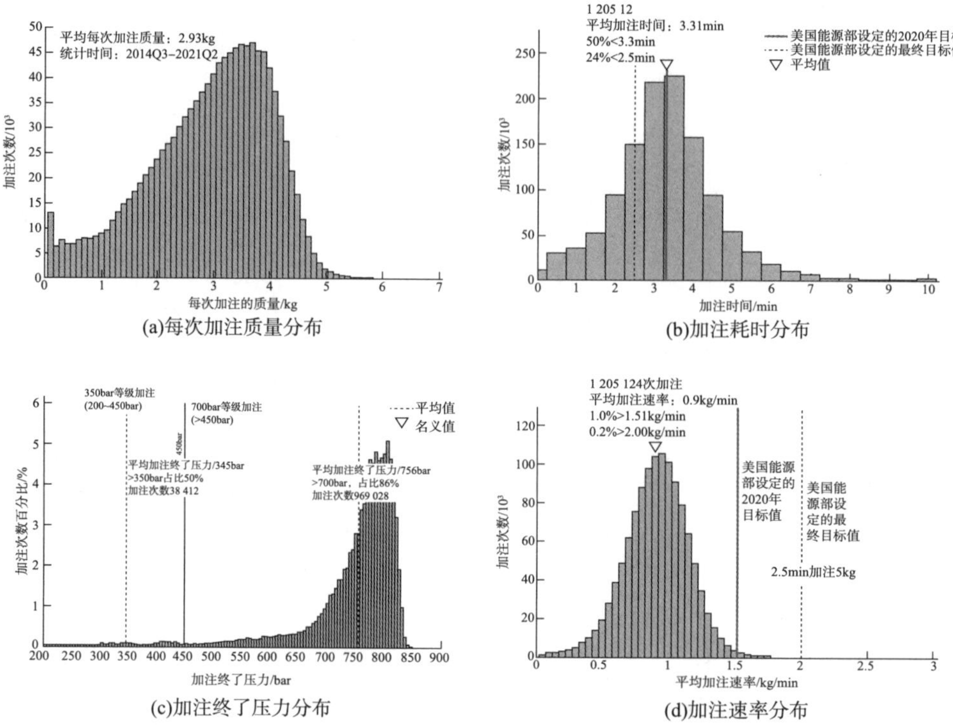

(a)每次加注质量分布　(b)加注耗时分布　(c)加注终了压力分布　(d)加注速率分布

图3－9　采用 SAE J2601 进行加注的现场统计数据

从图中看出，在所统计的约100万次的加注过程中，平均每次加注质量为2.93kg，部分车辆可超过5kg；平均加注时间为3.31min，其中50%的加注少于3.3min（一部分没有加满）；平均加注速率终了压力为75.6MPa，其中，86%的加注终了压力超过了公称压力70MPa；平均加注速率为0.9kg/min，只有0.2%的加注速率大于2kg/min。没有因为加注而产生气瓶事故的报道。

根据这个现场数据可知，尽管加注速率与期望目标（2kg/min）还有一定差距，但通过采用 SAE J2601 加注协议，氢气加注基本达到了与传统汽柴油汽车相近的加注时间，同时保证了加注安全。

SAE J2601 中除了查表法之外，还可以采用动态调整 APRR 的 MC（Mass Capacity）方法[26]，此方法根据反馈的信息动态调整 APRR，从而提高了最终的 *SOC*，同时提高了加注速率。与查表法相比，该方法耗时较少。

由 SAE J2601 所确定的加注原则可知，此协议是一种较保守的协议。偏于安全，一方面源于现场工况的不确定性，另一方面也源于加注协议的制订方法。该协议所利用的数学模型属于零维模型，模型中不考虑热力学、流动和传热等过程沿着空间的变化特征，例如，气瓶的温度认为是完全均匀的。这显然与实际状况有差异。

着眼于发展大流量，商用车的加注过程，加注过程需要更加精细化地描述和计算。DOE 开发了一个可按照现场工况进行参数调整的一维热力学计算软件，H2Fills[27]（https://www.nrel.gov/hydrogen/h2fills.html）。针对不同现场工况，可使用该软件进行计算和预测，得到加注过程各点温度与压力变化情况。该软件与 SAE J2601 所用热力模型的基本假设类似，采用 NIST 高精度氢气状态方程，各类管路系统和车载储罐的参数均可根据实际工况进行调整与计算(图 3 - 10)。针对具体的加氢站工艺设计，可在前述热力学计算基础上，采用该软件，即可计算得到相应的热力学状态，试算、校核之后获得设计结果。

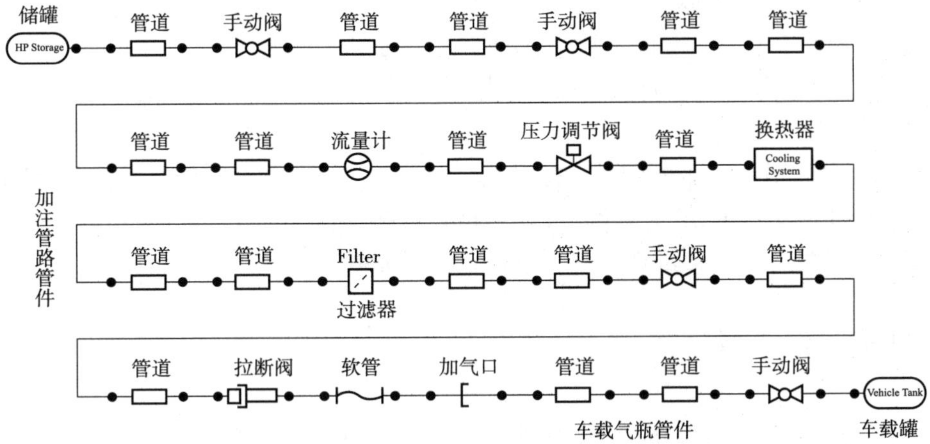

图 3 - 10 H2Fills 软件可模拟的现场工况示意图

3.3.4 氢气加注技术进展

图 3 - 11 给出 Air Products 公司采用 MC 方法进行 36031 次完全充装(*SOC* >95%)后加注终了气瓶温度统计结果[28]。据统计数据，99.8% 的加注终了气瓶温度小于 75℃，90% 的加注终了气瓶温度小于 70℃，所有加注事件的气瓶最高温度为 78.9℃。这些充装采用 T40 进气温度级别完成。从图 3 - 11 中明显看出，加注终了温度与温度高限值大约有 10℃ 温差。由于 SAE J2601 加注协议偏保守，很多研究者着眼于氢气加注终了温度与温度高限之间的差值进行了相应优化调整研究。

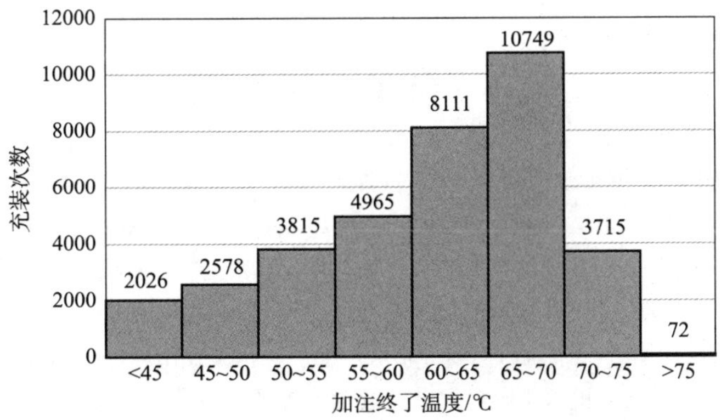

图 3 - 11 完全充装条件下的加注终了温度

减小这个温差意味着可以降低预冷的苛刻性，例如从 T40 提升至 T20，甚至 T10、T0；另外，可以加大加注速率，从而降低加注时间。

随着氢能在交通领域的深入发展，SAE J2601 协议涵盖的范围、经济性遇到新问题：

(1)涵盖的气瓶容积过小，不适用于商用车的大型气瓶；

(2)加注速率限制过低，针对商用车的大型气瓶加注时间过长；

(3)预冷要求太苛刻，导致针对加注环节的成本降低目标很难实现；

(4)随着气瓶生产商的增加，该协议所覆盖的气瓶种类存在隐患；

(5)计算模型不精细，使得精确控制和最优控制存在困难。

针对上述问题，欧美、日本等国相继开展了相关的大容量、高速、高预冷温度的理论、实验和现场研究。

目前，针对商用车，DOE 可实现 10kg/min 的加注速度[29]，针对商用车 35MPa 的气瓶，可以采用 T20 或 T10 进行安全加注。目前，这些项目正处在项目示范过程中，针对商用车的加注规范将在积累更多现场数据后进行修订完善。

习题/思考题

1. 加氢站有哪几种储气量？这些储气量分别受到哪些因素的影响？
2. 氢气的快速加注主要受哪些因素的影响？
3. 简述采用 H2Fills 软件计算京辉工艺的加注热力学特征。
4. 简述采用 CoolProp 函数计算车载气瓶充气热力学过程。
5. 北京地区现场加氢站运行显示，35MPa 的氢燃料电池汽车在加注时不需要预冷，你对此有何评价？
6. 当前北京地区加氢站数量较少，那么，如何预测某加氢站内的氢销售量？
7. 若今后压缩机采购价格大幅度下降，那么在工艺设计中可不设置固定高压储罐，你有何评价？
8. SAE J2601 规范的制定原则是什么？
9. 加氢站的重要工艺技术指标有哪些？

参考文献

[1]中华人民共和国国家发展和改革委员会．氢能产业发展中长期规划(2021—2035 年)[EB/OL]．(2022-03-23)[2023-01-10]．https://www.ndrc.gov.cn/xxgk/zcfb/ghwb/202203/t20220323_1320038.html.

[2]郭光臣，董文兰，张志廉．油库设计与管理[M]．东营：石油大学出版社，2006.

[3]严铭卿．燃气工程设计手册(第二版)[M]．北京：中国建筑工业出版社，2019.

[4]国家发展改革委．《关于进一步深化燃煤发电上网电价市场化改革的通知》(发改价格〔2021〕1439 号)[EB/OL]．(2021-10-11)[2023-07-01]．https://www.ndrc.gov.cn/xxgk/zcfb/tz/202110/t20211012_1299461_ext.html.

[5]佛山市发展和改革局．佛山市电价价目表[EB/OL]．(2019-06-04)[2023-07-01]．http://fsdr.foshan.gov.cn/fsfgj/fhj/bmcx/jgcx/jfml/jgbz/spjg/content/post_486327.html.

[6]环境保护部．GB 3096—2008 声环境质量标准[S]．北京：中国环境科学出版社，2008.

[7]严铭卿．压缩天然气储气容积分区原理与方法[J]．煤气与热力，2005(12)：6－9.

[8]吴竺，傅玉敏，肖方昧，等．上海世博会氢燃料电池汽车加氢站设计[J]．煤气与热力，2013，33(3)：18－22.

[9]刘经宝．佛山中石化青龙加油加氢站设备选型探讨[J]．城市燃气，2019，528(2)：4－8.

[10]顾玲俐，吴一梅，尹立坤，等．加氢站流程和配置技术现状与展望[J]．新能源进展，2021，9(5)：418－425.

[11]中国市政工程华北设计研究院．汽车用燃气加气站技术规范：CJJ 84—2000[S]．北京：中国建筑工业出版社，2000.

[12]REDDI K，ELGOWAINY A，RUSTAGI N，GUPTA E. Two－tier pressure consolidation operation method for hydrogen refueling station cost reduction[J]. International Journal of Hydrogen Energy，2018(43)：2919－2929.

[13]ELGOWAINY A，REDDI K. Enhanced methods for operating refueling station tube－trailers to reduce refueling cost：US 9739418 [P]. 2015－04－02.

[14]ELGOWAINY A，REDDI K，SUTHERLAND E，JOSECK F. Tube－trailer consolidation strategy for reducing hydrogen refueling station costs[J]. International Journal of Hydrogen Energy，2014(39)：20197－20206.

[15]傅玉敏，吴竺，霍超峰．上海世博会专用燃料电池加氢站系统配置的研究[J]．上海煤气，2010，No. 285(5)：4－10，19.

[16]BROWN T，WU G. Scaling up the true zero network，hydrogen station－350 grand avenue，oakland，california：CEC－600－2022－042[R]. Sacramento：California Energy Commission，2022.

[17]NATESAN N. HANNAY D. YAN J. MCKEOWN K. Linde final report san ramon hydrogen fueling station：CEC－600－2022－033[R]. Sacramento：California Energy Commission，2022.

[18]ANDRICHAK C. Oakland hydrogen refueling station：CEC－600－2021－041[R]. Sacramento：California Energy Commission，2021.

[19]张震，解辉，苏嘉南，等．"碳中和"背景下的液氢发展之路探讨[J]．天然气工业，2022，42(4)：187－193.

[20]QUANTUM FUEL SYSTEMS LLC. Hydrogen cylinder general specifications[EB/OL]. [2023－01－10]. https：//www. qtww. com/wp－content/uploads/2019/01/H2－Tank－Specifications－Sept－2021－All－Tanks. pdf.

[21]SAE. Fueling protocols for light duty gaseous hydrogen surface vehicle：SAE J2601－2020[S]. Warrendale：SAE International，2020.

[22]何广利，杨康，董文平，等．基于国产三型瓶的氢气加注技术开发[J]．储能科学与技术，2020，9(3)：696－701. DOI：10. 19799/j. cnki. 2095－4239. 2020. 0055.

[23]SCHNEIDER J M. Hydrogen fueling standardization－enabling FCEVs with fast fueling and consistent vehicle range equal to today[C]. ECS Transactions，2015(65. 1)：143－174.

[24]全国气瓶标准化技术委员会．车用压缩氢气铝内胆碳纤维全缠绕气瓶：GB/T 35544－2017[S].

[25]Next Generation Hydrogen Station Composite Data Products：All Stations[EB/OL]. [2023－01－10]. https：//www. nrel. gov/hydrogen/infrastructure－cdps－all. html.

[26]HANDA K，OSHIMA S，REMBUTSU T. Precooling temperature relaxation technology in hydrogen refueling for fuel－cell vehicles[J]. International Journal of Hydrogen Energy，2021，46(67)：33511－33522.

[27]KUROKI T，NAGASAWA K，PETERS M，LEIGHTON D，KURTZ J，SAKODA N，MONDE M，TAKATA Y. Thermodynamic modeling of hydrogen fueling process from high pressure storage tanks to vehicle tank

[J]. International Journal of Hydrogen Energy, 2021, 46(42): 22004 - 22017.
[28] MATHISON S. How advanced hydrogen fueling protocols can improve fueling performance & h2 station design [EB/OL]. [2023 - 01 - 10]. https: //www. nrel. gov/docs/fy20osti/77368. pdf.
[29] MARTINEAU R. Fast flow future for heavy - duty hydrogen trucks[EB/OL]. (2022 - 06 - 08)[2023 - 01 - 10]. https: //www. nrel. gov/news/program/2022/fast - flow - future - heavy - duty - hydrogen - trucks. html.

4 加氢站设备

4.1 加氢站设备概述

典型加氢站主要由供氢、增压、储存、加注和控制系统五部分组成。对于高压气态加氢站，增压系统氢气压缩机、储存系统储气罐组和加注系统加氢机是三大核心设备。此外，还有冷冻水机组、压缩机前后的氢气冷却换热器、加氢机前氢气预冷器等设备。对于液态氢储存、气态氢加注的加氢站，增压系统液氢泵、储存系统气化器、储气罐组以及加注系统加氢机是四大核心设备，此外，还有气化冷量回收设备。公用工程有氮气吹扫与置换、安全放散、水电气供应与消防安保系统等。

加氢站建设过程中，当建站规模与工艺路线确定后，设备方面前期工作有工艺计算、选型、确定设计条件、形成采购技术资料等，后期在设计、建造、设备安装、调试与验收等环节与乙方保持密切技术沟通。

在建站规模与工艺路线确定前提下，主要设备配置方案直接影响投资、运行成本、设备维保及管理。增压与储存系统体积、重量与造价对加氢站建设成本举足轻重。以高压气态加氢站为例，压缩机与梯级储氢罐组成本合计约占设备总投资一半。主要设备布置显著影响加氢站占地面积、运行维护和管道施工。

为使加氢站主要设备规划布置方案与选型或设计结果合理，需系统掌握设备工作原理、类别、特点、工艺计算方法及运行管理特点。

4.2 增压设备

4.2.1 氢气压缩机

4.2.1.1 氢气压缩机概述

氢气压缩机有往复式、膜式、离心式、回转式、螺杆式等类型。选型时应综合考虑流量、吸气及排气压力等参数。氢气压缩机的结构包括基础部件(如曲轴箱、曲轴、连杆等)、缸体部件、柱塞部件、冷却器部件、安全保护控制系统以及其他附属部件。

我国早在 20 世纪 80 年代就进行了超高压氢气压缩机组的研制，成功试车了一台排气量为 $120m^3/h$、排气终压为 200MPa 的机组。该氢气压缩机组按 3 个压力段由三台压缩机串联组成：第一段是 L 型活塞往复式压缩机，将气体由常压压缩至 30MPa；第二段是膜式压缩机，将第一段输出的气体升压到 100MPa；第三段也是膜式压缩机，将第二段输出的气体增压至200MPa。美国PDC公司是世界著名的压缩机生产商，开发了最高压力为410MPa、流量为178.6m^3/h的膜式压缩机，目前已广泛应用到加氢站[1]。

活塞式氢气压缩机与天然气压缩机类似，不同的是由于氢气质量小，压缩因子与天然气有较大差别，因此密封、动力等也有差别。氢压缩机的进口系统主要由气水分离器、缓冲器、减压阀等部件组成。氢气进入压缩机之前，必须分离水分，以免损坏下游部件。管道内氢压受外界环境温度、路径中的流动阻力和流量等因素影响而不稳定，缓冲器可起到缓冲压力波动的作用。压缩机工作时的活塞运动会在进气管内引起压力脉动，缓冲器亦可用来阻断进气管内的压力脉动传入输气管。此外压缩机的卸载阀和安全阀排出的氢气也送入缓冲器中，使之膨胀到进口压力。减压阀的用途是保持一定的压缩机进口压力。出口系统主要由干燥器、过滤器、逆止阀等部件组成。当压缩机出口的氢气含水量超标时，出口系统由吸收式干燥器来清除水分，以免下游部件锈蚀和在低温环境下造成水堵。氢气流过干燥器时，会带走部分干燥剂颗粒，因此在干燥器后还需配备分子筛过滤器，以清除干燥剂颗粒、水滴和油滴。干燥器是两个并联、交替工作的，其中一个工作时，另一个进行恢复处理。从压缩机出口引出少量未经冷却的氢气，经减压后反向流过干燥器，使干燥器恢复吸收能力。逆止阀只允许氢气从出口流出，而不允许流入。

4.2.1.2 氢气压缩机选型

加氢站常用的氢气压缩机主要有隔膜式、液驱式和离子液压缩机三种。压缩机的选择取决于应用特点、工艺过程参数及相关的技术要求，如容积排量、压力比等。近年来，随着储氢合金的发展，出现了一种热压缩式氢压机，其利用特制的储氢合金材料在一定压力下吸氢并储存，当需要以更高压力供氢时，仅需将储氢体系升高到预定温度。这种集储氢和增压于一体的静态氢压缩机，结构简单、无运动部件、无噪声，未来有望得到产业化应用，甚至部分取代机械式氢气压缩机。

(1)氢气压缩机类型[2]

隔膜式压缩机是靠隔膜在气缸中做往复运动来压缩和输送气体的往复压缩机(图4－1)，具有压缩比大、密封性好、压缩气体不受润滑油和其他固体杂质污染等特点，适于压缩高纯度、稀有贵重、易燃易爆、有毒有害、具有腐蚀性以及高压等气体。隔膜式压缩机散热快，压缩过程接近等温过程，可以有更高的压缩比(最高达20：1)。目前金属隔膜压缩机的最高排气压力可达70MPa，但是由于膜片的变形量有限，处理的气体流量较小，常用于氢气压力较高且流量不大的场合。国内对隔膜式氢气压缩机的应用实践表明：隔膜压缩机应竖向布置，或V形布置，不宜采用水平布置(图4－1)。

液驱式压缩机是由液压油作为驱动介质，通过驱动侧活塞带动气体加压，活塞运动实现气体的吸入和推出，气体侧缸筒上安装有单向阀，当活塞回程时气体压力打开吸入侧单向阀，输出侧单向阀处于关闭状态，实现吸气。液驱式压缩机具有排气量大、设备体积小、工作过程趋于等温等优点，缺点是密封要求高(活塞处的泄漏无法解决)，压缩过程中氢气受污染的可能性高。

离子液体常用于自动化、航空航天、电子电器或能源领域，作为工程流体或新材料使用。离子液压缩机在国外用在具有较高储氢压力(90MPa左右)的加氢站中，其能耗较低、结构简单，但价格较高。

(a)V形布置

(b)L形布置

图 4-1 隔膜式氢气压缩机

(2)氢气压缩机选型

考虑到氢气作为介质，具有易燃易爆、压缩储存时不能被污染和泄漏的特点，而隔膜压缩机压缩气体纯净度高，膜腔中无润滑油，气体纯净，相对余隙小，容易实现高压，因此，国内多采用隔膜压缩机。

国内的隔膜式压缩机供应商有佛燃天高流体机械设备有限公司、江苏恒久机械股份有限公司；国外的隔膜式压缩机供应商有美国 PDC 公司、美国 Hydro-pac 公司、德国 Hofer 公司。表 4-1 和表 4-2 列出了美国 PDC 公司部分隔膜式压缩机产品的主要性能参数。目前，国产隔膜式压缩机膜片寿命显著提高，新建或规划中的加氢站已更多采用国产隔膜式压缩机。

表 4-1 美国 PDC 公司 5 个系列隔膜压缩机的性能上限[3]

系列号	最大排气压力/MPa	最大流量/(Nm^3/h)	最大电机功率/kW
3 系列	100	48	10
4 系列	100	241	30
5 系列	100	560	55
13 系列	100	3000	175
P 系列	100	4000	224

表 4-2 美国 PDC 公司部分型号隔膜压缩机的主要性能[4]

主机型号	进气压力/MPa	出口压力/MPa	质量流量/(kg/12h)	装机功率/kW
PDC-4-6500-6500(150)	5~20	45	200	22
PDC-13-7500	5~20	45	500	55
PDC-13-7500-15000	3~20	87.5	500	75
PDC-13-duplex-7500	5~20	45	1000	90

(3)压缩机与主机的连接方式

目前，压缩机与主机的连接方式有皮带传动、电机直连和增加减速箱三种方式，表 4-3 给出了三种连接方式的优缺点。

表 4-3 三种连接方式的优缺点[2]

连接方式	优点	缺点
皮带传动	(1)运转稳定，噪声低； (2)结构比较简单，设计精度要求低； (3)可传递距离远； (4)皮带自身打滑可以起到过载保护作用	(1)传递效率低； (2)皮带容易磨损，寿命短； (3)皮带可能会产生静电
电机直连	(1)传动效率高； (2)安装紧凑，占地面积小； (3)使用寿命长，可靠性好	(1)维修费用高； (2)噪声较大； (3)安装较为复杂
增加减速箱	(1)传动稳定，且效率高； (2)使用寿命长，可靠性好	(1)不易维修，且维修费用高； (2)安装较为复杂

(4)压缩机的辅助系统

压缩机的辅助系统主要实现压缩机和电机的冷却、被压缩气体的冷却。

压缩机在运行过程中，其机械损失约为额定功率的1% ~5%。压缩机运行过程中所产生的热负荷 Q 由式(4-1)得出

$$Q = N_i \times 5\% \tag{4-1}$$

式中 Q——热负荷，kW；

N_i——额定功率，kW。

电机的效率一般为75% ~92%，以80%计算，则有20%转化为热负荷。

压缩机和电机的冷却方式采用循环冷却水。根据热力学关系，循环冷却水流量按式(4-2)计算

$$m = \frac{Q}{c_p \cdot \Delta T} \tag{4-2}$$

式中 m——质量流量，kg/s；

c_p——比定压热容，kJ/(kg·K)；

ΔT——温度变化量，K。

当总的热负荷为13.75kW，水的比定压热容 c_p 为4.2kJ/(kg·K)，循环冷却水温差为7.5℃时，所需的冷却液流量 m 为0.44kg/s。

根据热力学知识，压缩机的排气温度按式(4-3)计算

$$T_2 = T_1 \left(\frac{p_2}{p_1}\right)^{\frac{k-1}{k}} \tag{4-3}$$

式中 T_1——吸气温度，K；

T_2——排气温度，K；

p_1——吸气压力，Pa；

p_2——排气压力，Pa；

k——等熵指数，取 $k=1.4$。

当吸气温度 T_1 为283.15K，吸气压力 p_1 为20MPa，排气压力 p_2 为45MPa，等熵指数 k 取1.4，则算出排气温度 T_2 为356.98K，即压缩机的排气温度为83.8℃，需要冷却后再进

入储氢罐组。

4.2.1.3 压缩机的运行管理

根据 GB 50516 第六章第二小节第五小项，氢气压缩机的安全保护装置的设置，应符合下列规定：

(1)压缩机进、出口与第一个切断阀之间，应设安全阀；

(2)压缩机进、出口应设高压、低压报警和超限停机装置；

(3)润滑油系统应设油压过高、过低或油温过高的报警装置；

(4)压缩机的冷却系统应设温度和压力或流量的报警和停机装置；

(5)压缩机进、出口管路应设置置换吹扫口；

(6)采用膜式压缩机时，应设膜片破裂报警和停机装置；

(7)当采用皮带传动时，应采用防静电措施。

4.2.2 液氢泵

4.2.2.1 液氢泵的结构与工作原理

液氢泵是液氢储氢加氢站的主要设备之一，连接着上游的液氢储罐和下游的高压液氢气化器，用于将液氢储罐中的液态氢泵入高压气化器中，使液态氢转化为高压气态氢后，向车载储氢气瓶加注氢燃料。

按工作原理，液氢泵可分为离心式和往复式两大类。

离心式液氢泵主要由诱导轮、离心轮、扩散器、级间蜗壳、出口蜗壳等组成，如图 4－2(a)所示。离心式液氢泵工作时，液氢在液氢储罐液面与液氢泵入口特定截面之间压差的作用下进入泵腔，从高速旋转的离心叶轮获得机械能后，自身的压力能和速度能都得到显著增大，随后在流过扩散器时，部分速度能进一步转化为压力能，进而克服泵出口的阻力向前流动。诱导轮的作用是使液氢以比较一致的方向和阻力最小的角度进入离心叶轮叶片之间的流道，同时诱导轮也对液氢输入少量的机械能。描述离心式液氢泵性能的主要参数有流量、扬程、功率、效率和转速等。离心式液氢泵工作连续，流量范围较大，常用于航天发动机的液体燃料输送，也用于民用液氢领域，比如用于高压和少燃料的直喷式氢气动力系统上，能提高燃料利用率[1]。

往复式液氢泵如图 4－2(b)所示，具有启停快、结构简单、尺寸小等优点，能够应对液氢压力和流量的变化。往复式液氢泵分为潜液式和外置式。其中，潜液式泵浸没在液氢内部，具有运行环境稳定、可通过液氢降温、工作噪声小、不需要额外润滑油等优点，相对于外置式液氢泵来讲更加适用于液氢加氢站的工作场景。往复式液氢泵进出口端需安装防震装置，在液氢泵出口管道上要设置压力和温度传感器，超过一定温度时能自动报警，此外，往复式液氢泵还应做防噪声处理。

离心式液氢泵效率较高、流量均衡，在低温系统中应用广泛，但其叶片加工较为复杂，且单级所产生的压力有限，不利于变工况运行。对于流量较小且进出口压差变化较大的场合，如液氢加氢站，常常使用往复活塞式液氢泵。往复活塞式液氢泵具有如下特点：

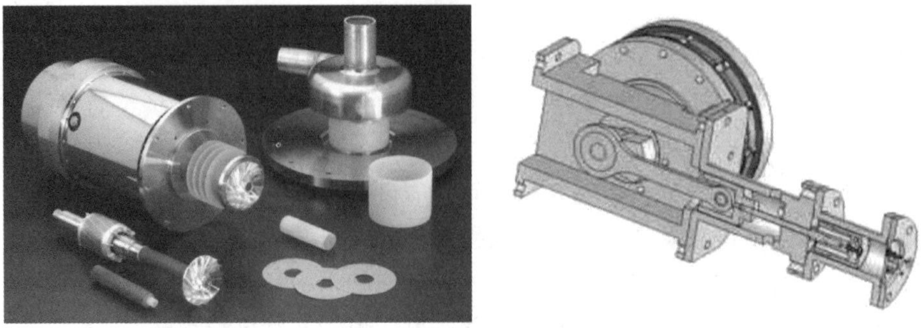

(a)离心式　　(b)往复式

图 4-2　液氢泵结构示意图

(1)流量大小与活塞直径、活塞行程和运动频率有关;

(2)活塞泵的性能取决于泵的动力端可提供的驱动力、泵体强度和密封性能等因素;

(3)活塞泵具有良好的自吸能力;

(4)为使泵出口流体具有均匀稳定的流量和压力，需在泵后配备缓冲罐。

4.2.2.2　液氢泵的选型

在一天内，液氢泵的流量会在一定范围内变化，应选择在最大加注流量和最小加注流量范围内能稳定工作的泵。根据液氢罐和气化器之间的高度关系，液氢泵的扬程一般要放大 5% ~10% 的裕量后确定。

国际上掌握往复式高压液氢泵技术的企业主要包括美国的 ACD 公司和被德国林德公司收购的 CRYOSTAR 公司，国外的液氢泵主要厂商有德国的林德公司、美国的布朗低温设备有限公司[5,6]、CRYOSTAR - 科莱斯达低温设备(杭州)有限公司。布朗低温设备有限公司的液氢泵如图 4-3 所示。国内的杭氧集团股份有限公司等在对液氢泵进行研发，但尚未有民用的成熟潜液式往复液氢泵产品。

在进行液氢泵选型时，一方面要确定泵的设计流量和设计出口压力，另一方面应明确原动机类型(确定驱动方式)和原动机与泵之间的连接方式。

在确定液氢泵的设计流量时，需充分考虑峰值加注流量和连续峰值加注时长。峰值加注时长与被加注的氢燃料电池车上储氢容器的容量和允许的加氢时间有关。目前，常用的车载气态储氢瓶容积为 140L、165L、210L。根据储氢瓶水容积和额定储氢压力，可按照常温高压氢气的状态方程(4-4)计算单个容器的加氢量

$$pV = ZnRT \tag{4-4}$$

式中 p——工作压力，MPa;

V——储罐体积，m^3;

Z——压缩因子，取 1.3MPa^{-1};

n——摩尔数，mol;

R——气体常数，取 8.314J/(mol·K);

T——温度，K。

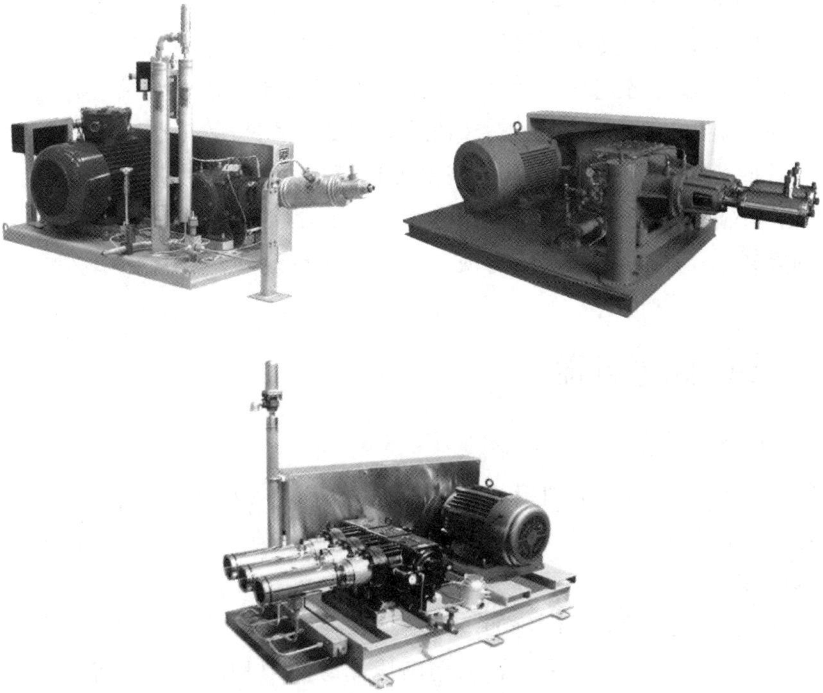

图 4 -3 几种液氢泵实物图

目前，液氢泵的驱动方式主要有两种：一种是机械动力，一般采用曲柄连杆机构；另一种为真空形式的柱塞泵结构，合肥通用机械研究院有限公司研发了一种通过高压的流体来驱动常温活塞再带动冷端运动的方式。表 4 -4 给出了两种驱动方式的优缺点。目前，比较成熟的驱动方式为电机通过曲柄连杆机构进行驱动。

表 4 -4 两种驱动方式的优缺点

驱动方式	优点	缺点
机械动力	结构较简单，技术成熟	工作前需要预冷，会存在较多的液体蒸发
流体驱动	减少了连杆传热，降低损失	须保证良好的密封性，工艺较复杂，成本较高

4.2.2.3 液氢泵的运行管理

根据 GB 50516 规定，液氢泵系统的泵进口管路和泵出口管路上要分别设有防振动保护的安全器件，在每个泵出口的管路上都要分别设有自动全速启动封闭式的安全阀装置和自动止回阀。需要分别设有压力值测量显示的专用仪器，要分别在控制室上和设备室上进行显示，超过设定压力值的最大值时，必须进行联锁停泵。需要分别设有温度值测量显示的专用仪器，并且要在控制室上和设备室上分别进行显示，达到设定预警温度值时必须进行报警。液氢泵系统还要采用防噪声的隔音设备。

4.3 储氢设备

目前，用于加氢站的储气系统主要有三种：高压气态储存、液氢储存和金属化合物储存，部分加氢站还采用多种方式联合储存氢气，如同时储存液氢和气氢，这多见于同时加注液氢和气态氢的加氢站。高压氢气储存期限不受限制，不存在氢气蒸发现象，是现阶段加氢站内氢气储存的主要方式。采用金属氢化物储氢的加氢站主要出现在日本，这些加氢站同时也采用高压氢气储存为辅助。对于拥有特殊地质构造的地区，也可以采用储气井等地下储氢方式。此外，近年来还出现了一种玻璃微管(直径约200μm)储氢，储氢压力为200~250MPa，储氢密度可超过10%，该技术目前主要目标是解决高效机载储氢问题，未来具有良好的前景。下面对截至目前有成熟工程应用或示范应用的宏观尺度储氢设备进行阐述。

4.3.1 高压储氢容器

4.3.1.1 储氢容器的类型

高压储氢装置是把经过压缩机升压后的氢气储存起来的高压容器，配备在加氢站内，可以实现在短时间内给车辆加满氢气的目标。高压储氢装置可分为移动式和固定式两类。储氢瓶组一方面作为储氢装置，可以提升加氢速度、缩短加氢时间，另一方面作为缓冲装置可以避免压缩机的频繁启动，优化加氢站的操作。

国内近期建成或在建的加氢站主要采用高压储氢瓶组和高压储氢罐作为站内的固定储氢设施。当压力低于20MPa时，多选用高压储氢瓶组；当压力大于20MPa时，需要考虑高压氢气的“氢脆腐蚀”现象，且储罐壁也多为多层结构型式。目前，高压储氢罐组是加氢站主要的储氢方式，具有如下3个特点：

(1)高压常温，氢气纯度高；

(2)压力波动频繁，存在低周期疲劳破坏的风险；

(3)容积大，压缩能量大且氢气易燃易爆，比较危险。

储氢容器容量决定了加氢站的充氢能力和加氢站的占地面积。通常把几个几百升的容器合在一起装在一个集装箱中，用管道和阀门连接起来。可以把几个容器合在一起进行低压充氢，另外几个容器合在一起进行高压充氢，这样可提高充装能力和储存氢的有效利用率。这种切换式的充氢压力控制方法已在天然气加气站得到实际应用。加氢站要求储氢容器在高压范围能够重复可控使用，所以容器内剩余的气体压力仍然很高，需要在气体有效利用以及安全操作方面多加重视。

高压储氢装置的设计，除了要考虑材料的强度以满足使用需要和安全需要外，还需考虑材料疲劳性能和抗氢脆能力。目前国内加氢站高压储氢容器主要采用两种，一是45MPa长管气瓶，二是大容积多层钢制高压储氢容器。对于加氢站的储氢装置来说，储氢压力和储氢容积以及分级压力和容积比等是其主要技术指标。为了配合35MPa和70MPa车载储氢装置，加氢站的高压储氢装置压力分别至少为45MPa和87.5MPa。通常把高压氢分开储存在2~3个储罐中，加注时当蓄压容器的压力与车辆的储氢罐压力平衡后，就自动地切换到下一个蓄压容器继续对车辆的储氢罐进行加注。

4.3.1.2 储氢容器的配置

35MPa加氢站储氢容器的设计压力一般取45MPa；70MPa加氢站储氢容器的设计压力

通常取 87.5MPa。长期处于高压工作状态下，很可能会产生高压环境氢脆腐蚀，使材料的耐久性下降，且商用时使用频率高，会增大疲劳裂纹的扩展速率。根据 GB 50516 规定，一级、二级、三级加氢站的最大储氢量分别为 8000kg、4000kg 和 1000kg。对于三级站，按储存压力 45MPa、温度 20℃计算，储氢容器的容积约为 35m^3，即需用 900L 的高压容器至少 39 台。每台容器的物理爆炸能量相当于 18.4kgTNT 炸药，一旦发生爆炸，产生的冲击波、碎片、高温等危害严重。

当压力不大于 20MPa 时，一般选用高压储氢瓶组，主体材质为 4130X 高强度结构钢，瓶身为单层厚壁结构；当压力大于 20MPa 时，多采用高压储氢罐作为储氢设施，考虑到高压氢气的氢脆腐蚀，储罐壁多为多层结构型式，内层采用耐氢脆腐蚀的不锈钢材质，外层采用高强度碳钢进行加固，从而兼具耐腐蚀和耐高压的特点。加氢站运行中应确保储氢容器的压力波动范围和次数不超过设计文件的规定。

4.3.1.3 储氢容器的运行管理

储氢容器的日常运行管理内容包括充放氢压力监测、充放氢接口泄漏监测、定期质量检验等。

4.3.2 液氢储罐

液氢储藏型加氢站是在航空航天储氢基础上发展起来的面向民用的加氢设施。在国外的成熟工艺中，通常在液氢工厂将气态氢降至 -253℃进行液化，然后通过液氢槽车将液氢运输至加氢站，并储存于站内的液氢储罐中，低温液氢泵吸入液氢后进行增压，并在高压气化器中气化为高压气态氢，存入储氢瓶组，待有车辆需加氢时，从储氢瓶组中取气加注。

液氢储罐技术旨在实现液氢的零蒸发储存。液氢的零蒸发储存技术分为被动技术和主动技术两类，国内已经研制出了液氢储罐，但规模上与国外的差距还是比较大，国内仅研制出了 300m^3 的小型储罐，而国外已经可以制造 3000m^3 的超大液氢储罐。

液氢储罐一般采用真空多层绝热结构，外壳和内容器之间可以形成高真空空间，减少热传导。国内有航天晨光、四川空分集团、国富氢能技术装备股份有限公司等研制液氢储罐。国富氢能技术装备股份有限公司设计的液氢储罐尺寸为 200m^3 以上，可以储存液氢的质量达 14t。国外液氢储罐见表 4-5。其中，俄罗斯的 1400m^3 球型液氢储罐采用真空多层绝热方式，内直径 14m，外直径 16m，球罐中心线到地面的距离是 11.2m。

表 4-5 国外液氢储罐[1,2]

国家	容积/m^3	蒸发率
俄罗斯	1400	0.13%
	250	0.30%
日本	540	0.18%
法国	360	—
美国	3800	0.03%

4.3.2.1 液氢储罐的结构类型和工作原理

常压液氢储存容器为内外双层结构，其结构主要由内容器、中间绝热层和外容器三大部分构成(图4-4)。内容器的作用主要是存储氢燃料，直接接触液氢，因此内容器必须具有很好的耐低温性和气密性。中间绝热层处于内容器和外容器之间，内容器外缠绕的多层绝热层最大限度减小辐射漏热。通常会对绝热层做抽真空处理，以此保证不存在气体的对流传热。外容器主要起到保护内部构件的作用，它不与低温液体直接接触，与内容器隔开，同时起到保护内容器并支撑内容器的作用。这就要求外容器具有很好的强度及韧性，能够承受相应的外部冲击，不会轻易发生形变。还需在内容器与外容器夹层中间填充绝热材料以及绝热性好、吸附性强的炭纸。

此外，液氢储存容器还需要设计注排液管路、取样管路、注液排放泄压管路、自增压管路、安全泄放装置、排气管路、外部气源管路、液位计管路等。

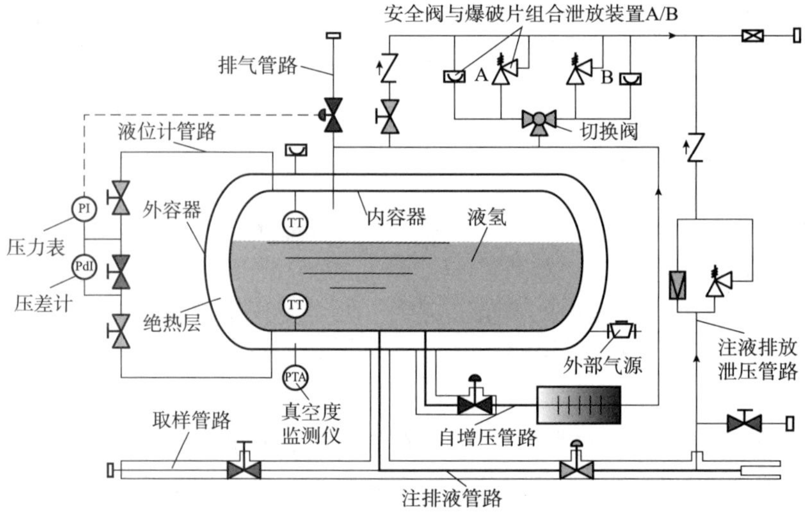

图4-4 典型液氢储存系统

液氢的存储需使用具有良好绝热性能的低温液体存储容器，通常分为固定式液氢压力容器(储罐)和液氢瓶。其优点是体积储氢密度高(液氢密度为70kg/m^3)，缺点是氢气液化能耗高(约为氢气能量的1/3)、长期存放液氢的静态蒸发损失较大。一般液态储氢承压设备的设计压力为0.1~1.3MPa，设计温度为-253℃。目前，我国液氢行业装置产能大约5t/d，主要用于航空航天领域，研制的300m^{3}固定式液氢储罐成功应用于火箭发射场，相应的国家标准GB/T 40045《氢能汽车用燃料 液氢》、GB/T 40061《液氢生产系统技术规范》、GB/T 40060《液氢储存和运输技术要求》已于2021年颁布实施。随着军用技术的逐步解密和民品化，以及氢气液化、液氢储存技术的进步，民用液氢压力容器、液氢瓶和车载液氢系统的研发正在提速。对于液氢储存设备的设计标准规范，除了有国家标准GB/T 18442《固定式真空绝热深冷压力容器》、GB/T 31480《深冷容器用高真空多层绝热材料》外，也有军用标准GJB 5405《液氢安全应用准则》和团体标准T/CATSI《固定式真空绝热液氢压力容器专项技术要求》，这些为我国液氢储存容器的快速发展提供了设计基础。

低温压力容器在选材上要考虑工程材料的低温性能，以及材料与储存介质的相容性。

设计上应尽量采用合理的结构来减少漏热量，结构的创新设计是减少漏热、降低成本及制造难度、保障安全性的重要手段。

通常情况下，液氢储存容器为双层结构，盛装液态氢的内胆通过支撑结构安置在外壳中。支撑结构对绝热性能有很高的要求，目的是减少内胆与环境之间的热传导。为了减少热辐射，降低液氢蒸发损失，内胆与外壳之间通过抽真空并填充多层轻质绝热材料和吸附剂等方式，达到增加热阻、吸附蒸发气体和真空保温的目的。安全方面须主要考虑储罐强度、压力泄放及特殊介质的安全性。

加氢站用的液氢储罐一般不超过 $70m^3$，储氢量不超过 4.5t，而液氢工厂用的液氢储罐容积从数百到数千立方米不等[2]。液氢储罐种类较多，根据其使用场景不同，可分为固定式和移动式两类，根据储罐所用绝热方式不同，可分为普通堆积绝热储罐和真空绝热储罐两类，根据结构型式，可分为球形和圆柱形两类，根据支撑形式不同，可分为卧式和立式两类。

球形或圆柱形固定式液氢储罐一般用于大容积液氢存储，其漏热蒸发损失与储罐的容积比表面积(S/V)成正比。球形储罐具有最小的 S/V 值，同时具有机械强度高、应力分布均匀等优点，是较为理想的结构型式，但球形液氢储罐加工难度大、造价高昂。图 4 – 5 为一台大型液氢球罐，采用冷能回收与真空玻璃微球绝热相结合的方式来降低液氢的蒸发损失，储量在 $1000 \sim 3000m^3$；当前我国自行研制的大型固定式液氢储罐多为圆柱形液氢储罐，图 4 – 6 为一台固定式圆柱形液氢储罐，内容器外缠绕有多层绝热膜用以减少辐射漏热，储量在 $250 \sim 300m^3$。

图 4 – 5 大型液氢球罐

图 4 – 6 固定式圆柱形液氢储罐

移动式液氢储罐可以分为卧式储罐和集装箱式储罐，卧式储罐常采用圆柱形设计，可以采用公路、铁路运输及船运等多种运输方式，最常见的是采用液氢罐车进行公路运输(图 4 – 7)。移动式液氢储罐的结构、功能与固定式液氢储罐并无明显差别，但移动式液氢储罐需要具有一定的抗冲击强度，能够满足运输过程中的加速度要求。

图 4 – 7 公路液氢槽车

4.3.2.2 液氢储罐的选材和设计

液氢储罐的设计应综合考虑多种因素：损伤模式、失效模式、风险状况和安全裕量，以保证液氢容器具有足够的强度、刚度、稳定性和耐腐蚀性。同时，还应考虑液氢容器夹层支撑、支座、吊耳及其他型式支承件与罐体的焊接接头的强度要求，确保液氢容器在设计使用年限内的安全。

(1)内容器选材

依据工程经验，液氢内容器受压元件可选用 S30408、S30403、S31608 和 S31603 等奥氏体型不锈钢钢板进行制造。奥氏体型不锈钢钢板具有良好的塑性，其标准室温屈服强度(或 0.2% 规定塑性延伸强度)应不大于 460MPa，标准抗拉强度上限值应不大于 725MPa，材料质量证明书中室温屈服强度(或 0.2% 规定塑性延伸强度)与室温抗拉强度之比应不大于 0.85。内容器用不锈钢锻件应符合 NB/T 47010 的规定，锻件级别应不低于Ⅱ级。

(2)外容器选材

液氢外容器用钢板应有良好的可焊性、足够的强度和冲击韧性，同时应考虑外界环境的腐蚀作用，推荐选用 Q245R、Q345R 和 16MnDR 低合金钢板、S30408 奥氏体型不锈钢钢板。液氢外容器用低合金钢锻件应符合 NB/T 47009、不锈钢锻件应符合 NB/T 47010 的规定，锻件级别应不低于Ⅰ级。外容器管子用材料可在 GB/T 150.2 中选择。

(3)绝热设计

绝热技术是低温容器的核心。液氢储罐基本的传热途径主要有热传导、辐射换热和对流换热，对于储存液氢、液氦等深冷介质的容器，一般采用真空夹层多层绝热方式进行绝热。

热传导主要发生在液氢储罐内外容器之间的固定支撑位置以及进出的管道接口，这些部位会造成内容器低温区与外容器高温区的接触，从而产生热传导。为了降低热传导，一般采取低导热材料支撑物、选用支撑物或长的悬挂作为内容器的支撑，同时减小拉杆的横截面积，进、出口尽量采用低温的快开接头，从而降低内外容器间的热传导。

辐射换热是主要的漏热途径。通常采用复合多层绝热材料(反射层加中间间隔物)等手段减小辐射漏热量。大型液氢储罐(如槽车)一般采用 80K 冷屏做中间的主动热辐射屏，中小型液氢储罐一般采用低温气体回热作为主动的防辐射冷屏，在较大的接口处还会设置防辐射板这种被动方式。

对流换热的控制。对于大型液氢储罐一般采用填充珠光砂、玻璃微珠等低导热材料的方式，在中间储存部分放置多孔介质吸附，以保证夹层空间足够高的真空度，对于移动运输的液氢储罐会在内容器内部设置间隔板来抑制由于外部颠簸造成内部能量损耗而引起的换热损失。对于大型储罐还采用外部接小型制冷机的方式来保证液氢储存。

(4)夹层支撑材料

支撑系统需要具有较高的强度和良好的绝热性能，这部分结构是主要的漏热途径，导热漏热量往往超过液氢储罐总漏热量的 30%。因此设计时应选用导热系数低的材料，尽量减少支撑截面面积、增大支撑有效绝热长度，以尽可能减少漏热。

夹层支撑材料可以采用金属材料或非金属材料。无论金属还是非金属夹层支撑都应选用导热系数小的材料，金属支撑应具有良好的低温冲击韧性，且满足液氢条件下的使用要求。非金属支撑需使用温度在材料允许使用温度范围内、真空下表面放气率低和具有良好的低温冲击韧性的材料；采用环氧玻璃钢作为支撑材料时，材料应具有良好的压缩强度、弯曲强度、拉伸强度、剪切强度、冲击韧性和弹性模量等力学性能指标和热导率、线膨胀系数、允许使用温度范围等物理性能指标，以确保使用的玻璃钢满足深冷容器的绝热性能、结构强度、制造工艺和使用的要求。

(5)内胆容积的确定

在 -252.78 ~ -259.19℃温度范围内，由方程(4-5)计算内胆的容积

$$V = M/\rho \tag{4-5}$$

式中 V——液氢体积，m^3；

M——液氢质量，kg；

ρ——液氢密度，kg/m^3。

若液氢日加注量为980kg，其对应的体积为13.83m^3，根据 GB 50156—2021《液氢储存工艺及设施》第11章的规定，液氢储罐充装率应不大于几何容积的90%，则可得出液氢储罐的内容积至少为15.37m^3。

(6)液氢储罐阀门的设置

根据 GB 50156—2021《液氢储存工艺及设施》第11章的规定，液氢储罐内容器要设置全启式安全阀，外容器要设置超压泄放装置，液氢储罐和安全阀之间要设置切断阀，靠近液氢储罐的一侧要设置可以远程控制的紧急切断阀，如图4-8所示。

(7)安装和支撑

液氢储罐的外壁支撑管是通过一个外壁托板来与整个液氢储罐容器的外部壁轮廓进行连接，其中还设有一条内支撑管，内支撑管与整个液氢储罐的内容器外壁面轮廓通过一个下壁支撑管进行连接；外上支撑管底部的下方均设有支撑座，上下支撑管的底部并不直接与其底部的支撑座直接接触。在保证可以有效保持支撑整体结构受力平衡状态的前提下，减少支撑结构整体向外空间的漏热量，从而有效减少双层低温液氢球罐结构中的整体结构支撑构件之间的传递漏热量。图4-9给出了一种液氢球罐的内外支撑结构示意图，图4-10给出了几种典型的夹层内支撑结构示意图。

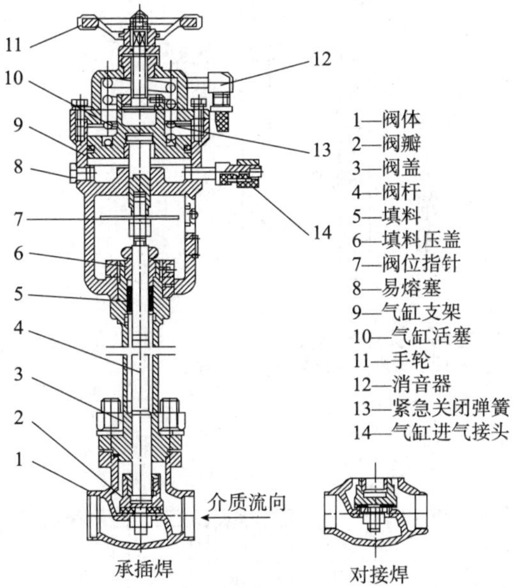

图4-8 低温紧急切断阀

在低温容器中常用的支撑方法有不锈钢拉杆、吊索、吊带、箍带结构，玻璃钢结构，钢管支撑结构，钢管、吊拉带与玻璃钢结合的结构，多层叠片结构，球面支撑等多种形式。图4-10所示为在固定式容器中比较常用的结构型式，图中所示各种支撑方法均能满足使用的要求，同时又各有优缺点。

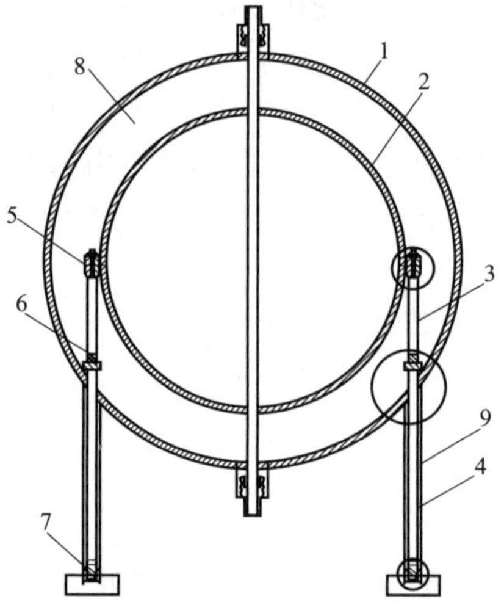

图4-9　低温液氢球罐的内外支撑结构[7]

1—外容器；2—内容器；3—上支撑管；4—下支撑管；5—上部绝缘结构
6—中部绝缘结构；7—底部绝缘结构；8—真空夹层；9—外支撑管

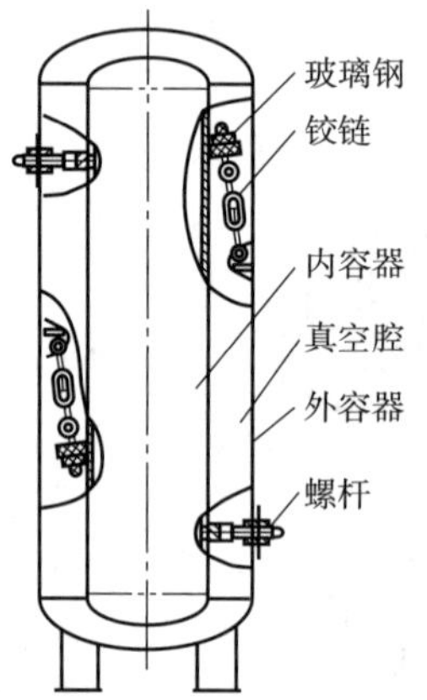

(a)某4m³立式液氢容器的通过铰链固定的点接触式内胆支撑结构（附件略）

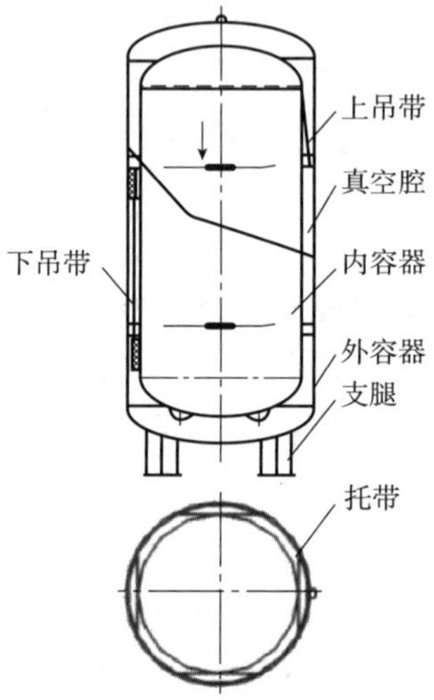

(b)某150m³立式液氢容器的上下吊带式内胆支撑结构(附件略)——采用了加长支撑件长度的方法来降低导热

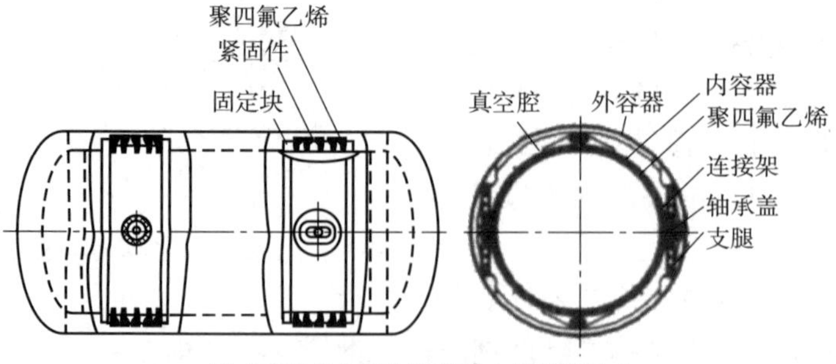

(c)卧式容器的支撑结构(管路和其他附件略)

图4-10　几种典型的夹层内支撑结构[8]

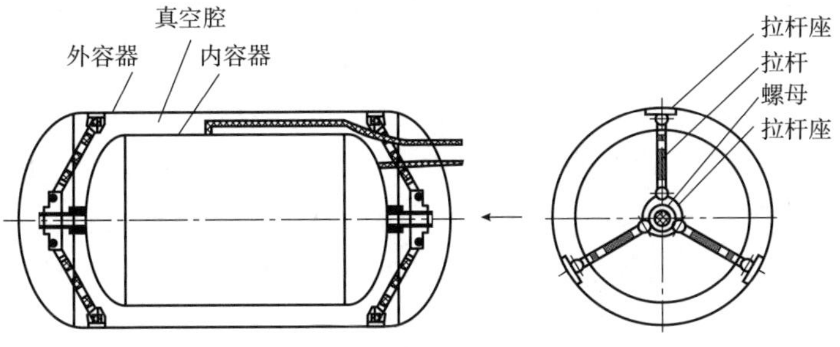

(d)卧式容器的另一种支撑结构（管路和其他附件略）

图 4－10　几种典型的夹层内支撑结构(续)

图 4－10(a)和(b)所示结构为立式容器中较常采用的结构型式。图 4－10(a)中内容器通过铰链固定在外容器上，由于铰链是由圆环连接而成，接触面为点接触，增大了接触热阻，降低了导热。在该结构中，为了进一步降低支撑的导热量，在支撑与内容器固定的位置用玻璃钢把铰链隔开，降低了整个悬挂式支撑的漏热。在运输状态，内容器通过螺杆承受运输时的垂直荷载。如果容器在结构设计上没有作为运输时的轴向固定，则在外容器的封头上同样可以采用螺杆来实现内容器相对于外容器的轴向固定。采用螺杆结构作为内容器运输时的固定，简单实用，不仅能满足运输时的需要，在内、外容器组装时还可以用于内、外容器的间隙调整，使内、外容器的间隙均匀。另外，工作状态时由于内容器的温度比较低，内容器收缩，使图 4－10(a)中螺杆与内容器脱离，即切断了螺杆在工作状态时的导热途径。该种支撑形式还能通过铰链在玻璃钢中的转动来适应内容器的径向收缩。当内容器充液后，该支撑结构可以满足其轴向的自由收缩，内容器的轴向收缩往往由安装在容器接管上的波纹管补偿器或者通过接管折弯吸收。该结构尺寸设计比较合理时可以满足液氢的贮存需求[8]。

图 4－10(b)的支撑结构采用了加长支撑件长度的方法来降低导热，即上、下吊带实现对内容器的固定。而运输状态时由托带承受内容器的垂直荷载。其中吊带的长度应考虑与内容器收缩的协调性，尽量减小上、下吊带的变形应力。托带为板条状结构，有上、下两层，在托带两端将板条扭转一定角度成为麻花状，然后中间与内容器焊接，两端与外容器上的加强圈焊接。这样当内容器充液后，通过托带的扭转运动补偿其轴向和径向收缩。该类型容器采用加长支撑件长度的方法，降低支撑件的导热，由于内外容器的间隙有限，托带不可能很长，所以该结构比较适合储存液氮、液氧，尤其是 LNG 类低温液体，不适合作为液氢、液氦类液体的储存[8]。

图 4－10(c)的支撑结构综合考虑了图 4－10(a)和(b)的结构特点，既利用了增大接触热阻降低漏热的方法，也采用了加长支撑件长度降低漏热的方法。内容器通过连接架支撑在支腿上，其中支腿焊接在外容器上。为了降低漏热，连接架与内容器之间通过聚四氟乙烯隔热，由此即可降低由内容器向外界的漏热量，连接架通过紧固件与内容器抱紧，其左右两侧通过固定块与内容器连成一体，这样内容器通过连接架支撑在支腿上面，既实现了绝热又实现了垂直方向的固定。为了满足内容器轴向和径向收缩的需要，在内容器轴线方向上，内容器一端固定，一端可以滑移。滑移端的上下支腿设计成长圆孔形状，使连接

架上的支柱可以在支腿里左右滑动。而固定端由于支腿设计成圆形与连接架支柱配合，限制了内容器的左右滑动。为了满足内容器径向收缩的需要，内容器的一侧支腿设计为固定端，另一侧设计为滑动端，如图 4－10(c)所示，在连接架一端的支柱上连接了轴承盖，当内容器收缩时，由于连接架通过轴承盖与外容器上面的支腿连为一体，所以成为固定端，而另一端为滑动端。该种支撑结构能够完全满足内容器的轴向和径向收缩，也实现了内容器工作状态和运输状态的固定，而不需要为运输设计专门支撑，比较适合于大中型低温容器[8]。

图 4－10(d)所示的支撑结构对内容器的支撑原理与图 4－10(c)有相同之处，支撑结构在内容器一端滑移，一端固定，既满足内容器轴向收缩又满足了对内容器固定的要求。由于作为内容器支撑结构的支撑杆通过铰接方式固定在内外容器上，这样的结构通过支撑杆的转动同样能满足内容器对于径向收缩的需求，而且支撑杆长度较长，截面积比同种结构的锥形筒要小，所以该种支撑结构对于储存液氧、液氮等低温液体是能满足要求的[8]。

在实际生产中，还有各式各样的支撑结构，如箍带、箍带加螺杆、高强度斜拉杆等的应用也比较广泛。在设计内容器的支撑时，不仅要考虑到强度、刚度和支撑构件漏热的要求，更要考虑到内容器的变形协调性，即一个好的支撑结构不仅要考虑到内容器的轴向变形，还应考虑到它的径向变形，只有各方向的变形协调到许用范围内，才可以保证设备正常安全地工作并提高设备的使用寿命。

4.3.2.3 液氢储罐的运行管理

液氢储罐的主要失效风险是夹层真空度丧失与液体泄漏导致液氢大量排放，直接事故类型有冻伤、窒息和燃烧爆炸等。对于夹层真空度丧失风险，可能是内容器突发性开裂导致，或者是外容器破裂导致，抑或是内、外罐微漏导致夹层真空度丧失。内容器突发性开裂导致夹层真空丧失，安全泄放失效，大量液氢泄漏引发火灾甚至爆炸。如果在首次液氢充装时内容器预冷不充分，在封头和焊缝附近会引发脆裂，压力循环导致裂纹生长，进一步引发疲劳断裂。针对以上问题，对罐体充分预冷的要求应更高，在喷淋管设计和预冷操作管理要求上更加严格，对封头的固溶热处理要求、制造过程中铁素体含量进行控制等。另外，一般液氢容器工作压力不超过 0.7MPa；对于特殊用途、压力较高的液氢容器，在选材和设计制造方面还需提出更高要求，同时严格执行定期检验制度。外罐破裂导致的夹层真空丧失，液氢容器真空丧失后比 LNG(液化天然气)容器的传热温差更大，气化更迅速，采用较多层数的绝热材料和结构，可有效降低漏热量和比热流，造成此种情况发生的原因有可能是车辆追尾、碰撞、侧翻等事故，可通过采用框架结构、外加强圈结构保护的罐箱和罐车来避免。与 LNG 相比，液氢密度小、满载重量轻，因此罐车和罐箱的重心低，空载与满载时车辆重心差异不大，司机更容易掌控，降低了高速行驶中转弯侧翻的风险。内外罐微漏导致的夹层真空部分丧失的主要原因是液氢容器长时间运行，罐体、低温阀门、管路、安全附件可能会出现泄漏或失效，罐体真空也有可能部分丧失。定期检验将有助于液氢容器后续更好地运行，同时将一些存在的隐患找出来及时处理。

4.4 换热设备

4.4.1 预冷器

4.4.1.1 主要构成和工作原理

加氢站向氢燃料电池汽车供氢过程中，车载储氢气瓶内的温度会急剧上升，而过高的温度会引起一些不良影响。一方面，车载储氢气瓶内的温升现象将引起储氢密度降低，进一步地减少氢燃料电池汽车的续驶里程。另一方面，根据国际标准化组织的 ISO 15869、国家标准 GB 50516—2021 及美国机动车工程师学会的 SAE J2601—201407 规定，复合材料车载储氢瓶的使用温度应不高于 85℃。

车载储气氢瓶充氢过程中的温升原因可用热力学基础知识加以分析。车载储氢气瓶属于瞬态变化下的开口系，由热力学第一定律即能量守恒可推导出此系统的能量方程如式(4－6)所示

$$d(\Delta U) = dQ + h_{in}dm_{in} - d(\Delta U_k) \tag{4-6}$$

由式(4－6)可知，系统内能变化量 ΔU 由系统与外界热交换量 Q、系统中进气引起的焓变及系统中动能转化为内能三部分组成。内能是温度的度量，因此，引起充氢过程温升的原因有三个，一是车载气瓶充氢管路中的焦耳－汤姆逊节流升温效应，二是车载气瓶内部高速气流的部分动能转化成内能，三是周围环境通过车载气瓶复合壁面传入的热能。其中最后一项相对很小，甚至为负值，即气瓶向周围环境散热很少。充氢过程节流升温和气瓶内部高速气流的部分动能转化成内能不可避免，且与充氢速率密切相关，充氢速度越快，温升越大。

为了以尽可能短的时间完成充氢过程，并将充氢结束时的气瓶内氢气温度限制在 85℃以内，可采用的有效措施是进行加氢预冷，使得高压氢气进入加氢枪之前先经过一个预冷器进行降温(最低可预冷至－40℃)，为后续的充氢过程留出温升空间。

预冷器是一种间壁式热交换器，内部有两个相互独立的流体通道，分别是氢气通道和冷却介质通道。实际加氢站中采用的冷却介质常为乙二醇溶液，乙二醇溶液携带的冷量由制冷机组消耗电能产生。设定氢气的质量流量和进入预冷器的温度之后，可以通过改变乙二醇溶液的流量和进口温度来调控氢气离开预冷器时的温度。

图 4－11 为一台加氢站用氢气预冷器的实物图，其主要性能参数见表 4－6。

图 4－11 某 500kg/d 橇装 35MPa 加氢站氢气预冷器

表 4-6 某 500kg/d 橇装 35MPa 加氢站氢气预冷器主要性能参数

项目	热侧	冷侧
工作介质	氢气	乙二醇水溶液
设计压力/MPa	47.5	2.0
耐压试验压力/MPa	59.4	2.5
设计温度/℃	100/-80	100/-80
换热面积/m^2	2.1	

有研究表明：在环境温度为40℃情况下，若没有预冷系统，车载储氢瓶的温度能达到78℃，若有预冷系统，车载储氢瓶的温度将能够低于60℃，小于70℃的车载储氢瓶的报警温度。由此可见，预冷器能够有效降低气瓶温度，防止发生由温度过高引起的各类事故。

4.4.1.2 设计和选型条件

间壁式热交换器结构型式多种多样，具有较高承压能力的结构型式有管壳式、板壳式、套管式等。由表4-7可知，从设计层面讲，加氢机之前的氢气预冷器有个显著特点是冷侧和热侧压力差别很大。为使在大压差下，预冷器的热侧和冷侧流道有合理的壁厚，以保证足够的强度和刚度，同时又结构紧凑、经济性好，需要采用分析设计方法，依据JB 4732—1995《钢制压力容器——分析设计标准》(2005年确认)进行结构设计与校核。

预冷器的核心目的是通过足量的热交换，使一定流量的氢气温度降低到设定值。根据传热学的知识，为使热交换及时、充分，需要足够大的换热面积和传热温差。此二者并非相互独立的两个变量，而是相互依存，如式(4-7a)所示

$$Q = KA\Delta t \tag{4-7a}$$

$$Q = mC_H\Delta t_H \tag{4-7b}$$

$$Q = C_L m\Delta t_L \tag{4-7c}$$

式中 Q——使一定量的氢气温度降低 Δt 时理论上需要被带走的热量，kJ；

A——预冷器的换热面积，m^2；

Δt——对数传热温差，℃。

如果不考虑预冷器与周围环境的热交换，则理论上讲，式(4-7a)中的 Q 等于氢气降温释放的热量[如式(4-7b)所示]，也等于乙二醇溶液升温吸收的热量[如式(4-7c)所示]。因此，设计预冷器的先决条件之一是根据氢气峰值流量、氢气通过预冷器时的温差(假定氢气在一定温度范围内比热、密度等随温度的变化较小，取平均值)，计算预冷器的换热量，并留出一定的换热能力裕量。在此基础上，结合现场安装空间、设计难度和经济性的考虑等因素，通过论证确定预冷器的结构型式，进而开展具体的结构设计工作。

4.4.2 气化器

4.4.2.1 主要构成和工作过程

气化器主要由调温器、蒸发器、凝结器三部分组成，温度比较高的水先进入调温器，

在调温器内放热，然后流经蒸发器，在蒸发器内进一步放热后，排出气化器。液氢先进入凝结器，在凝结器内吸收蒸发器排出的热量，然后进入调温器进一步吸收温度较高的水放出的热量，升高温度。气化器的选型首先要保证在最大加注流量下，液氢能够充分气化。

4.4.2.2 设计和选型条件

通过计算气化器进出口温差，求出气化器在最大流量下的最大换热量，来对气化器进行选型。通过计算最大液氢流量下气化所需的换热量来确定气化器的气化能力。气化器的换热量要能够满足该地区在冬季气温条件下的最大加注需求。气化器的设计压力要大于最大工作压力的1.2倍，其出口端需设置温度和压力传感器，并在现场和控制室进行显示，达到温度和压力阈值时要能与液氢泵连锁并报警。

(1)主要类型

液氢气化器根据提供热量的方式不同，主要分为中间介质气化器、浸没燃烧式气化器、空温式气化器、开架式气化器等四种类型。中间介质气化器是通过氟利昂等先与热源进行换热，然后再与低温的液氢换热。浸没燃烧式气化器通过燃气燃烧提供热量，燃气燃烧加热水槽，使液氢升温气化。空温式气化器利用空气对流对液氢升温。开架式气化器是以水作为液氢气化的热源，主要在海边等水源充足的地方建厂。各类型气化器主要特点如表4－7所示。

表4－7　各类型气化器主要特点[9]

类型	特点
中间介质气化器	类似于蒸发冷凝器，工艺较成熟
浸没燃烧式气化器	能够点燃燃气快速启动，升温快，可用于应急场合
空温式气化器	利用空气升温，成本低，但对环境要求较高
开架式气化器	在海边等水源充沛的地方运行，成本较低

(2)选型原则

液氢气化器要符合GB 50156的规定以及满足使用时的各种需求(表4－8)。

表4－8　气化器选型应考虑的因素

序号	因素
1	气化器的可靠性和稳定性
2	气化器的成本
3	气化器材料的低温性能
4	气化器适应波动的灵活性
5	设计压力不小于最大工作压力的1.2倍
6	出口氢气温度要满足高压储氢的要求

浸没燃烧式气化器主要用于应急场合，维护成本较高，不适用于液氢加氢站内液氢的气化。空温式气化器对环境要求较高，易结冰，主要用于全年温度较高的地区。开架式气

化器要建于水资源丰富的地区。

(3)热氢汽化热负荷计算

根据热力学方程，液氢的换热量按式(4-8)计算

$$Q = mc_p\Delta T \tag{4-8}$$

式中 Q——热负荷，kW；

c_p——液氢的比定压热容，kJ/(kg·K)；

m——质量流量，kg/s；

ΔT——温度变化量，K。

液氢的比定压热容 c_p 约为9.7kJ/(kg·K)，根据液氢泵的设计流量，可计算出液氢气化所需的热量，作为液氢气化器选型或设计计算的一个关键性能指标参数。

4.5 加氢机

4.5.1 主要构成与工艺流程

加氢机是氢燃料电池汽车加注氢燃料的核心设备，其主要结构和工作原理与CNG加气机类似，未来的发展方向在于加注系统的智能化和提高安全性。

加氢机的基本功能是安全、快速加氢和精确计量，即在保障对车载储氢瓶进行安全、快速加注氢气的同时，准确计量加氢量、金额等。同时，一般还应具有防雷、防静电、紧急拉断等安全保护功能。加氢机一般由机架、显示面板、压力表、挂线夹、软管、加氢枪组成。加氢机的计量功能一般采用质量流量计来完成，实现加氢功能需要防爆电磁阀、气动球阀、安全阀、压力表、压力变送器、加氢枪等，安全保护有拉断阀、泄漏报警器、防过充系统，控制系统有控制器、显示器等。若机—车实现通信功能，则加氢枪还需配备红外数据接收模块[2]。图4-12是加氢机及加氢系统关键组件示意图。

加氢机的基本组成和控制系统如图4-13所示。

当给车载储氢瓶加氢时，将加氢枪的加氢嘴接入车辆储氢系统的加氢口中，压力变送器检测到车载氢气瓶内的压力并将压力信号传递给计算机控制器进行运算，判断先从地面上的哪组气瓶取气。如果储氢瓶压力较低，计算机控制器首先开启低压进气管线上的电磁阀，由地面瓶组中的低压气瓶为车辆充气。气源流经电磁阀、质量流量计、压力传感器、拉断阀，由加氢枪的加氢嘴充入车辆储氢瓶中。随着车辆气瓶压力的升高和地面低压气瓶组压力的下降，充气速度逐渐减慢，当充气速度慢到一定程度时，计算机控制器便切断低压进气管线电磁阀，同时打开中压进气管线电磁阀，从地面中压瓶组为车辆充气。当中压瓶组的充气速度又降低到一定程度，而此时车辆气瓶还未充至设定压力时，则计算机控制器关闭中压进气管线电磁阀，打开高压进气管线电磁阀，从地面高压瓶组继续给车辆储氢瓶补气，以达到设定的充气压力。随后高压进气管线电磁阀自动关闭，加氢过程结束[2]。图4-14给出了典型的加氢工艺流程。

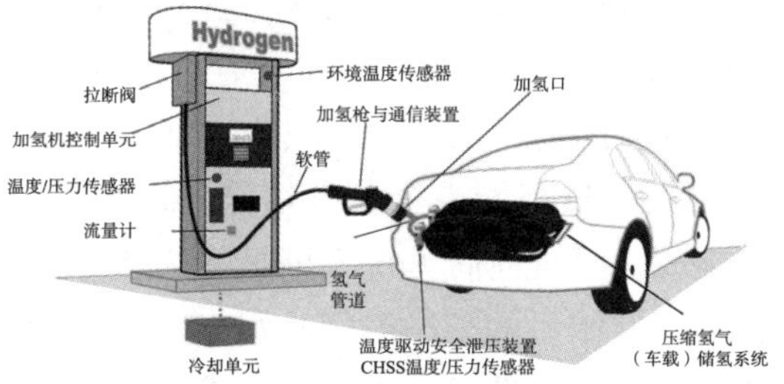

(a)加氢过程示意图

(b)加氢口连接

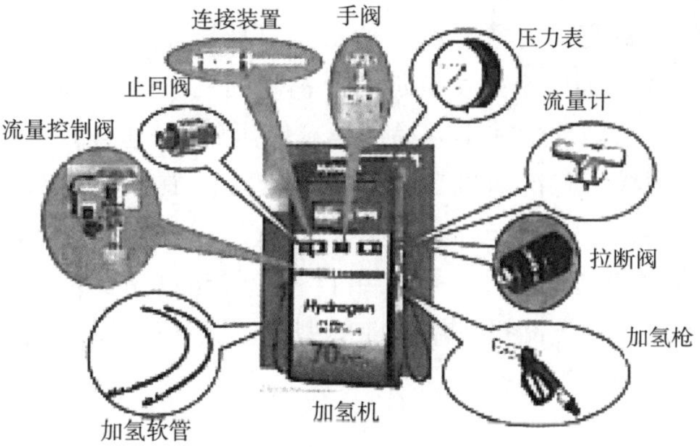

(c)加氢机面板

图 4－12　加氢机及加氢系统关键组件[2]

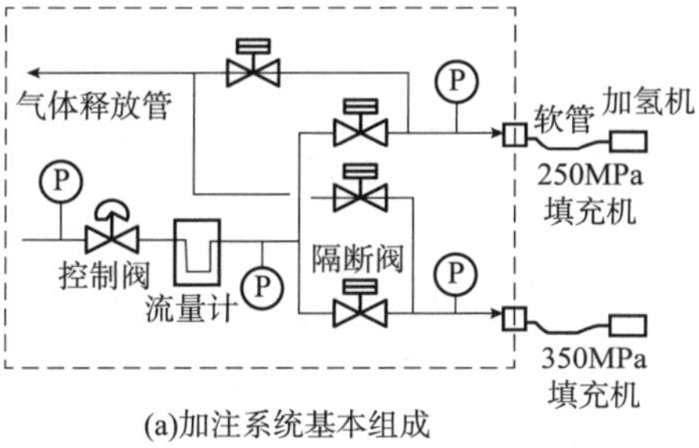

(a)加注系统基本组成

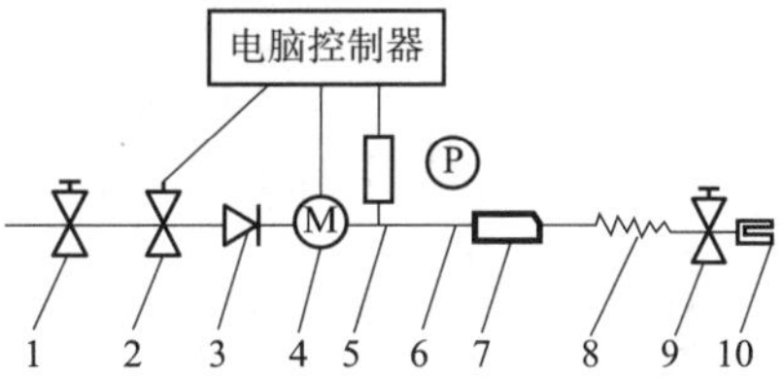

(b)控制系统

图 4－13　加注系统基本组成和控制系统[2]

1—手动阀；2—电磁阀；3—单向阀；4—质量流量计；5—压力传感；6—压力表；7—拉断阀；8—软管；9—枪阀；10—枪头

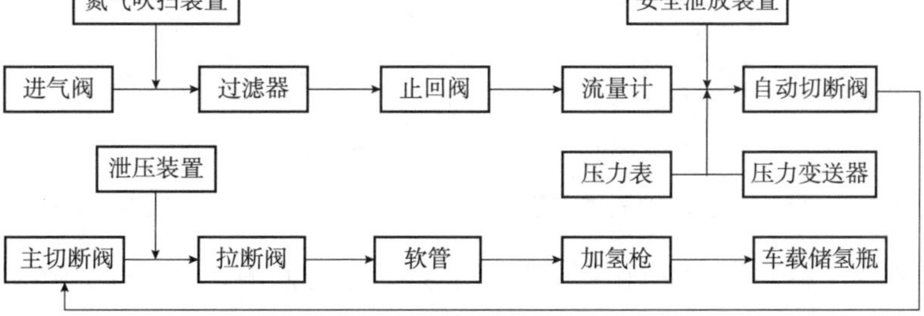

图 4－14　加氢机工艺流程[2]

在氢加注时，由于绝热压缩使车辆的储氢罐温度上升，因此为把急速加注引起的温度上升控制在轻质复合材料容器耐热允许温度85℃以下，需要控制加注速度。温度上升与加注时间有较大关系，但是通常在5～6min的加注时间内，温度上升仅为50℃左右。加氢机要求对不同车辆高压瓶、高压瓶内不同的剩余氢气量都能进行氢气填充的可控系统组合。控制系统由流量计、流量控制阀、压力表等构成，但目前尚无统一的标准控制系统。基本的流量控制方式如图4－15(a)和(b)所示，填充开始后的一段时间是恒定流量，通过这时的压力上升量来计算储氢罐中的剩余压力和容量，然后进行流量控制，这样的操作相对来说比较安全[2]。加氢机的计量功能一般采用科氏(Coriolis)质量流量计来完成，这种流量计可以不受压力变化、温度变动等影响，计量重复精度不大于0.2%(该数值越小越好)，相对误差不超过0.35%。加氢站显示的加氢量精确到克。由于氢气密度小，而加注压力又很高，实现加注过程的精确计量并不容易。车载储氢瓶加氢时内部压力和温度的监测、防氢气泄漏结构以及出现异常状况时的紧急切断、安全泄放等功能都集中于瓶口组合阀内。国内学者在21世纪初研制出集单向阀、手动阀、电磁阀、减压阀、限流阀、过滤口、TPRD、压力和温度传感器等功能于一体的组合阀，不超过3.8kg。当前，瓶口组合阀还存在双保险设置不甚合理，新产品投放市场前的型式试验和认证周期长，由于目前市场规模小造成瓶口组合阀成本偏高等问题[2]。

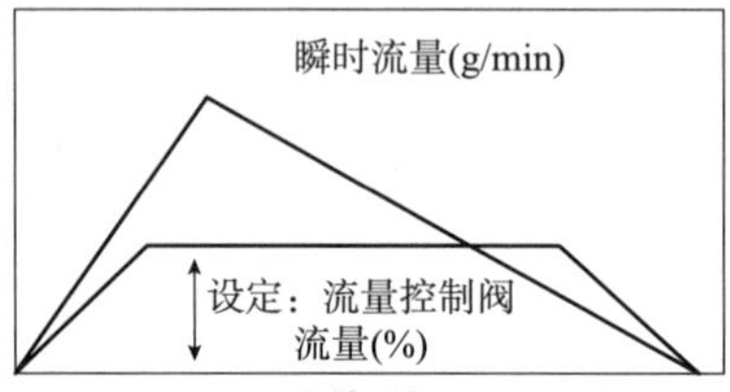

(a)充填初始阶段

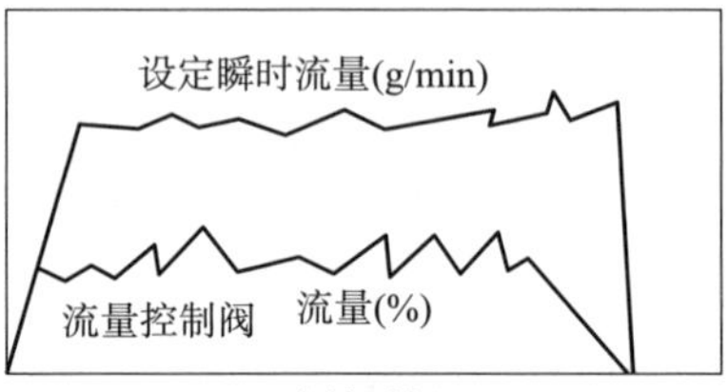

(b)正式充填阶段

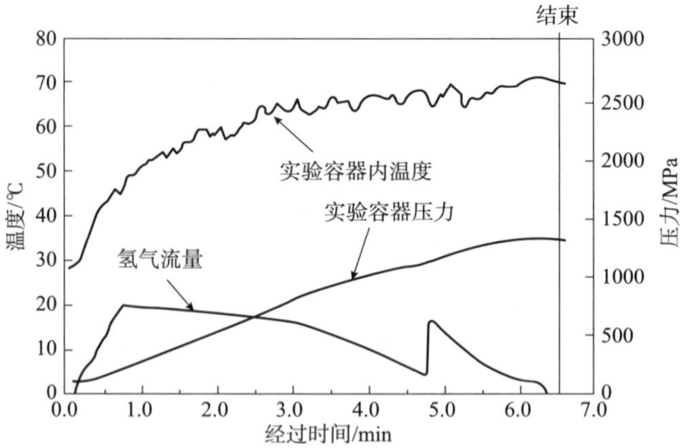

(c)整个充填过程氢气流量、气瓶内温度与压力的变化

图4－15　加氢时的气体流量时间变化及容器内的温度和压力变化[2]

在加氢过程中，储氢罐内的压力和温度都会变化，如图4－15(c)所示。按照国际上公认的SAE J2601协议，氢气在加注前可能需经冷却系统预冷，最低冷却至－40℃。加氢

机目前主要有35MPa与70MPa两种压力等级，对这两种加注压力等级的加氢机的基本技术要求是加注过程不超温、不超压，安全可靠，同时时间尽可能短。现阶段国内生产的加氢机的额定工作压力为35MPa，最大工作压力为43.8MPa，计量准确度可到0.5%，加氢流量在3～3.6kg/min[2]。

加注管是加氢机中通流和暂存高压氢气的重要部件，目前按材质分为树脂软管和金属弹性软管两类。树脂软管重量轻、有柔软性且容易使用，但是存在氢渗透、从连接部分轻微泄漏、劣化等问题。最近，随着不断改良，可靠性高的软管正在开发中。金属弹性软管不存在氢渗透及从连接部分轻微泄漏的情况，但需要注意由压力循环及反复弯曲应力引起的金属疲劳。因此，一般每6个月左右需要进行一次更换。

4.5.2 选型

(1)选型原则

①加氢机的最大工作压力应为额定工作压力的1.25倍，加氢机的输出压力不能大于汽车车载氢气瓶的最大允许压力；

②根据GB 50516—2010《加氢站技术规范》(2021年版)，加氢流量不能大于7.2kg/min；

③加氢机要有保护功能的自动控制系统，进气管道上要设置切断阀，当达到车载气瓶的压力限制时，要能自动关闭；

④在控制室及加氢场所要有紧急停车按钮，当出现紧急情况时，要能即刻切断进气阀门。

(2)选型示例

按照所选用的加氢机最大流量计算，最大加注速度为3.6kg/min。图4－16显示了每小时需求量的曲线，水平轴代表一天的时间，左边的垂直轴代表每小时对氢气的需求量，右边垂直轴代表每小时车辆的充装次数。由图4－16可看出每天加氢高峰期大约为14时到17时，高峰期氢气需求量小于18kg/h。按照约3.6kg/min的加氢速度，一台双枪加氢机即可满足加氢需求，且保证车辆加氢等待时间小于5min。

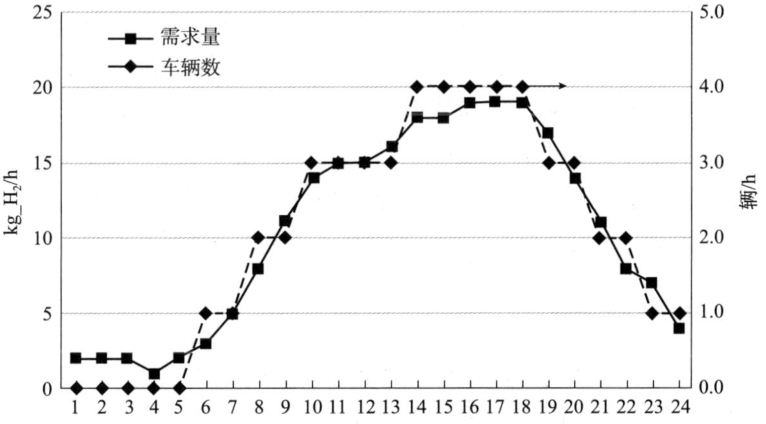

图4－16　每小时氢气需求曲线[10]

4.5.3 使用管理规定

(1)加氢机要安装在室外或者通风状况较好的箱柜里，不能在露天场所或者密闭场所，要远离火源；

(2)加氢机要安装在高度大于12cm的加氢岛上，边缘离加氢机大于20cm，四周设置护栏，并做好保护措施；

(3)要按照GB 50057和GB 50058做好防雷措施与接地设施；

(4)加氢机上要有必要的警示标识。

4.6 加氢站其他设备

4.6.1 卸氢系统

卸氢系统由氢气长管拖车和卸气柱组成。一般外供氢加氢站会有一主一辅两个长管拖车车位，其设计最大工作压力为25MPa，储氢量为250~300kg，通过泊位内的卸气柱将拖车上的氢气卸载。一般为长管拖车内氢气压力降低至某一数值时(一般设定在5MPa)，停止卸气，此时拖车驶出加氢站，继续去制氢厂运气。这时，第二个长管拖车车位的卸气柱将启动，并与拖车接入，实现继续卸气[2]。

4.6.2 氮气系统

氮气系统别名为置换吹扫系统。设备和氢气管道常采用氮气来吹扫置换。置换吹扫系统的基本工艺过程是：作为控制气体的高压氮气(储存在氮气瓶中)经减压器使其降至0.8MPa，便可供给气动阀、紧急切断阀的气动执行机构。同时，接至各吹扫口，在系统调试或维修过程中使用氮气便可对系统进行吹扫[2]。

4.6.3 放散系统

放散方式分两种，即超压安全泄放(不可控放散)和手动放散(可控放散)。不可控放散是由设备运行等故障引起的，一般放散量很少且概率较低；可控放散为对设备和氢气管道进行泄压后，用氮气吹扫置换，使储罐内的氢气彻底排出，以确保安全。一般加氢站卸气柱和正式加氢设备的放散统一汇至集中放散总管。系统中存在不同泄放压力等级时，低压泄放管路宜安装高压等级单向阀，放空管道应根据放空氢气压力和流量计算管道通经与承压能力。对于放空流量较大的情况，宜设计氮气伴气系统配合氢气放散[2]。

4.6.4 技防系统

技防系统包括过程控制系统(用于实现对整个装置的集中监视和控制)、紧急停车系统(用于事故状态下对加氢站的主要阀门进行切断)、视频监控(用于重要部位图像监控和站内入侵检测)、泄漏报警系统(用于氢气泄漏报警及联锁、火焰检测探头、可燃气体泄漏报警探测器和含氧量检测探头）、数据管理系统（站内数据接入管理计算机进行统一管理）、防雷防静电系统、水喷淋降温、消防系统等[2]。

4.6.5 站控系统

加氢站控制系统主要功能是监测和控制站内的工艺设备、辅助系统设施，为全线优化管理提供监测和控制信息，主要功能包括对现场的工艺变量进行数据采集和处理、进而控制加氢站内主要设备的工作状态以及工作参数，监控各种工艺设备、辅助系统设施的运行状态、逻辑控制及联锁保护、打印生产报表及报警和事件报告等。加氢站站控与安防系统、气体与火焰探测及报警系统有连锁功能。

氢能源汽车加氢站安全保障的5个要点：氢气不泄漏、有泄漏早察知、泄漏的氢气不囤积、泄漏的氢气不引火、万一着火影响范围可控[2]。

习题/思考题

1. 为什么说氢气压缩机、储气罐组和加氢机是高压气态加氢站最核心的三大设备？

2. 在建站规模和工艺路线确定的前提下，哪些因素会影响主要设备配置方案？

3. 加气站和加氢站所用压缩机主要有哪些不同点？

4. 氢气压缩机是用来为氢气增压的，为何在其进口系统中需设置减压阀？

5. 为何说隔膜式压缩机的压缩过程接近等温，因而可以有更高的压缩比；同时又为什么说隔膜式压缩机具有散热快和密封性好的优点？

6. 请通过技术和文献调研扼要阐述离心式液氢泵和往复式液氢泵的技术难点分别有哪些？

7. 加氢站采用液氢储罐储氢与高压气态储氢相比有哪些优势？

8. 高压气态车载储氢瓶在加氢过程中为什么温度会显著升高？

9. 液氢先增压再气化和先气化再增压这两条供氢路线哪种更合理？为什么？

10. 加氢机的加氢过程中有哪些关键的控制参数？如何判断加氢过程的合理性？

11. 请归纳和总结氢气压缩机进口系统和出口系统中的关键组成件及其作用。

12. 请通过文献调研，进一步阐述液驱式压缩机和离子液压缩机的结构组成、工作原理和优缺点。

13. 请总结往复式液氢泵的选型过程和要点。

14. 请总结高压储氢容器容量配置的基本原则。

15. 简述加氢站用液氢储罐的典型结构和工作过程（包括液氢充装和释放）。

16. 加氢机前预冷器的设计条件有哪些？

17. 请总结液氢储存加氢站中液氢气化器的主要结构类型和工艺计算内容。

18. 加氢机应具备哪些功能？这些功能如何实现？

19. 加氢机选型计算的要点是什么？

20. 加氢站的主要设备中哪些需要冷量？如何提供？

参考文献

[1]吴朝玲，李永涛，李媛，等. 氢气储存和输运[M]. 北京：化学工业出版社，2021.

[2]李星国，等. 氢与氢能(第二版)[M]. 北京：科学出版社，2022.

[3]PDC MACHINES INC. [EB/OL]. [2023-07-01]. https：//www. pdcmachines. com/? lang=zh-hans.

[4]正星氢电科技郑州有限公司[EB/OL]. [2023-07-01]. http：//censtarh2. com/.

[5]ACD's SGV series exceeds expectations at world's largest commercial hydrogen station[EB/OL]. [2023-07-01]. https：//www. nikkisoceig. com/frostbyte/wp-content/uploads/2014/09/2012-Winter-ACD-SGV-Series-Exceeds-Expectations-at-Worlds-Largest-Commercial-Hydrogen-Station. pdf.

[6]中科富海 液氢储运：加速实现关键设备国产化[EB/OL]. (2019-02-25). [2021-10-22]. http：//www. china-gases. com/article/item-1468. html.

[7]魏蔚，任改红，苏红艳等. 双层低温液氢球罐的支撑结构：202022791439[P]. 2021-08-10.

[8]路兰卿，任宏杰，李喜. 固定式真空绝热低温容器的支撑结构[J]. 压力容器，2010，27(01)：60-63.

[9]赵康. 车载液氢汽化器换热研究[D]. 北京：中国航天科技集团公司第一研究院，2018.

[10]REDDI K，ELGOWAINY A，SUTHERLAND E. Hydrogen refueling station compression and storage optimization with tube-trailer deliveries [J]. International Journal of Hydrogen Energy，2014，39(33)：19169-19181.

5 加氢站输氢管道及其附件

加氢站的输氢管道包括卸氢、压缩、加注、放空等多个环节的连接管道，属于高压/低温管路系统，因此，管道、阀门及附件的选择一定要考虑耐高压、耐低温、抗氢脆的特殊要求，并在使用过程中加强氢脆检测。本章主要内容包括加氢站工艺管道及附件的选型、安装、试验、检测、维护等，不涉及压缩机、泵、换热器等流体处理设备内部的管线。

5.1 输氢管道规格及其选型[1]

加氢站内的输氢管道特点是管道压力高、直径小，因此，一般采用压力管路用管，常见的压力等级为 44.8MPa（6500psi）、46.2MPa（6700psi）、103.5MPa（15000psi）、137.9MPa（20000psi）等，管道直径为 6.35mm（$\frac{1}{4}$″）、9.5mm（$\frac{3}{8}$″）、12.7mm（$\frac{1}{2}$″）、14.28mm（$\frac{9}{16}$″）、25.4mm（1″）等。

5.1.1 管径的确定

（1）计算管径

根据加氢站的规模和用途，站内输氢管道的任务流量（额定流量或最大流量）和最低使用压力即可确定下来，管道的内直径则可通过任务流量与允许最大流速初步计算得出

$$d_0 = \left(\frac{4q}{\pi v}\right)^{0.5} \tag{5-1}$$

式中 d_0——管道计算内直径，m；

q——管道任务流量，m^3/s；

v——允许最大流速，m/s。

（2）允许最大流速

确定流体在管道中的最大流速通常需要考虑安全性与经济性（管道投资和摩阻损失）两方面的因素。由于加氢站内管道输送距离较短，摩阻损失相对较小，确定最大流速时主要考虑安全因素的制约。

氢气具有着火能量低，与空气、氧混合的燃烧和爆炸极限宽，燃烧速度快等特点，氢与空气或与氧气混合形成处于爆炸极限范围内的可燃性混合物和着火源同时存在，是燃烧和爆炸的两个基本条件。为此，加氢站应管理好可燃性物质，防止氢气泄漏、逸出和积累，注意系统的密封、抑制和监视爆炸性混合物的形成。同时要管理好着火源。着火源分自燃和外因点燃两大类。火源的形成和性质见表 5－1。

表 5-1 着火源的形成和性质

分类	形成和性质
机械着火源	冲击和摩擦、绝热压缩
热着火源	高温表面、热辐射
电着火源	电火花、静电火花
化学着火源	明火、自然发热

氢气在管道内流动，当流速较大，与管壁摩擦增强，特别是管道内含有铁锈等杂质时，容易形成静电火花。据美国宇航局统计的 96 次氢气事故中，氢气释放到大气与空气混合后着火事故占 62%，静电引起的着火事故占 17.2%。多年以来，氢气管道设计中控制流速为 8m/s。在 GB 50177—2005《氢气站设计规范》中，规定碳钢管中氢气最大流速：当压力大于 1.6MPa 时为 8m/s，0.1～1.6MPa 为 12m/s；由于不锈钢管中出现铁锈的可能性较小，规定不锈钢管中氢气最大流速为 15m/s。在工程实际生产中，也有一些单位提供超过规定最大流速的有关情况，例如，扬子石化—巴斯夫公司提供，该公司相关石化装置的氢气允许最大流速为 20m/s。近年来，随着我国引进技术、设备和技术交流，更多单位突破了上述规范的规定流速。国内已建部分氢气管道流速见表 5-2。

表 5-2 国内部分管道氢气流速

名称	技术参数			流速/(m/s)	备注
	流量/(m^3/h)	压力/MPa	管径/(mm×mm)		
上海某厂	60	0.3	ϕ27.2×2.1	10.0	碳钢管
某所	40	0.3	ϕ27.2×2.1	11.5	
武汉某厂	750	0.2	ϕ89.1×4.2	13.6	
无锡某厂	140	0.4	ϕ34×2.8	15.8	
上海某钢厂	160	0.5	ϕ32×3	13.9	不锈钢管

从表 5-2 可见，氢气流速化规定流速有所提高是可行的。为确保安全生产，应在接地、防泄漏方面加强技术措施。随着技术、材料及施工管理水平的提高，这是完全能够做到的。如：管道内壁除锈至本色；碳钢管氩弧焊作底焊，防焊渣落入管道中；安装过程中和安装后防止焊渣、铁锈遗留在管内并进行吹扫；泄漏量试验要求泄漏率小于 0.5% 为合格；室外管道接地，阀门、法兰金属线跨接，设备、管道设接地端头等。

同时，在 GB 16912—2008《氧气及相关气体安全技术规程》中，规定管道中氧气的最高允许流速为：工作压力大于 0.1MPa 小于或等于 3.0MPa 时，碳钢 15m/s、不锈钢 25m/s；工作压力大于 3.0MPa 小于 10MPa 时，不锈钢 10m/s。GB 50177 参考此规定对氢气最大流速作了适当修改：氢气设计压力为 0.1～3MPa，在不锈钢管中最大流速可为 25m/s，在碳素钢管中的最大流速应符合表 5-3 的规定。需要特别说明的是，对于加氢站采用的充装软管，由于承压高，管道内径小，为了保证较高的加氢效率，管道需要采用特殊结构设计，其最大流速可高达每秒数十米甚至上百米。

表 5－3 碳素钢管中氢气最大流速

设计压力/MPa	最大流速/(m/s)
>3.0	10
0.1～3.0	15
<0.1	按允许压力降确定

(3)管径选型

通常管道生产厂家按照相关标准确定管道的尺寸，生产出一系列不同规格型号的管道，供用户选取。由于加氢站所用管径较小，表 5－4 仅给出 2″及以下管道的不同规格型号供参考。

表 5－4 部分管道规格型号

英制/in		公制(外径×壁厚)/(mm×mm)	国标(*DN*)/mm	国标外径/mm
3/8″	10S	ϕ17.1×1.65	—	—
	40S	ϕ17.1×2.31		
	80S	ϕ17.1×3.20		
	STD	ϕ17.1×2.31		
	40	ϕ17.1×2.31		
	XS	ϕ17.1×3.20		
	80	ϕ17.1×3.20		
1/2″	5S	ϕ21.3×1.65	15	18
	10S	ϕ21.3×2.11		
	40S	ϕ21.3×2.77		
	80S	ϕ21.3×3.73		
	STD	ϕ21.3×2.77		
	40	ϕ21.3×2.77		
	XS	ϕ21.3×3.73		
	80	ϕ21.3×3.73		
	160	ϕ21.3×4.78		
	XXS	ϕ21.3×7.47		
3/4″	5S	ϕ26.7×1.65	20	25
	10S	ϕ26.7×2.11		
	40S	ϕ26.7×2.87		
	80S	ϕ26.7×3.91		
	STD	ϕ26.7×2.87		
	40	ϕ26.7×2.87		

续表

英制/in		公制(外径×壁厚)/(mm×mm)	国标(DN)/mm	国标外径/mm
	XS	ϕ26.7×3.91		
	80	ϕ26.7×3.91		
	160	ϕ26.7×5.56		
	XXS	ϕ26.7×7.82		
1″	5S	ϕ33.4×1.65	25	32
	10S	ϕ33.4×2.77		
	40S	ϕ33.4×3.38		
	80S	ϕ33.4×4.55		
	STD	ϕ33.4×3.38		
	40	ϕ33.4×3.38		
	XS	ϕ33.4×4.55		
	80	ϕ33.4×4.55		
	160	ϕ33.4×6.35		
	XXS	ϕ33.4×9.09		
1¼″	5S	ϕ42.2×1.65	32	38
	10S	ϕ42.2×2.77		
	40S	ϕ42.2×3.56		
	80S	ϕ42.2×4.85		
	STD	ϕ42.2×3.56		
	40	ϕ42.2×3.56		
	XS	ϕ42.2×4.85		
	80	ϕ42.2×4.85		
	160	ϕ42.2×6.35		
	XXS	ϕ42.2×9.70		
1½″	5S	ϕ48.3×1.65	40	45
	10S	ϕ48.3×2.77		
	40S	ϕ48.3×3.68		
	80S	ϕ48.3×5.08		
	STD	ϕ48.3×3.68		
	40	ϕ48.3×3.68		
	XS	ϕ48.3×5.08		
	80	ϕ48.3×5.08		
	160	ϕ48.3×7.14		
	XXS	ϕ48.3×10.15		

续表

英制/in		公制(外径×壁厚)/(mm×mm)	国标(DN)/mm	国标外径/mm
2″	5S	ϕ60.3×1.65	50	57
	10S	ϕ60.3×2.77		
	40S	ϕ60.3×3.91		
	80S	ϕ60.3×5.54		
	STD	ϕ60.3×3.91		
	40	ϕ60.3×3.91		
	XS	ϕ60.3×5.54		
	80	ϕ60.3×5.54		
	160	ϕ60.3×8.74		
	XXS	ϕ60.3×11.07		

根据式(5-1)得出的计算管径与既有规格的管径往往并不完全相同，需要按以下方法进行选型

$$\begin{cases} d_i < d_0 \leqslant d_{i+1}, \ i=1, 2, 3, \cdots, n \\ d = d_{i+1} \end{cases} \tag{5-2}$$

式中 d——管道内直径，m；

d_i——型号 i 对应的管道内直径，m；

n——标准管道的型号总数。

5.1.2 管壁厚度的确定

(1)影响壁厚的因素

影响壁厚的因素有很多，首先是材料。管道材料的选用需要综合考虑各方面因素，包括材料的化学成分，机械力学性能(屈服强度、抗拉强度、抗压强度、弯曲应力、剪切应力、疲劳强度、延展性和韧性等)，以及材料性能在运行过程中的降低，材料本身的热性能，使用温度的限制，材料的耐腐蚀、耐冲蚀性能、制作方法、加工性能、检查和试验方法等。其次是工况。管道壁厚计算需要考虑最苛刻工况。最苛刻工况是指导致管道组成件最大壁厚或最高压力等级的条件。

在加氢站输氢管道的实际工程项目应用中，尤其是针对高压乃至超高压管道，往往通过一些方法来改良材料性能，例如提高管道表面光洁度、自增强处理等。通过自增强处理，管道内壁产生适当的切向压缩残余应力，而管道外壁产生切向拉伸残余应力，从而提高之后施加的导致管道开始产生附加永久变形的内压值。通过这些残余应力的影响，降低了管道内壁循环应力的有效平均值，进而提高管道寿命；降低在靠近管道内壁处所产生的裂纹或类裂纹缺陷尖端的断裂力学有效应力强度因子，有效延缓靠近管道内壁处的疲劳裂纹或应力腐蚀裂纹的扩展。此外，为了尽量降低氢的侵入数量，可以采用表面氧化或者涂层(比如涂敷玻璃)等措施。

(2)相关标准

加氢站输氢管道涉及超高压管道，目前国内没有相应超高压管道标准规范。GB/T 20801《压力管道规范 工业管道》不涉及公称压力 *PN*420 以上的管道；GB/T 50316《工业金属管道设计规范》指出，适用于小于或等于 *PN*420 的管道；而 SH/T 3059《石油化工管道设计器材选用规范》指出，适用于公称压力不大于 *PN*420 的管道组成件。因此，现阶段超高压管道都是引进工艺包，采用专利商标准，由专利商授权相应的国外工程公司进行设计，主要设计依据分别为 ASME B31. 3*Process Piping* 和 AD 2000—2003*Technical Rules for Pressure Vessels*。

(3)计算方法

①常规管道的壁厚计算

基于管道内直径的计算壁厚如下

$$\delta = \frac{pD}{2(SEW + pY)} \tag{5-3}$$

式中 δ——计算壁厚，mm；

p——输氢压力(表压)，MPa；

D——管道外直径，mm；

S——管材的许用应力(表 5-5)，MPa；

E——质量系数：无缝钢管为 1，纵向焊接钢管为 0.85，螺旋焊接钢管为 0.6；

W——焊缝接头强度降低系数；

Y——安全系数。

当 $\delta \geqslant D/6$ 或者 $p/(SE) > 0.385$ 时，直管的计算壁厚需要考虑失效机理、疲劳影响和热应力等因素。

表 5-5 管材许用应力

钢管种类	无缝或有缝钢管					螺纹钢管	
钢管材质	优质碳素钢			不锈钢		碳素钢	低合金钢
	10	20	30	304	316L	A3F	16Mn
S/MPa	146	174	208	137	465	146	224

②超高压管道的壁厚计算[2]

针对固熔化热处理的奥氏体不锈钢和某些具有相似应力-应变的镍合金，基于管道内直径的计算壁厚如下

$$\delta = \frac{D-2c}{2}\left[1 - \exp\left(1 - \frac{1.155p}{S}\right)\right] \tag{5-4}$$

除固熔化热处理的奥氏体不锈钢和某些具有相似应力-应变的镍合金外，基于管道内直径的计算壁厚如下

$$\delta = \frac{D-2c}{2}\left[1 - \exp\left(-\frac{p}{S}\right)\right] \tag{5-5}$$

例 5.1 已知某无缝钢管输氢管道的公称直径为 15mm，外径为 21.3mm，设计内压为

35MPa，设计温度为200℃，管材为 ASTM A333 Gr.6，许用应力为125MPa，预留裕量取1.3mm，焊缝接头强度降低系数取0.9，安全系数取0.85，试确定该管道的壁厚。

解：(1)由于该输氢管道的设计压力为35MPa，故选取常规管道的壁厚公式(5-3)计算管道的计算壁厚。其中，无缝钢管的质量系数取1.0。将已知参数代入式(5-3)得

$$\delta = \frac{pD}{2(SEW + pY)} = \frac{35 \times 21.3}{2(125 \times 1 \times 0.9 + 35 \times 0.85)} = 2.62(\mathrm{mm})$$

(2)由于$\delta < D/6 = 3.55\mathrm{mm}$，且$p/(SE) = 0.28 < 0.385$，故计算壁厚不需要考虑失效机理、疲劳影响和热应力等因素的影响。

(3)根据计算壁厚与预留裕量，计算管道的最小壁厚

$$\delta_{\mathrm{m}} = \delta + c = 2.62 + 1.3 = 3.92(\mathrm{mm})$$

(4)根据管道规格表5-4，在满足公称直径为15mm的序列中，选取不小于(3)计算得到的最小壁厚(3.92mm)，故实际管道壁厚应为4.78mm。

5.1.3 管材规格

(1)钢管

根据一项关于现存输氢管道的调查，尽管输氢管道所用钢材的品种繁多，但主要是低碳钢居多。由于缺乏输氢管道实际氢致损伤情况的全面测评，加拿大监测机构在1980年提出了输氢管道的基本要求。包括：最高材料等级290，设计因数小于0.6，韧性比同等的天然气管道用钢高30%，工作温度小于40℃，极限交变承压能力大于3MPa(每年低于100次交变)；建议输送纯氢气的钢材满足低强度要求，最高等级为X65。此外，氢气管道的管材还可选择Al-Fe合金，其中Al起到阻止氢扩散进入钢材内部的屏蔽作用。

加氢站高压氢气管道应选用高压无缝钢管，包括高压冷拔管和光亮退火管，设计压力不应小于最大工作压力的1.1倍。管材宜选用S31603或其他试验验证的具有良好氢相容性的材料。设计压力大于或等于20MPa的氢气管道应采用316/316L双牌号钢或经试验验证的具有良好的氢相容性的材料。316/316L双牌号钢常温机械性能应满足两个牌号中机械性能的较高值，化学成分应满足L级的要求，许用应力应按316号钢选取。

当选用奥氏体不锈钢材料时，金属镍元素对钢材的氢相容性能具有重要影响。316或316/316L材料镍含量越高，抗氢脆性能越好。除规定镍的质量分数应大于12%以外，还需规定镍当量不应小于28.5%。镍当量应按下式计算

$$\mathrm{Ni_{eq}} = \mathrm{Ni} + 12.6\mathrm{C} + 1.05\mathrm{Mn} + 0.65\mathrm{Cr} + 0.98\mathrm{Mo} + 0.35\mathrm{Si} \tag{5-6}$$

式中 $\mathrm{Ni_{eq}}$——奥氏体不锈钢材料的镍当量；

Ni——镍元素质量分数；

C——碳元素质量分数；

Mn——锰元素质量分数；

Cr——铬元素质量分数；

Mo——钼元素质量分数；

Si——硅元素质量分数。

(2)复合管

由于高压输氢管道用钢成本高，并具有氢脆风险，美国能源部(DOE)研发了一种纤维增强聚合物复合材料(Fiber Reinforced Polymer，FRP)以取代钢材，旨在降低输氢管道的安装成本，提高可靠性和运行安全性。FRP 输氢管道的基本结构包括：①内部防氢渗透的高压输氢管道；②输氢管外保护层；③保护层的过渡层；④多层玻璃或者碳纤维复合层；⑤外部抗压层；⑥外部保护层。每层都具有独特的功能，层与层间的相互作用使输氢管道具备超常的性能。

加拿大横加管道有限公司(TCPL)也开发了一种复合增强管道(Composite Reinforced Line Pipe，CRLP™)。这种 CRLP 材料包含了高性能复合材料和薄壁、高强低合金(HSLA，X42 - X80)钢管。钢材和增强复合材料一起构建了一种价廉的混合体，可以取代高强度的全钢输氢管道。大规模输氢用复合管道(外径大于 1.5m，承压大于 14MPa)的总价(含安装成本)比全钢管道低 3% ~8%。尽管钢内衬没有避免氢脆问题，但是由于其壁厚小，应力降低，氢致开裂的倾向也会更低。

(3)充装软管

充装软管是指具有良好弯曲挠性的一种复合管。根据充装软管的结构分为波纹金属充装软管和非金属充装软管，如图 5 - 1 所示。波纹金属充装软管是指内管为不锈钢波纹管，外覆一层或多层不锈钢编织网和接头的组合件，接头与管体组合方式为焊接。非金属充装软管是指内管为非金属(橡塑类、PTEE 类)管，外覆一层或多层不锈钢、纤维编织层(部分外部被涂胶层)和接头的组合件，接头与管体的组合方式为扣压。

(a)波纹金属充装软管　　(b)非金属充装软管

图 5 - 1　充装软管示意图

充装软管的公称尺寸范围一般为 *DN*4 ~ *DN*60，公称压力范围一般为 1 ~ 100MPa，常见规格见表 5 - 6，常见管材见表 5 - 7。低温液氢及其液化气体一般使用波纹金属充装软管，应考虑氢脆影响，内管宜选用 S316L 材质。

表 5 - 6 充装软管的基本参数

公称内径 DN/mm	公称工作压力/MPa														
	1.0	1.6	2.5	4.0	6.3	10	16.5	25	30	40	50	60	70	80	100
4	√	√	√	√	√	√	√	√	√	√	√	√	√	√	√
6	√	√	√	√	√	√	√	√	√	√	√	√	√	√	√
8	√	√	√	√	√	√	√	√	√	√	√	√	○	○	○
10	√	√	√	√	√	√	√	√	√	○	○	○	○	○	○
12	√	√	√	√	√	√	√	√	○	○	○	○	○	○	○
15	√	√	√	√	√	√	√	√	○	○	○	○	○	○	○
25	√	√	√	√	√	√	○	○	○	○	○	○	○	○	○
32	√	√	√	√	√	○	○	○	○	○	○	○	○	○	○
40	√	√	√	√	√	○	○	○	○	○	○	○	○	○	○
50	√	√	√	√	√	○	○	○	○	○	○	○	○	○	○
65	√	√	√	√	○	○	○	○	○	○	○	○	○	○	○
80	√	√	√	√	○	○	○	○	○	○	○	○	○	○	○
100	√	√	√	○	○	○	○	○	○	○	○	○	○	○	○

注：√表示有该产品规格的软管，○表示暂无该产品规格的软管；公称工作压力指常温下即正常工作(充装、供气)温度条件下的工作压力。

表 5 - 7 充装软管的主要材料

零件名称		材料代号	设计温度范围/℃
内管	非金属	PA PTFE FEP PFA	-40 ~ 100
	波纹金属	304 316 316L	-196 ~ 450
编织网		304 316 316L	-196 ~ 450
		纤维 高强度钢丝	-40 ~ 100
接头		Q235	-20 ~ 350
		304 316 316L H59 - 1 H62	-196 ~ 450

(4)低温管

液氢加注站的液氢管道和低温氢气管道应采用耐低温 -253℃以下的低温管，并采用高真空多层绝热或其他满足绝热性能要求的绝热形式，同时需要设有符合管道柔性设计要求的温度补偿结构。管材选用奥氏体不锈钢，并应进行低温冲击试验。管道在受压状态下的基本许用应力见表 5-8。低温管的设计应符合 GB/T 30719《液氢车辆燃料加注系统接口》和 GB 50156《汽车加油加气加氢站技术标准》。

表 5-8 奥氏体不锈钢管和管道在受压状态下的基本许用应力 MPa

名称	拉伸强度下限值	屈服强度下限值	最低温度下的最大基本许用应力(屈服强度的 2/3)
ASTM A240-97a 中 304	517	207	138
ASTM A240-97a 中 304L	482	172	115
ASTM A240-97a 中 316	517	207	138
ASTM A240-97a 中 316L	482	172	115

5.2 输氢管道附件及其选型[1]

管道附件是管道连接、转向及其安装在管道与设备上的启闭和调节装置的总称，是各种管道配件与管道之间的自由连接，包括管道配件本体的接口、管道及与之配合的连接件。

5.2.1 常用阀门

用以控制流体流量、压力和流向的装置简称阀门。本章中被控制的流体可以是液态氢气、气态氢气或气液混合氢气。阀门通常由阀体、阀盖、阀座、启闭件(阀瓣、塞体、闸板、碟板和隔膜等)、执行机构(阀杆和带动它运动的阀门驱动装置)、密封件(填料、垫片等)和紧固件等组成。

阀门的执行机构主要有手动和自动两种类型，手动执行机构需要就地操作，自动执行机构包括电动、气动、液动、气液联动等多种方式，可实现阀门的远程控制。阀门的控制功能是依靠驱动机构或流体驱使启闭件升降、滑移、旋摆或回转运动以改变流道面积的大小来实现的，其选型方法如下：

①阀门类型的选择应根据管路流程所要求的功能、所输介质、可能的最大压力、使用环境及各种阀门的性能特点，遵循"满足要求、安全可靠、经济合理、操作维修方便"的原则。

②国际上通常用 psi 表示阀门压力等级，414bar 对应 6000psi，1034bar 对应 15000psi，1380bar 对应 20000psi。阀门的公称压力应能满足管道在该处可能出现的最大压力要求，对处于主要位置的阀门预留足够的压力裕量。

③阀门的通径一般与管路的直径一致，也可以根据设计流量和介质的特性确定。

加氢站在输氢管道上应用较为广泛的阀门有球阀、针阀、单向阀、安全阀、紧急切断阀等，下面分别进行介绍。

(1)球阀

球阀是用带圆形通孔的球体作启闭件，球体随阀杆转动，以实现启闭动作的一种阀门。球阀的结构与旋塞阀相似，故亦称作球形旋塞阀。它由一个球体和两个阀座(密封圈)组成密封副。在各种阀门中，球阀的流体阻力最小(实际为0)，并具有开关迅速、密封性好的优点，因而已成为发展最快、适用范围最广的一类阀门。主要缺点是工作温度不高，目前正在使用碳、石墨等密封圈材料，以提高球阀的使用温度。GB 50156—2021《汽车加油加气加氢站技术标准》中，D. 3. 4 条规定了对高压氢气管道与低温不锈钢管道球阀的技术要求，推荐球阀依据 API 641 回转阀门的低泄漏型式试验(Type testing of quarter - turn valves for fugitive emissions)进行低逸散认证。

球阀及其结构示意图如图 5 - 2 所示。球阀在管路中主要用于切断、分配和改变介质的流动方向，它只需要用旋转 90°的操作和很小的转动力矩就能关闭严密。球阀的球体是固定的，受压后不产生移动。固定球阀都带有浮动阀座，受介质压力后，阀座产生移动，使密封圈紧压在球体上，以保证密封。通常在球体的上、下轴上装有轴承，操作扭矩小，适用于高压和大口径的阀门。

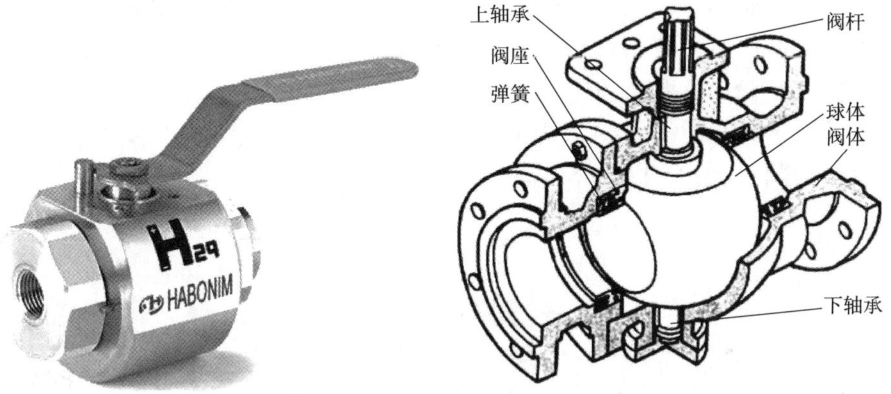

图 5 - 2　球阀及其结构示意图

(2)针阀

针阀是一种微调阀，其阀塞为针形，主要用作调节气流量。微调阀要求阀口开启逐渐变大，从关闭到开启最大能连续细微地调节。针形阀塞即能实现这种功能。针形阀塞一般采用经过淬火的钢制长针，而阀座是用锡、铜等软质材料制成。阀针与阀座间的密封是依靠其锥面紧密配合而实现的，适用于氢气取样等场合。GB 50156—2021《汽车加油加气加氢站技术标准》中，D. 3. 5 条规定了对高压氢气管道与低温不锈钢管道针阀低逸散试验的技术要求，压力额定值 6000psi 的针阀推荐依据 API 624 带低泄漏石墨填料提升杆阀门的型式试验(Type testing of rising stem valves equipped with graphite packing for fugitive emission)进行低逸散认证。

针阀及其结构示意图如图 5 - 3 所示。针阀调节精度比较高。活门呈针状，沿介质流动方向动作，改变过流截面面积，用以截断或调节流量的阀门。阀针的锥度有 1 : 50 和 1 : 60 锥角两种，锥表面要经过精细研磨。阀杆与阀座间的密封是靠波纹管实现的。

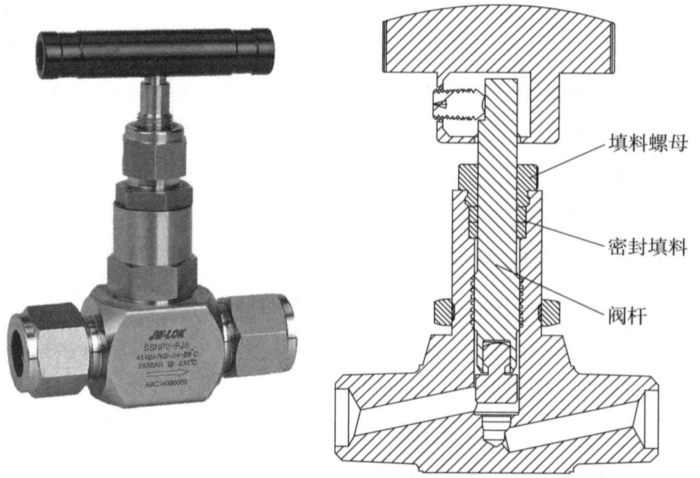

图 5-3　针阀及其结构示意图

(3)单向阀

单向阀又称为止回阀或逆止阀，俗称单向阀，它的作用是控制流体的单方向流动，而反向时截止。按照阀芯结构不同，单向阀又可以分为锥阀式和球阀式两种。工作原理是利用作用在阀芯上的压力来控制阀芯开启或关闭的。

单向阀及其结构示意图如图 5-4 所示。当介质由 A 口流入时，克服锥阀上的弹簧力，推动阀芯右移，于是介质由 A 口流向 B 口；当介质由 B 口流入时，阀芯在压力和弹簧力的作用下处于关闭状态，A 口无介质流出。

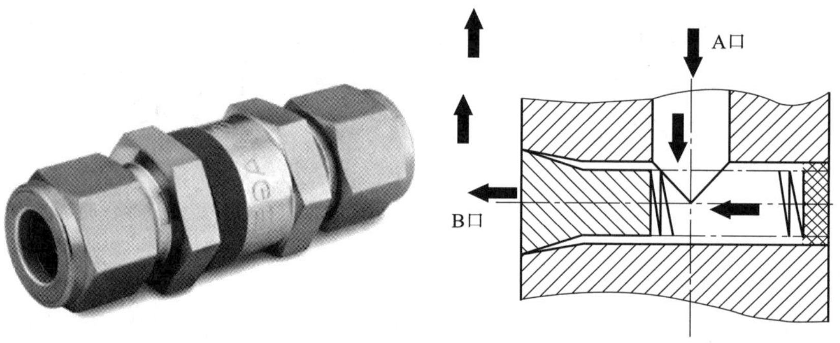

图 5-4　单向阀及其结构示意图

(4)安全阀

安全阀是一种起保护作用的阀门，正常情况下处于关闭状态，当被保护的设备或管道中的介质压力超过规定值后，安全阀自动开启，排放介质，使压力下降，当压力达到规定值后，安全阀又自动关闭。GB 50516—2010《加氢站技术规范》(2021 年版)中，6.5.2A 条明确规定：氢气管道应设置适用于高压氢气介质的安全阀，安全阀的整定压力应不大于氢气管道的设计压力。

安全阀及其结构示意图如图 5-5 所示。弹簧力大于介质作用于阀芯的正常压力(事先设定的压力值)，阀芯处于关闭状态，当罐内介质压力超过允许压力时，弹簧受到压缩，使阀芯离开阀座，阀门自动开启，介质从中泄出、减压；当压力回到正常值时，弹簧压力又将阀芯推向阀座，阀门自动关闭。通过阀杆上部的调节螺丝改变弹簧的松紧程度，就可调整安全阀的起座压力。

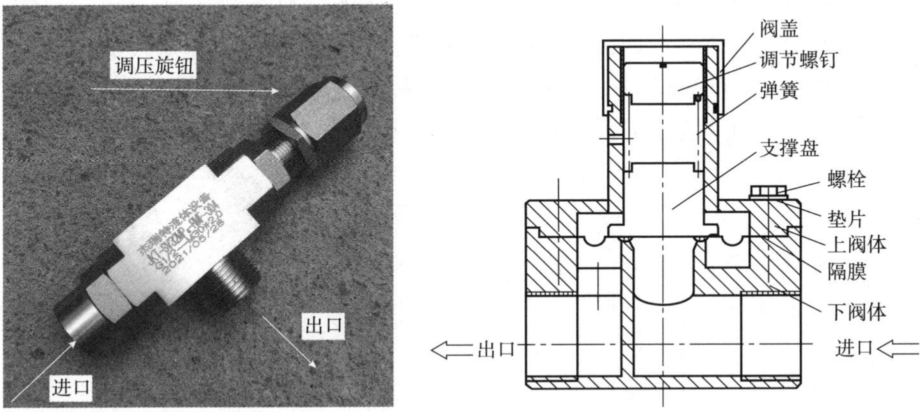

图 5－5　安全阀及其结构示意图

（5）紧急切断阀

紧急切断阀又称安全切断阀，是指在遇到突发情况的时候，阀门会迅速地关闭或者打开，避免事故的发生。在故障情况下，为保证系统安全，需要阀门在 0.2～1s 内紧急打开或关闭。紧急切断阀具有极佳的技术性能、低负荷损失和高可靠性，是加氢站的安全配套装置。GB 50156—2021《汽车加油加气加氢站技术规范》中，10.7.1 条明确规定：以管道输送供应氢气的进站管道上，应设置可手动操作的紧急切断阀，位置应便于发生事故时及时切断气源。

紧急切断阀及其结构示意图如图 5－6 所示。在阀接到紧急动作信号后，电磁阀由通气状态切换至排气状态，打破快动作阀的压力平衡，快动作阀由通气状态切换为排气状态，由于空气经快动作阀排入大气，执行机构内压缩的弹簧快速复位，将阀门打开或关闭。

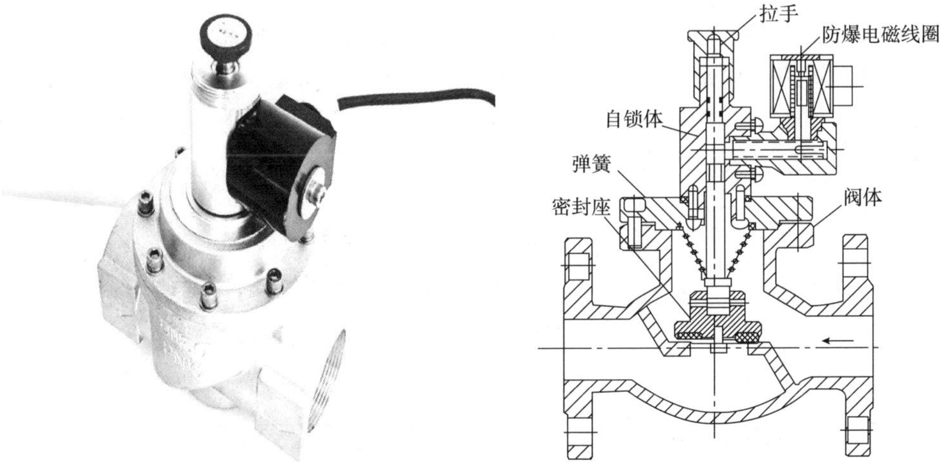

图 5－6　紧急切断阀及其结构示意图

5.2.2 常用管件

(1)弯头

弯头是管道安装中需求量最大的部件，常见的弯头主要有无缝弯头、冲压焊接弯头和焊接弯头三种，如图5－7所示。加氢站中最常见的弯头是无缝弯头，又名冲制弯头，有45°和90°弯头两种类型。弯头的弯曲半径 R 根据管道公称直径 DN 确定，常见的有 $R=1.5DN$ 和 $R=1.0DN$ 两种，尤以前者更为常用，如 $DN50$ 的管道通常选用 $R=75$mm 的无缝弯头。

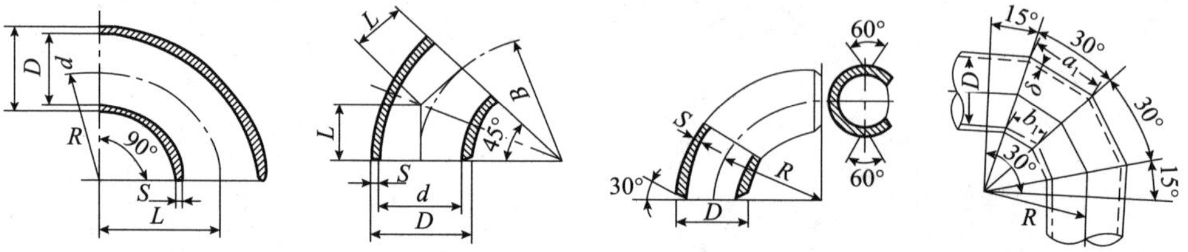

(a)90°无缝弯头　(b)45°无缝弯头　(c)冲压焊接弯头　(d)90°焊接弯头

图5－7　弯头示意图

(2)三通

三通主要用于从主管上接出分管或支管，一般可采用铸、锻、焊、顶拉、挤等方法制造，其结构型式如图5－8所示。三通分为等径三通和不等径三通。等径三通规格仅注明公称直径 DN，不等径三通规格一般由 DN 主管（DN_1）×分（支）管（DN_2）×主管（DN_1）表示，如三通 $DN75\times DN50\times DN75$。

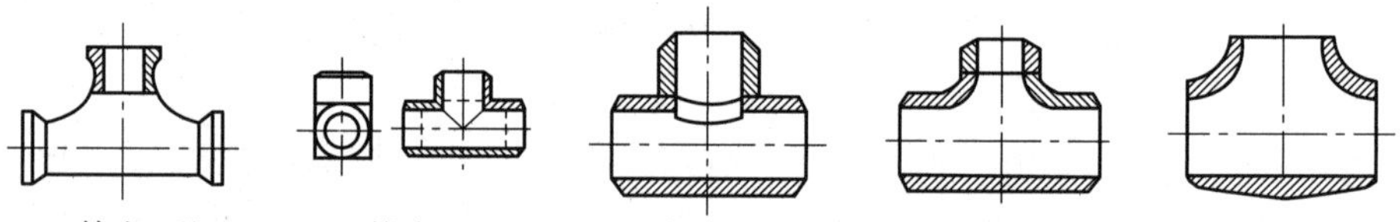
(a)铸造三通　(b)锻造三通　(c)焊接三通　(d)顶拉焊接三通　(e)挤压三通

图5－8　三通示意图

(3)大小头

大小头又称变径管，有同心和偏心两种型式，如图5－9所示。大小头可用铸造、车削、模板、冲击等方法制成。主要用于变径管道上，如液氢增压泵的出入口管段大多采用大小头。大小头目前尚无统一国家标准，其规格通常用大头和小头的公称直径的乘积表示，如 $DN50\times DN25$，表示大头公称直径为50mm，小头公称直径为25mm。

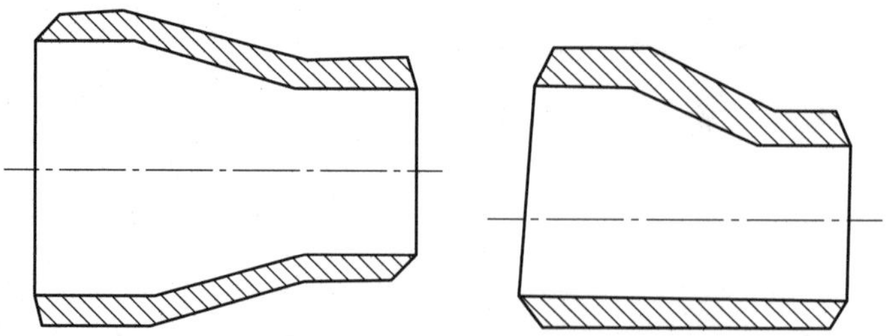
(a)同心大小头　(b)偏心大小头

图5－9　大小头示意图

(4)法兰

在管道与阀件或设备连接的地方，以及管段需要拆卸的地方多采用法兰连接。法兰是标准件，应根据管道输送的介质、操作压力和操作温度进行选择。加氢站常用的法兰种类如图 5 - 10 所示，各种类法兰的特点如下。

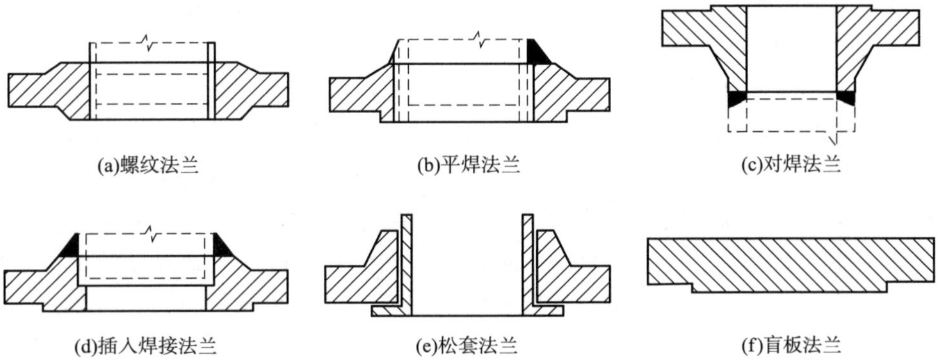

图 5 - 10 法兰示意图

①螺纹法兰

法兰内侧面带有螺纹，可与螺纹管头迅速连接，主要用于低压管路或管材不允许焊接而又要求采用法兰连接的管道，如为保护输氢管道内涂层而采用的螺纹法兰。但螺纹连接对于有反复波动操作的情况，几乎都有泄漏的可能。反复受弯或反复受热的情况也不宜采用这种法兰。

②平焊法兰

法兰焊接端面与管端面对齐后，外侧面焊接连接。由于平焊法兰在焊接装配中较易对准，并且价格低廉，因而被广泛采用。此种法兰的强度，如按内压力计算，约为对焊法兰的 2/3，疲劳寿命约为其 1/3，适用于压力、温度波动不严重的情况。

③对焊法兰

对焊法兰与平焊法兰的不同之处是，法兰环与焊缝连接之间有一个长而倾斜的毂，法兰环的厚度通过毂逐渐过渡到管壁的厚度，于是降低了应力的不连续性，增加了法兰的强度，适用于高温、高压，或者温度、压力波动较大的场合。

④插入焊接法兰

法兰焊接端面内径略大于钢管内径，钢管插入法兰后，钢管外侧面与法兰端面焊接连接。此种法兰强度较高，焊接装配难度较大。

⑤松套法兰

松套法兰使用时带有活动环圈，最大优点是螺栓孔易对准，常用于仪表连接的场合。在承压与严密程度性能方面与平焊法兰相同，但其疲劳寿命仅为对焊法兰的 10%，不适用于有严重弯曲应力的连接。

⑥盲板法兰

这种法兰应用于封闭管路或阀件的一端，能承受较大的弯曲应力。

此外，对液氢管道与设备或拆卸部位的法兰连接，应采用平面真空绝热法兰。

(5)卡套接头

卡套接头(coupling)是一种不锈钢管道连接件，也叫挠性接头、对夹式活接、抱箍、沟槽接头、不锈钢沟槽卡箍、不锈钢卡箍、凹槽系统。主要应用在水处理、市政供水系统、高层不锈钢供水、消防、空调系统等机械管道连接系统上。GB 50156—2021《汽车加油加气加氢站技术标准》中，10.6.3 条规定了外径小于或等于 25.4mm，且设计压力大于或等于 20MPa 的高压氢气管道应采用卡套连接。

卡套接头的示意图如图 5-11 所示。工作原理是将钢管插入卡套内，利用卡套螺母和前卡套进行主密封，利用后卡套的铰链—夹紧作用对卡套管形成强有力的抓紧。它与钢管连接时不需焊接，有利于防火、防爆和高空作业，并能消除焊接不慎带来的弊端。接头处采用平口型设计，利用接头键肩与管道的配合间隙达到柔性的要求，在保证强度的前提下，接头不完全卡紧管道，允许有部分的轴向和径向位移。接头的柔性设计可以适应管道偏差，且其性能不受影响，适用于有柔度要求的管路。具有快速、简易、可靠、经济、隔振和占用空间小的特点。

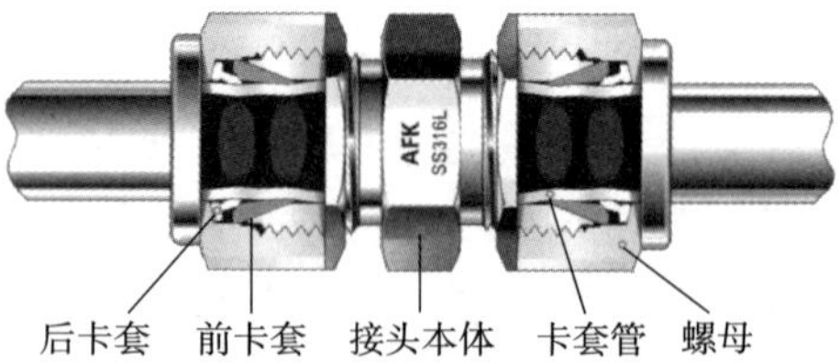

图 5-11　卡套接头示意图

(6)阻火器

阻火器是用来阻止易燃气体和易燃液体蒸气的火焰蔓延的安全装置。一般安装在输送氢气等可燃气体的管道中，阻止传播火焰(爆燃或爆轰)通过该装置。阻火器也可以使用在有明火设备的管线上，以防止回火事故。但它不能阻止敞口燃烧的易燃气体和液体的明火燃烧。为提高加氢站的安全性，设氢气集中放散系统，即将加氢机、氢气压缩机等系统的放散管道接至总管集中放散，在放散总管出口需加装阻火器。

阻火器及其结构示意图如图 5-12 所示。阻火器主要由壳体和滤芯两部分组成。壳体应具有足够的强度，以承受爆炸产生的冲击压力。滤芯是阻止火焰传播的主要构件，常用的有金属网滤芯和波纹型滤芯两种。金属网型滤芯用直径 0.23～0.315mm 的不锈钢或铜网，多层重叠组成。国内的阻火器通常采用 16～22 目金属网，为 4～12 层。波纹型滤芯用不锈钢、铜镍合金、铝或铝合金制成。波纹型阻火器能阻止爆燃的猛烈火焰，并能承受相应的机械和热力作用，流动阻力小，易于清洗和更换。

5.3　输氢管道安装及其验收[1]

加氢站输氢管道及附件一般是在施工现场安装，安装工序工作内容主要是制造并且检验合格的管道部件现场组装后，采取管道安装工序施工规范进行施工作业，包括准备、安

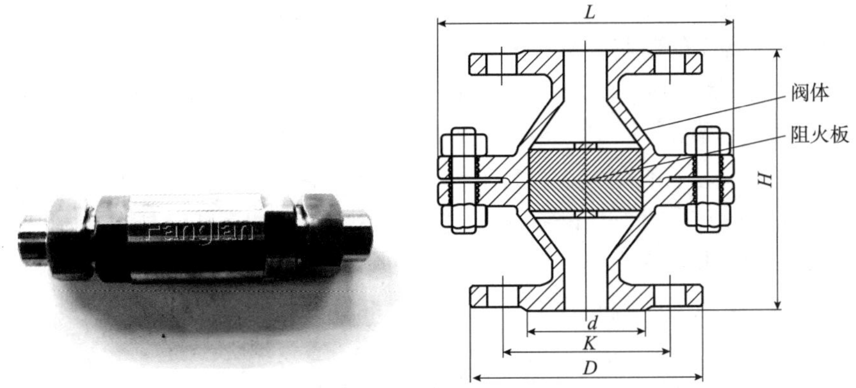

图 5－12　阻火器及其结构示意图

装、连接和检验等施工过程。其中，连接是管道安装中的关键工序，根据 GB 50516 氢气管道的连接宜采用经氢相容性评定合格的焊接接头或卡套接头；氢气管道与设备、阀门的连接，可采用法兰或螺纹连接等。在实际应用中，与石化管道普遍采用焊接方式不同，加氢站管道普遍采用可拆连接。

5.3.1　管道设置要求

(1)为避免因氢气泄漏造成燃烧和爆炸事故，规定氢气管道的管材应采用无缝钢管，不采用具有焊缝的焊接钢管、电焊钢管等。

(2)法兰和垫片的选用按工作介质的压力、温度和需要密封程度确定。由于氢气易泄漏，密封程度要求高，规定压力大于 2.5MPa 采用凹凸式或榫槽式或梯形槽法兰。根据实际使用情况和保证氢气管道连接部位的密封，规定工作压力小于 10MPa，氢气管道垫片采用聚四氟乙烯或金属缠绕式垫片；压力大于等于 10MPa，垫片采用锡青铜。

(3)高压加氢站管道应避免焊接，因受阀门、设备本身连接方式的限制，管道与设备、阀门连接处采用法兰或卡套连接。卡套具有清洁、安全、施工方便、密封性好的优点，不需要缠绕密封件，当前在国内外应用较为普遍。

(4)管道穿过墙壁或楼板时，为使管道不承受外力作用并能自由膨胀及施工检修方便，要求管段敷设在套管内；为了避免因有焊缝不便检查而无法发现泄漏氢气所带来的不安全性，要求套管内的管段不得有焊缝。另外，为防止氢气漏入其他房间引起意外事故，要求在管道与套管的间隙应用不燃材料填堵。

(5)为防止检修其他管道时，焊渣火花落在氢气管道上发生危险，也为了防止氢气管道发生事故时影响其他管道；又因氢气轻，极易向上扩散，规定氢气管道布置在其他管道外侧和上层。

(6)输送湿氢或需做水压试验的管道，应有不小于 3‰的坡度以方便排水，同时在管道最低点处应设排水装置。

(7)氢气放空管应引至室外。为使氢气排空时，不倒灌入室内，规定放空管管口应高出屋脊 2m。氢气放空管应设阻火器，且阻火器应设在管口处。设阻火器是为了在氢气放空时，一旦雷击引起燃烧爆炸事故时起阻止事故蔓延作用。为防止氢气放空时流速过大，并考虑放空管设在室外被雨水、湿空气腐蚀产生铁锈引起放空时氢气的燃烧、爆炸事故，规定放空管在阻火器后的管材应采用不锈钢管。

(8)氢气站、供氢站和车间内氢气管道，为便于施工和操作维修，避免或减少泄漏时的不安全性，规定宜沿墙、柱架空敷设。为避免因氢气泄漏造成不必要的人身和国家财产的损失，规定氢气管道不准穿过生活间、办公室和不使用氢气的房间。为便于车间管理，安全生产，一旦事故发生时，切断气源，进入用户车间设切断阀，同时设流量记录累计仪表，便于车间独立经济核算。氢气系统在投入使用前或者需要动火检修时，均需以氮气或其他惰性气体进行系统的吹扫置换，规定管道末端设放空管。

(9)氢气为易燃易爆气体，为防止氢气管道火灾事故扩大，规定支架采用不燃材料制作。为防止湿氢管道在寒冷地区结冻堵塞，规定采取防冻措施。一般采取管道保温，或采用不超过70℃的热水管伴随保温。

(10)土壤腐蚀性等级分为低、中、高三级，防腐层分别采用普通、加强及特加强三个等级。一般情况下埋地氢气管道采用加强级防腐层。当管道必须穿过热力地沟时，加设套管。为了防止氢气泄漏进入地沟甚至窜入建筑物、构筑物内，形成氢气爆炸混合物，引起事故的发生，规定套管和套管内的管段不应有焊缝。为防止从管底到管子上部300mm以上范围内回填土块、石头等杂物形成空洞，一旦氢气泄漏，积聚形成爆炸性气体，规定回填土前应在管子上部300mm范围内，用松散土填平夯实或填满沙子后才可再回填土。

(11)氢气管道引起燃烧爆炸的条件有两个：一是形成氢气与空气或氧气的爆炸混合气；二是有火源。为防止氢气事故的发生，必须千方百计地消除或防止产生上述两个条件。根据这一基本点，氢气管道中如有铁锈、焊渣等杂物时，被高速氢气流带动与管壁摩擦容易产生火源，特别是管道内壁有毛刺、焊渣凸出物时更增加碰撞起火的危险，因此应比其他管道要求严格。碳钢管焊接采用氩弧焊作底焊，是防止焊渣进入管道内的一项安全技术措施，但施工费用增加，以往氢气管道并未这样做，宜采用氩弧焊作底焊。为确保氢气管道系统安全运行，在安装过程的每个环节每个步骤均要采取措施防止焊渣、铁屑、可燃物等进入，否则在管道安装完毕再来检查和消除是十分麻烦、十分困难的，不易彻底清除干净。

(12)氢气管道强度试验、气密性试验和泄漏量试验是检验施工安装最终质量的重要手段。一般管道强度试验以液压进行，考虑到液压试验后，水分除去很困难，易使管道内壁产生锈蚀，影响安全运行。为此，规定对压力小于3.0MPa的氢气管道做气压强度试验；对压力大于等于3.0MPa的管道，为了安全，采用水压强度试验。以气压做强度试验时，应制定严密的安全措施，防止意外事故的发生。气密性试验一般管道按工作压力进行，考虑到氢气渗透性强，为防止泄漏，按照现行国家标准《钢制压力容器》规定的气密性试验压力，应为设计压力的1.05倍。

(13)对泄漏量试验合格的泄漏率规定，是根据氢气渗透性强的特性，经国内多年实践证明可行，并符合安全要求。泄漏率可按下列计算方法进行：

当氢气管道公称直径小于或等于300mm时

$$A=\left[1-\frac{(273+t_1)p_2}{(273+t_2)p_1}\right]\times\frac{100}{24} \tag{5-7}$$

当氢气管道公称直径大于300mm时

$$A=\left[1-\frac{(273+t_1)p_2}{(273+t_2)p_1}\right]\times\frac{100}{24}\times\frac{D_N}{0.3} \tag{5-8}$$

式中 A——渗透率,%/h;

p_1、p_2——试验开始、终了时的绝对压力，MPa;

t_1、t_2——试验开始、终了时的温度,℃;

D_N——氢气管道公称直径，m。

5.3.2 管道安装

(1)管道的连接

氢气管道的连接方式主要有焊接连接、法兰连接和卡套连接，但对20MPa以上的高压加氢站管道一般不宜采用焊接连接。

①焊接连接

焊条的选择要求。焊接材料(即焊条)对焊缝质量有很大影响，选用时应满足以下两点要求:

a. 焊接金属的机械性能和化学成分应与木材相当。

b. 在任何位置均有良好的施焊性能。

焊接接口加工要求。氢气管道的焊接接口在焊前应预先处理，以符合焊接要求。壁厚4mm以上的管道应开成V形坡口，其间隙、钝边及坡口角度参照表5-9提供的数据，根据使用的焊条规格和性能及焊工的技术经验做适当调整，壁厚3mm以下的不开坡口，其间隙1~1.5mm。

表5-9 V形坡口尺寸表

壁厚/mm	间隙/mm	钝边/mm	坡口角度/(°)
3.5~8	2.5~3.0	0.5~1.0	60~70
9~12	3~7	1.5~2.0	60±5

②法兰连接

法兰连接在加氢站管路中应用较为广泛，尤其是管道与压缩机、泵等设备的连接处必须用法兰连接。其优点是结合强度高、拆卸方便。法兰应根据管道的公称直径和公称压力进行选型。法兰连接的技术要求如下:

a. 管道与法兰的中心要在同一水平线上。

b. 管道中心与法兰的密封面呈90°垂直形状。

c. 管道上法兰盘螺栓的位置应该对应一致。

③卡套连接

卡套连接具有结构简单、使用方便和不用焊接等优点。当旋紧螺母时，卡套受到压力，使其刃部咬入管子外壁，卡套外锥面又在压力下与接头体内锥面密合，因而能够可靠地防止泄漏。如仪表阀门。但在中高压系统中，如果安装不当容易造成泄漏，正确安装方法如下：

a. 应采用专用预装器对卡套接头进行预装。尽量保持管道端面平齐，以及与接头体的同轴度，且预装力不宜太大，使卡套的内刃刚好嵌入管道外壁，卡套不应有明显变形。

b. 禁止加入密封胶等填料。

c. 连接管道时，应避免使其受到侧向力而造成密封不严。

d. 避免多次拆卸，否则，也会使密封性能变差。

(2)管道安装注意事项

①管道安装时，应将管道内部焊渣、污物、沙土等杂物清扫干净，严防堵塞。

②管沟内有积水时，应先将积水抽尽，并按设计要求清理沟底。

③所有工艺管道，应按设计要求的轴线、标高和坡度进行安装，不得有倒坡(反坡)或“耍龙”现象。

④如管段不够设计长度时，可加设一段短管。但当 $DN>100$mm 时，短管长度不得小于 200mm；当 $DN\leqslant 100$mm 时，短管长度不得小于 100mm。

⑤管道安装应保证每个管段或两个固定点间管段的中心线成为一条直线，其允许偏差每 10m 不大于 15mm，而全长在水平面的偏差不大于 50mm；立管垂直偏差不大于 10mm，标高偏差 ±5mm。

⑥管道附件在安装前应进行试压。

⑦安装阀门时，应将阀门关闭，并注意阀杆的方位，以便于开关。安装单向阀时，应注意其流向，不得反装；安装安全阀前，应根据设计要求调整到启闭压力。

⑧管道安装的起点和终点两端如不能立即连接时，应用木塞或盲板临时封闭，以保护坡口和防止杂物进入。后续连通前应用铁丝缠布刷干净。

⑨套管必须在管道分段试压合格后安装。套管的焊接应牢固、严密。对通过路基或长度超过 2m 的套管，应进行试压，试验压力不小于 1MPa。

5.3.3 管道验收

管道的验收在安装完毕后进行。验收工作是确保管道质量、保证使用安全的重要环节，必须充分重视。管道安装时不合格之处均应在管道使用前处理完毕。管道使用后若再发现渗漏等现象，由于防火安全的要求，其维修工作将比交付使用前要复杂得多。管道的验收主要包括外观检查和试压。

(1)管道的外观检查

管道应当符合敷设要求和安装要求。管道支座、静电接地等均应符合设计要求。管道的接头应重点检查。

①平焊法兰用 T 形焊法焊到管道上的焊接接头，应全部做外观检查。

②焊缝的外观检查应满足下列要求：

a. 焊缝及附近焊缝金属不应有裂纹。

b. 焊缝表面应光滑，在周围没有显著的不平和空隙。

c. 咬肉深度应不超过 0.5mm，其长度应不大于 25mm。全部咬肉长度不得大于焊缝全长的 25%。

d. 从焊缝金属到焊件间要平滑过渡，没有金属堆积现象。

e. 手工焊接时焊缝加厚不小于1mm且不超过壁厚的30%；仰焊时其加厚值不应小于2mm且不超过管壁厚度的40%。

f. 气孔渣杂物和折断面未焊透的总深度不应超过管壁厚度的10%。

③当焊缝上外观有缺陷部分的长度不超过圆周长的30%时，允许采取部分铲去缺陷的方法。否则，接头应报废，要割掉重焊。

(2)管道的清扫

管道安装完毕并经外观检查合格后，在试压前应对管道内部进行清扫，以便洗掉安装时残留在管内的氧化皮、焊条头、铁渣等杂物。对于公称直径不超过150mm的管道可以用水冲洗；当公称直径大于150mm时可以用压缩空气吹扫，其介质的流速越高越好(一般不小于0.8m/s)，冲洗压力应不低于1/4的工作压力，这样才能保证管壁上的杂质被剥落洗出。吹扫的时间约10～15min。吹扫的排气短管直径是吹扫管道本身直径的50%～60%，排气短管装置在吹扫管段末端。不管水冲洗还是压缩空气吹扫，都应当由管道的高处向低处进行。凡是吹扫或冲洗不到的死角(如压缩机房内的管组)，在管道吹扫完毕后，应拆开进行人工擦洗。同时对每个阀门应卸下阀盖、阀芯，并清洗干净，以防关闭不严。

(3)管道的试压

管道清洗以后，即可进行气压试验，方法如下：

试验压力为工作压力的1.5倍，时间保持30min，然后降至工作压力。加压过程中，在管道焊接和法兰连接处，涂肥皂水进行检查，如无泄漏气泡，则气压试验合格。

(4)文件交接

管道外观检查、探伤和试压合格后，即可交付使用。管道验收时，应提交下列文件：

a. 设计图纸及修改通知书。

b. 隐蔽工程验收记录。

c. 材料证明书。

d. 焊缝接口试验及焊接工作日记。

e. 管道气压试验记录。

5.4 加氢站输氢管道维护

加氢站输氢管道的损坏方式主要有腐蚀穿孔、外力冲击破坏、裂缝及因腐蚀而使管壁减薄等。检修的方式有应急抢修和正常修理两种。由于氢气的易燃易爆性，氢气泄漏可能会造成火灾、爆炸等严重事故，因此当氢气发生泄漏时，往往首先应进行应急抢修。正常维修则是指有较充足的时间，可以放空管道后再维修。

5.4.1 输氢管道常规维护

(1)熟悉情况

为了正确地使用管道，必须熟悉管道工艺流程的布置、连接形式、坡度方向、管道规格、技术状况、附件位置及作用等情况。

（2）正确操作

建立必要的制度，按操作规程办事，这是防止事故发生的有力措施。例如阀门错开、关闭不严或不及时，就有可能发生渗漏事故。开关阀门过猛，可能会使水击压力过大、破坏管道和附件。

（3）防止渗漏

法兰、焊缝、阀门填料等处，是管道的薄弱环节，应经常检查与维护，适时更换法兰垫片和阀门填料。当管道泄漏量较大时，通过压力表读数突然下降等现象可以及时察觉，但微小渗漏就不易发现了。为了防止管道长期渗漏的损失，管道应进行周期性的试压，以发现有无渗漏发生。

（4）减少腐蚀

除了采取应有的防腐措施外，平时应经常检查管道锈蚀情况，发现脱油漆处，应及时补漆。为防止管道底部锈蚀，在可能时，结合大修可转动管段，使其原腹面向上。管道周围的污水、杂草应随时清除。地下管道在使用一定年限后，应挖坑检查地下管道的锈蚀情况，以便采取相应措施。

另外，还应检查支座、管沟的状况，修理其损坏部分；检查管道的静电接地装置的连接是否牢靠，有无严重腐蚀现象。寒冷地区，入冬前放尽管道低洼处的积水，以防冻裂。

5.4.2 氢对金属管道性能的影响[3,4]

通常，氢不能以分子态进入金属，而是通过在金属表面的物理吸附、化学吸附、溶解、扩散等一系列过程才进入金属内部一定位置。即使在常温常压下，在金属表面也会有一定数量的原子氢，它通过吸附就可以进入金属内部。

进入钢中的氢在与材料中的残余应力或外加应力的协同作用下，会对金属的性能造成一定的损伤，即所谓的氢损伤。这种损伤可以是暂时的，即在氢逸出钢材后，受损伤的性能可以恢复；损伤也可以是永久的，即对性能的损伤是不可逆的，在氢离开金属后性能仍不可恢复。1976 年，Hirth 和 Johnson 在大量研究的基础上把氢损伤分为七类：氢脆（HE）、氢蚀（HA）、氢鼓泡（blistering）、发纹或白点（shatter cracks、fisheyes）、显微穿孔（microperforation）、流变性能退化和形成金属氢化物（hydride）。其中，氢脆是最常见的一类，它又可以分为氢应力开裂、氢环境脆化和拉伸延性丧失三种。

金属的氢脆可分为两类：第一类氢脆的敏感性随形变速度的提高而增加，第二类氢脆的敏感性随形变速度的提高而降低。两类氢脆的主要差别是前者在材料加载荷前已经存在氢脆源，后者在加载荷之前并不存在氢脆源，而是由于氢与应力产生交互作用后才形成的。

第一类氢脆表现有以下三种情况。

①氢蚀（hydrogen attack）：主要表现在石油高压加氢及液化石油气的设备中。其作用机理是在 300～500℃温度范围内，由于高压氢与钢中碳作用在晶界上生成高压 CH_4 而使材料脆化。实验证明要降低氢蚀宜采用经充分球化处理的低碳钢，钢液不宜采用 Al 脱氧（其脱氧产物 Al_2O_3 易成为 CH_4 气泡的核心），并尽可能加入 V、Ti 等元素使碳固定。

②白点：在重轨钢及大截面锻件中易出现这类氢脆。这是由于钢在冷凝过程中氢溶解

度降低而析出大量氢分子。它们在锻造或轧制过程中形成高压氢气泡，在较快速度冷却时氢来不及扩散到表面逸出，于是在高压氢分子和应力(热应力或组织应力)的共同作用下造成白点等缺陷。采用缓冷或在钢中加入稀土、V、Ti 等元素可减轻这类氢脆。

③氢化物氢脆：由于 IVB 族(Ti、Zr、Hf)和 VB 族(V、Nb、Ta)金属极易生成氢化物，而导致脆性。因为氢化物是一种脆性相，它与基体存在较弱的结合力及二者间弹性和塑性的不同，因此在应力作用下形成脆断。

第二类氢脆(可逆性氢脆)是近年来最活跃的研究领域。这种氢脆是由静载荷持久试验所产生的脆断。含氢材料在持续应力作用下，经过一定孕育期后形成裂纹，存在一个亚临界裂纹的扩展阶段，当外界应力低于某一极限值时，材料将长期不断裂，此极限值与疲劳极限十分相似。

可逆性氢脆(滞后破坏)的发生与金属的晶体结构无关。其共同特征是：只在一定温度范围内发生(-100~100℃)；氢脆敏感性与形变速度有关，形变速度越大，敏感性越小，当超过某一临界速度，则氢脆完全消失，氢脆断口平滑，多数是沿晶断裂。可逆性氢脆可以在含氢的材料中发生(内部氢脆)，也可在含氢介质中发生(环境氢脆)，二者实验条件不同，但表现出的氢脆特征是相同的。环境氢脆内容十分广泛，环境介质除 H_2、H_2S、H_2O 外，还有各种碳氢化合物及各种水溶液。因此，广义的环境氢脆包括各种水溶液的应力腐蚀。

氢对金属机械性质最重要且普遍存在的是氢脆，这意味着金属中充入一些氢后对负载-时间函数关系上引起机械失效所需功的减小。这种减少可表现为拉伸(应变)限度的减小而引起失效、金属可承受的静负载量的减少、负载-非负载循环次数的减少或表现为破裂传播速率的增加。重要的是要认识到氢的这种效应依赖于复杂因素相互作用的方式，对于给定的合金组分，这些因素有纯净度、杂质分布、微结构和相分布、以前的机械历史(如形变的程度和种类)、表面化学和几何学(如凹坑)等。对某些金属(如高强度钢)，不足百万分之一的氢含量就足以引发灾难性的氢脆。而对另一些金属(如 Nb、Ta)，严重的氢脆要到足够高的氢浓度形成氢化物时才会发生。

氢对金属材料的影响，一般认为是有害的，但是除了负面作用外，研究者利用氢溶入金属并与金属形成氢化物这一特点，制作具有高密度的储氢材料。另外，钛合金利用热氢处理，能够得到晶粒细化从而改善显微结构。

5.4.3 氢脆检测技术[5]

根据氢损伤机理及检测方法，可知氢致裂纹属面积型缺陷，且裂纹细小，不易与照射方向一致，用 X 射线检验很容易造成漏检，因此不适用于氢损伤检验；对于涡流检测，检测信号易受磁导率、电导率、工件的几何形状、探头与工件的位置及提离效应等因素的影响，检测效率较低。且检测对象不同时，探头种类、尺寸等要求各不相同。专门制造一个探头，价格比较昂贵。现有的涡流检测探头为点式扫描探头和直径很小的用于钢管内部检测的探头，这两种探头都不适用于对现有氢损伤碎片进行检测；对于非常规无损检测方法比较常用的有声发射检测法。但声发射检测属动态无损检测。声发射信号对缺陷的变化极为敏感，可以检测到微米数量级显微裂纹的产生、扩展的有关信息，检测灵敏度很高。每一种方法都有其局限性，对各种超声波检测方法进行了总结，见表5-10。

表5-10　氢损伤检测技术

检测方法	设备	原理	优点	缺点	备注
超声波衰减法	超声波探伤仪/发射/接收和示波器，纵波传感器	氢损伤引起的回波振幅损失	低成本、简单方便	无法区分异常晶粒、夹杂、开裂、表面状况，内部几何形状，剥离、母材和涂层之间的剥离异常与氢损伤	不推荐单独使用
超声波背散法	超声波探伤仪/发射/接收和示波器，纵波传感器	发生氧损伤的背散振幅更高	低成本、简单方便	不能区分内部缺陷，如分层和夹杂。有效性也取决于校准材料，同时与发生器有关	不推荐单独使用
声速法	超声波探伤仪/发射/接收和示波器，纵波和横波传感器	通过纵波和横波的比率确定氢损伤程度	较简单，低成本	涂层影响检测结果。不能识别氢损伤小于15%的壁厚	不推荐单独使用
爬波法	超声波探伤仪/发射/接收和示波器，爬波传感器	测定爬波速率的衰减确定氢损伤程度	较简单，低成本	检测部分氢损伤及薄壁管	不推荐单独使用
横波探伤法	超声波探伤仪/发射/接收和示波器，纵波和横波传感器	横波的变化程度确定氢损伤程度	较简单，低成本	无法区分氢损伤与壁厚变化，氢损伤检测率低	不推荐单独使用
背散法+声速法	超声波探伤仪/发射/接收和示波器，纵波和横波传感器、绘图仪	先用背散法确定异常区域，再用声速法分析背散波的方向、速度、频谱、空间分布	确定氢损伤的位置，进而确定氢损伤部位的机械性能	对操作人员解释脉回波模式的技能要求较高	单独进行氢损伤检测
TOFD+壁厚成像+背散+声速	TOFD(超声衍射时差)设备、成像设备	先用背散法确定异常区域，再用声速法+成像法确定氢损伤程度	自动记录测试结果，相对准确	对操作人员解释TOFD和脉冲回波模式的技能要求较高	独立进行氢损伤检测
现场金相覆膜	研磨盘，砂纸。最后的清洗剂和抛光悬浮液。醋酸纤维薄膜，显微镜	微观结构的变化，材料退化，微裂纹其原因(如蠕变、氢损伤)	结果重复性：可靠、效率高，但成本高	需要专业人员，检测表面要求高，不能确定氢损伤的深度	独立进行氢损伤检测

习题/思考题

1. 简述加氢站输氢管道的特点。
2. 加氢站输氢管道允许最大流速是如何确定的？
3. 常规管道与超高压管道壁厚计算方法有什么区别？
4. 高压氢气管道选用奥氏体不锈钢材料时，镍当量是如何确定的？

5. 简述加氢站充装软管的分类、结构及其适用场合。

6. 加氢站液氢管道的温度适用范围是怎样规定的？选取何种管材？

7. 简述加氢站在输氢管道上应用较为广泛的阀门类型及特点。

8. 加氢站输氢管道有哪些常用管件？

9. 简述法兰的常用类型及选用原则。

10. 简述加氢站阻火器的设置位置及阻火原理。

11. 加氢站输氢管道安装有哪些常见的连接方式？并分别简述其特点。

12. 阐述卡套连接安装需要注意的事项。

13. 阐述管道验收包括的主要工作内容。

14. 阐述金属的氢脆类型及表现形态。

15. 简述氢损伤管道检测的技术要求。

16. 阐述氢损伤检测的主要方法、设备、原理及优缺点。

17. 已知某无缝钢管输氢管道的公称直径为15mm，外径为21.3mm，设计内压为50MPa，设计温度为200℃，管材为ASTM A333 Gr.6，许用应力为125MPa，预留裕量取1.3mm，焊缝接头强度降低系数取0.9，安全系数取0.85，试确定该管道的壁厚。

18. 已知某输氢管道的公称直径为50mm，试验开始、终了时的绝对压力分别为10MPa、35MPa，试验开始、终了时的温度分别为25℃、60℃，试计算氢气在该管道中的允许渗漏率。

参考文献

[1]樊宝德，朱焕勤．加油加气站设计与技术管理[M]．北京：中国石化出版社，2008.

[2]姚雪鸣．超高压管道壁厚设计探讨[J]．炼油技术与工程，2021，51(11)：28－32.

[3]吴朝玲，李永涛，李媛，等．氢气储存和运输[M]．北京：化学工业出版社，2021.

[4]黄彦良，郑传波，等．海洋大气腐蚀环境下钢材氢脆理论及应用[M]．北京：科学出版社，2016.

[5]曹怀祥，姚小静，申孝民．高压厚壁管道氢损伤机理及其检测技术研究[C]．远东无损检测新技术论坛论文集，2012.

6　加氢站仪表与控制

加氢站作为氢能行业的中转站和补给站，对氢能在交通领域的应用和推广起到了至关重要的作用。加氢站的安全参数的检测和控制，是提高氢能的加注和储存效率、降低氢气加注成本的重要因素之一。本章重点介绍加氢站压力、流量、温度等参数检测传感器的工作原理和选用。从控制系统基本概念和控制系统设计基础出发，根据加氢站的工艺讲述加氢站的控制方案。

6.1　橇装式加氢站基本组成

橇装加氢装置是针对高压气态氢气加注而开发的，主要包括长管拖车(卸气系统)、压缩机(增压系统)、换热器(冷却系统)、储罐(储氢系统)、加注单元(加氢系统)、控制系统和仪表气源系统。橇装加氢装置的要求是便于运输和安装。

1. 卸气系统

泄气系统主要是由运输氢气的长管拖车和卸气柱组成。通过卸气柱将长管拖车上的氢气卸载。卸气柱有氮气和氢气接口，其中，氢气接口主要用于氢气长管拖车，氮气接口主要用于置换管路的氢气。

每次使用前应检查系统的气密性，气密性良好方可使用。如果长时间不使用应关闭气源阀门；管线内氢气排放≥1MPa，保证系统内微正压。氢气长管拖车工作压力：19MPa，工作温度：-40~60℃。

2. 增压系统

压缩机采用PDC氢气压缩机，其优点是高可靠性、低维护成本、优异的隔膜寿命和高压缩比，但是价格略高于国内产品。可以将19MPa的氢原料气(长管拖车)通过压缩机提升至35MPa，为车辆提供氢气加注。排气压力为45MPa。

在压缩机安全关闭并与配套设备分离之前，不要松开或拆卸压缩过程中的任何部件、液压油或冷却系统。

3. 冷却系统

为了防止氢气在加注过程中导致车载氢瓶的温度升高更快，保证加氢机可以快速、高效地加氢，在加氢机进口端设置工业冷水机组，确保在固定储氢瓶组存在的前提下，加氢作业能够连续、大流量地进行。

工业冷水机组，制冷量≥50kW，根据客户要求，冷冻水出水温度可选5℃或者-20℃。

4. 加注单元

加注单元是橇装式加氢站中进行计量结算的加气设备。选用高精度的质量流量计作为计量核心部件，内置温度传感器实现温度补偿，保证加氢站精确计量。

6.2 加氢站控制系统

加氢站控制系统的主要作用是连续监视和控制加氢站内所有设备的运行状态、工艺参数，并记录和进行报警。使整个加氢站区处于可监控、安全、可靠、稳定的运行状态。

由于场站内介质易燃易爆，需要有人长期监控运行，所以加氢站控系统具有自动报警和应急事故自动处理流程；对场站所有设备状态和工艺参数能进行有效监控；正常生产运行控制流程实现自动化控制，所有重要参数、设备、系统如出现异常均应报警，所有数据均须存储。

6.2.1 控制系统结构

根据加氢装置的工艺需求及设计控制要求，系统以数据采集控制系统和上位机为核心组成站点监控系统。采用顺序控制，实现对整个生产过程的监控。其系统共分为三个层次，分别为现场设备层、采集控制层、信息管理层。

(1)现场设备层：现场设备层主要是指安装在现场的各种变送器及执行机构等。主要有：压力变送器、流量计、氢气泄漏检测系统。

(2)采集控制层：采集控制层是整个加氢装置控制系统的核心，它一方面根据工艺要求完成对现场设备的监测和控制，另一方面向信息管理层实时传送实时数据、报警数据等工艺信息，同时接受信息管理层下达的相关指令信息。

(3)信息管理层：信息管理层由上位机与控制系统软件组成。实时显示各流程及现场各工艺参数；能够设定各工艺参数的报警值，正常运行的参数，以及连锁条件的控制；报警系统能记录当前和之前出现过的报警，报警时的过程值并指示报警点；能够实时记录各重要参数的曲线，可以根据需要调出历史曲线；报表系统可以根据需要记录一些重要的工艺参数，以表格的形式展现出来；系统诊断功能以各个设备为单元，集中显示设备当前的运行状况。

6.2.2 控制系统性能

控制系统主要完成加气站的管理、调度、集中操作、监视、安全控制、系统功能组态、控制参数在线修改和设置、记录、报表生成及打印、故障报警及打印等功能。通过显示器可直观地显示全站各工艺流程段的实时工况、各工艺参数的趋势画面，使操作人员及时掌握全站运行情况。

可靠性：本系统安全可靠，有效避免由于监控系统失灵而引起的不安全因素，系统稳定、控制可靠、取样准确。

实时性：系统数据刷新时间可小于1s，故障报警延时时间可小于1s，控制命令执行时间小于2s。

可扩充性：考虑到该项目的发展和更新，系统能满足将来的要求，在硬件和软件上都保留了一定的扩展接口。

易操作性：系统具有友好的人机界面，采用图形界面技术，利用鼠标和菜单即可方便地实现各种功能。对于仅具备计算机基础知识的用户，借助软件说明书即可方便地修改。

6.2.3 控制系统设计基础[1-3]

6.2.3.1 单回路控制系统

(1)单回路控制系统的组成

自动控制系统主要由两大部分组成：一部分是起到控制作用的自动控制装置，包括控制仪表、测量仪器以及执行器等；另一部分是需要控制的生产设备，即被控对象。图6-1为控制系统的基本组成框图。

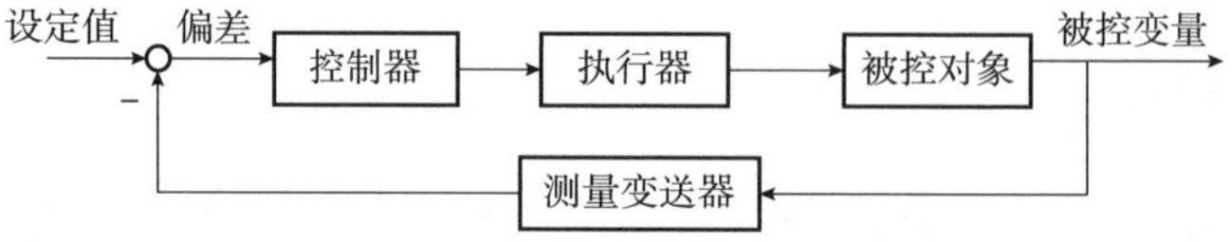

图6-1 控制系统的基本组成

①被控对象：在自动控制系统中，工艺变量需要控制的生产设备称为被控对象，简称对象。在氢安全生产中，被控对象包括各种制氢设备、储氢设备和输氢设备等。

②测量变送器：包括测量元件和变送器，测量需要控制的工艺参数并将其转化为一种特定信号(电动信号或气动信号)的仪表，在自动控制系统中起着“眼睛”的作用，因此要求其准确、快速、灵敏。

③控制器：又称调节器，它将测量变送器送来的信号与其被控变量设定的工艺参数进行比较，得到偏差信号，根据偏差的大小按照一定的运算规律计算出控制信号，并将控制信号传送给执行器。控制器有正作用控制器和负作用控制器两种形式。

④执行器：又称执行机构，接受控制器送来的信号，自动地改变阀门的开度，从而改变输送给被控对象的能量或物料量。最常用的执行器是气动薄膜控制阀。当采用电动控制器时，控制阀还需增加一个电气转换器。控制阀有气开式和气关式两种形式。

在一个自动控制系统中，上述四个部分缺一不可。除此之外，还有一些辅助装置，如给定装置、转换装置、显示仪表、报警装置、信号连锁系统等。

(2)控制系统的性能指标

工程上常采用控制系统的单项性能指标来评价系统的控制质量。单项性能指标是以阶跃响应曲线形式表示的性能指标，它是以系统受到单位阶跃输入作用后的响应曲线(又称为过渡过程曲线)的形式给出的，如最大偏差(或超调量)、衰减比(或衰减率)余差、回复时间等，称为过渡过程的质量指标。

图6-2是定值控制系统受到阶跃扰动信号作用后的衰减振荡过渡过程曲线，因为系统的设定值不变，所以被控变量总是围绕着过程的设定值变化。

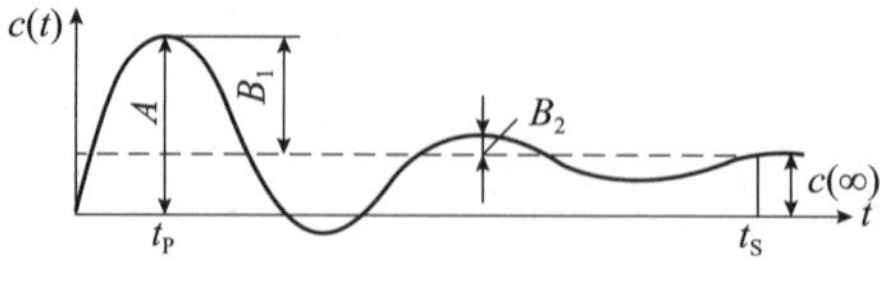

图6-2 定值控制系统阶跃扰动响应曲线

①最大偏差和超调量：对于定值控制系统来说，最大偏差是指过渡过程中被控变量第一个波的峰值与给定值的差。如图6－22中的A。

②衰减比和衰减率：衰减比是衡量一个振荡过程的衰减程度的指标，它等于过渡过程曲线上同方向的相邻两个波峰之比，即

$$n=\frac{B_1}{B_2} \tag{6-1}$$

n越小，衰减程度越小。当$n=1$时，过渡过程为等幅振荡；$n<1$时，过渡过程为振荡发散。反之，n越大，过渡过程越接近非周期的单调过程，$n>1$时，过渡过程为衰减振荡；当$n\to\infty$时，过渡过程为单调过程。实际生产中，为了保证控制系统有一定的稳定裕度，一般要求衰减比在4：1～10：1之间。

③余差$e(\infty)$：指过渡过程结束后，被控变量新的稳态值$c(\infty)$与设定值之差。它是衡量控制系统稳态准确性的性能指标。余差反映了控制系统的控制精度，余差越小，精度越高，控制质量越好。在实际生产过程中，余差大小只要满足生产工艺要求即可。

④回复时间t_S：也称为过渡过程时间或调整时间，是指被控变量从过渡状态恢复到新的稳定状态的时间间隔，即从过渡过程开始到结束所需的时间。从理论上讲，被控变量完全达到新的稳定状态需要无限长的时间，但一般认为，当被控变量进入新稳态值的±5%（或±2%）的范围内不再超出时，就算过渡过程已经结束。因此，实际的回复时间就是从扰动开始到被控变量进入新稳态值的±5%（或±2%）范围内所经历的时间。回复时间是衡量控制系统快速性的一个指标。

⑤振荡周期T：过渡过程的第一个波峰与相邻的第二个同向波峰之间的时间间隔称为振荡周期（或称为工作周期），其倒数称为振荡频率，它是衡量控制系统快速性的性能指标。在相同的衰减比条件下，振荡周期与回复时间成正比。

实际生产中，控制系统的各项性能指标是彼此相关、相互约束的，不可能出现同时都是最好的情况。确定性能指标时应主要看能否满足工艺要求，如对于定值控制系统，一般要求被控变量最大偏差小。尽可能快速地回复到设定值；对于随动控制系统，要求被控变量以一定的精度快速跟上给定值的变化，因此希望超调量小、过渡过程时间尽可能短。

（3）对控制系统的基本要求

评价一个自动控制系统的性能优劣的指标体现在三个方面，即稳定性、准确性和快速性，简称稳、准、快。

①稳定性

只有闭环控制系统才会有稳定性问题，而稳定是一个闭环控制系统正常工作的前提条件，任何系统只有在稳定的情况下才有可能正常工作。由前面的分析可知，闭环控制系统的实质是“检测偏差并减小偏差”，因此对稳定性的工程理解是：如果一个控制系统不能做到“减小偏差”，甚至“放大偏差”，那么这个控制系统就是不稳定的。

系统的稳定是有裕度的，也称为稳定裕度。稳定裕度越大，系统的稳定程度越高，系统抗干扰的能力就越强。

②准确性

准确性是由系统的稳态精度来衡量的，它是指系统过渡过程结束后进入稳态过程时，

系统的输入给定值与输出响应稳态值的差值的大小，称为系统的稳态误差。

③快速性

理想的控制系统其被控变量(输出)与给定值(输入)应即时相等。但是，由于机械运动部件质量、惯量的存在，电路中储能元件的存在以及物理装置功率的限制，使得控制系统的被控物理量不能瞬时响应输入量的变化。所以，当给定值变化时，被控变量不可能立即等于给定值，而需要经过一个过渡过程，即动态过程。

快速性表明了系统输出对输入响应的快慢程度。系统响应越快，说明系统复现输入信号的能力越强。

不同性质的控制系统，对稳定性、准确性和快速性要求各有侧重。系统的稳定性、准确性、快速性三者相互制约，应根据实际需求合理选择。

(4)简单控制系统的设计步骤

①了解被控对象的动静态特性、工艺过程、设备。选择被控对象和控制变量。

②选择传感器类型和数量，确定传感器的安装位置。

③按照生产过程的特点、安全运行等来选择气动、电动或液动调节阀，确定阀门的流通能力和气开、气关形式。

调节阀作用方式的选择应根据生产工艺要求来决定，考虑当信号压力中断(如调节阀故障，仪表供电中断或气源中断)时，调节阀所处开启或关闭的位置对生产工艺造成的危害性大小而定。如阀处于打开位置时危害小，则应选用气关式；反之，则选用气开式。通常考虑三个因素：人身和设备的安全、介质的特性、保证质量和减少经济损失。

④搭建控制系统模型。

⑤确定控制器的控制规律、控制器的正反作用及控制器参数的整定。

对于控制器来说，如果偏差增加，控制器输出增加，控制器的放大系数为正，则该控制器称为正作用控制器；如果偏差增加，控制器输出减小，控制器的放大系数为负，则该控制器称为反作用控制器。

任何一个控制系统在投运前，必须确定控制器的正反作用。控制器正反作用的选择原则是保证控制系统是闭环负反馈系统。

⑥控制系统投入运行。

6.2.3.2 控制器的动作规律

控制器是自动控制系统的心脏。它的作用是将测量变送信号与给定值相比较产生的偏差信号，按一定的运算规律产生输出信号，推动执行器，实现对生产过程的自动控制。控制规律是指控制器的输出信号随输入信号变化的规律。

尽管控制器的种类很多，其工作原理和结构型式也不相同，但其基本的控制(也称调节)规律分为四种：位式、比例、比例积分、比例微分。其中，除位式是断续控制外，其他三种均为连续控制。

不同的控制规律适应不同的输出要求，在了解基本控制规律的特点及适用条件的基础上，根据过渡过程的品质指标要求，结合被控对象的特性，才能正确地选用适当的控制规律。

(1)位式控制规律

双位控制是位式控制规律中最简单的形式。理想的双位控制规律的数学表达式为

$$u(t)=\begin{cases}u_{\max} & 当\ e(t)>0[或\ e(t)<0]时\\ u_{\min} & 当\ e(t)<0[或\ e(t)>0]时\end{cases} \tag{6-2}$$

位式控制的优点是结构简单，成本较低，使用方便，对配用的控制阀无任何特殊要求。其缺点是被控变量总在波动，控制质量不高。当被控对象纯滞后较大时，被控变量波动幅度较大，因此，在控制要求稍高的场合，不宜使用。

(2)比例控制规律(P)

在比例控制中，控制器的输出信号 $u(t)$ 与输入偏差 $e(t)$ 成比例关系

$$u(t)=K_{P}e(t) \tag{6-3}$$

式中 K_P——比例增益或比例放大倍数。

比例控制是最基本、最主要、应用最普遍的规律，它能较为迅速地克服干扰的影响，使系统很快地稳定下来。比例控制适用于干扰小、扰动幅度小、负荷变化不大、滞后较小或者控制精度要求不高的场合，比例控制有余差存在。

(3)比例积分控制规律(PI)

比例积分控制规律是比例控制与积分控制两种控制规律的组合，其数学表达式为

$$u(t)=K_{P}\left[e(t)+\frac{1}{T_{I}}\int_{0}^{t}e(t)\mathrm{d}t\right] \tag{6-4}$$

式中 T_I——积分时间常数。

(4)比例微分控制规律(PD)

比例微分控制规律是比例控制与微分控制两种控制规律的组合，其数学表达式为

$$u(t)=K_{P}\left[e(t)+T_{D}\frac{\mathrm{d}e(t)}{\mathrm{d}t}\right] \tag{6-5}$$

式中 T_D——微分时间常数。

(5)比例积分微分控制规律(PID)

比例积分微分控制规律是比例控制、积分、微分控制三种控制规律的组合，其数学表达式为

$$u(t)=K_{P}\left[e(t)+\frac{1}{T_{I}}\int_{0}^{t}e(t)\mathrm{d}t+T_{D}\frac{\mathrm{d}e(t)}{\mathrm{d}t}\right] \tag{6-6}$$

在 PID 控制器中，比例、积分和微分作用取长补短、互相配合。如果比例增益、积分时间、微分时间设置适当，就可以获得较高的控制质量。因此，PID 控制器的适应性较强，应用也较为普遍，是历史最悠久、生命力最强的基本控制方式。PID 控制具有如下优点：

①原理简单，使用方便，成本低廉，易于操作；

②适应性强，可以广泛应用于各种工业过程控制领域；

③鲁棒性强，即其控制品质受对象特性的变化不太敏感。

(6)控制器控制规律的选取

图 6-3 为同一被控对象在相同阶跃扰动作用下，采用不同控制规律时具有相同衰减比的响应曲线。由图可知，PID 控制作用最佳，但这并不意味着在任何情况下采用 PID 控制规律都是合理的。

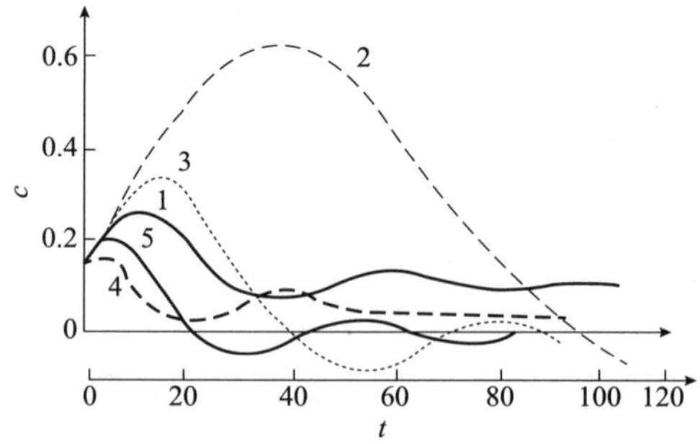

图 6-3　不同控制规律阶跃响应比较

1—比例控制；2—积分控制；3—比例积分控制；4—比例微分控制；5—比例积分微分控制

事实上，选择什么样的控制规律与具体对象匹配，这是一个复杂的问题，需要综合考虑多种因素才能合理解决。通常，选择控制器控制规律时应根据对象特性、负荷变化、主要扰动和控制要求等具体情况，同时还应考虑系统的经济性以及系统投入方便等。

6.2.4　加氢站典型控制系统

6.2.4.1　换热器出口温度控制系统

为了防止氢气在加注过程中导致车载氢瓶的温度快速升高，在氢气加注前通过换热器装置进行预先制冷，将氢气的温度控制在 -40℃左右。控制加注时氢气的温度，可以保证加氢机连续、快速地加氢，有效提高加注的效率。

图 6-4 为换热器温度控制系统的工艺流程图，被控变量是出口氢气的温度，操纵量是冷却水的流量，调节阀为气关式的，PLC 作为控制器，控制器规律为反作用比例积分微分(PID)控制规律。控制方框图如图 6-5 所示。

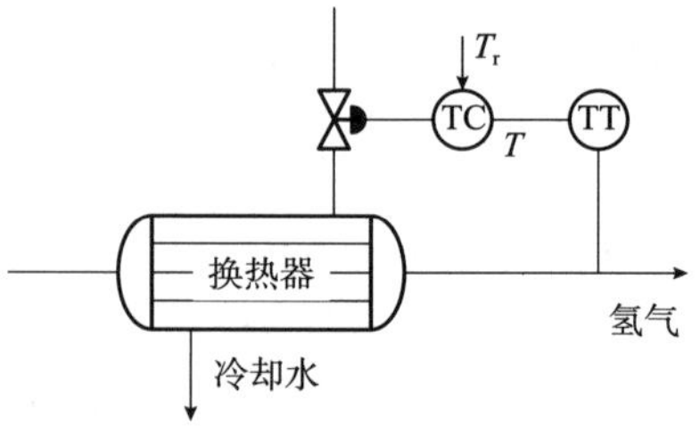

图 6-4　换热器温度控制系统工艺流程图

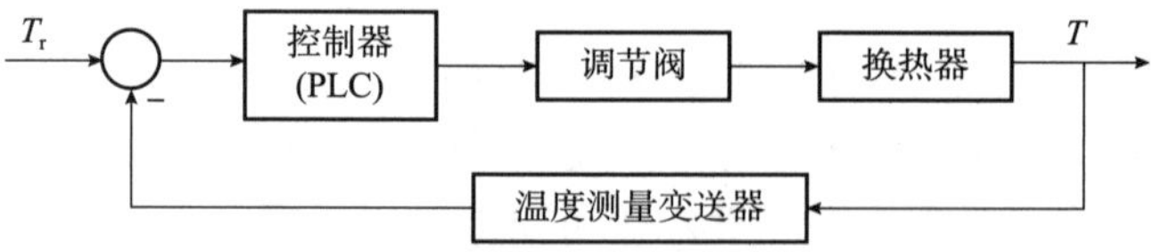

图 6-5　换热器温度控制系统方框图

6.2.4.2　加注单元压力控制系统

为提高加注效率，加氢机和容器一般采用多级取气，先把容器分组，确定各组不同压力，按压力由低至高的顺序为汽车加注。图 6-6 是加注单元氢气压力控制系统工艺流程图。调节阀选择气开式薄膜气动调节阀，控制器选择反作用的比例积分(PI)控制规律。压力控制系统方框图如图6－7所示。

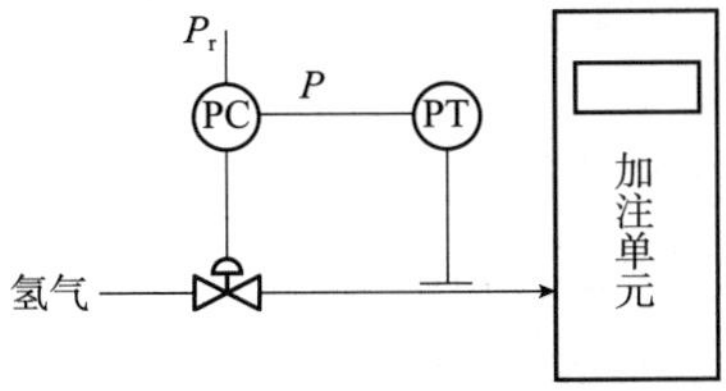

图6－6　加注单元氢气压力控制系统工艺流程图

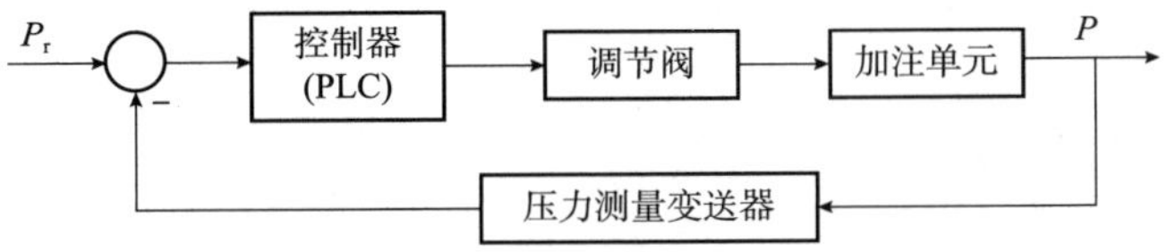

图6－7　加注单元氢气压力控制系统方框图

6.2.4.3　压缩机温度控制系统

加氢站的压缩机可以将19MPa的氢原料气(长管拖车)通过压缩机提升至35MPa为车辆提供氢气加注，工作时要控制压缩机的油温，保证油温在安全的工作范围内。图6－8为压缩机温度控制系统的工艺流程图。调节阀选择气关式薄膜气动调节阀，控制器选择正作用的比例积分微分(PID)控制规律。压力控制系统方框图如图6－9所示。

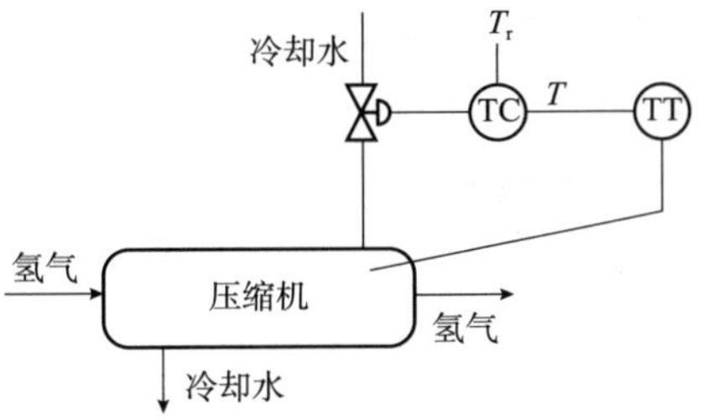

图6－8　压缩机温度控制系统的工艺流程图

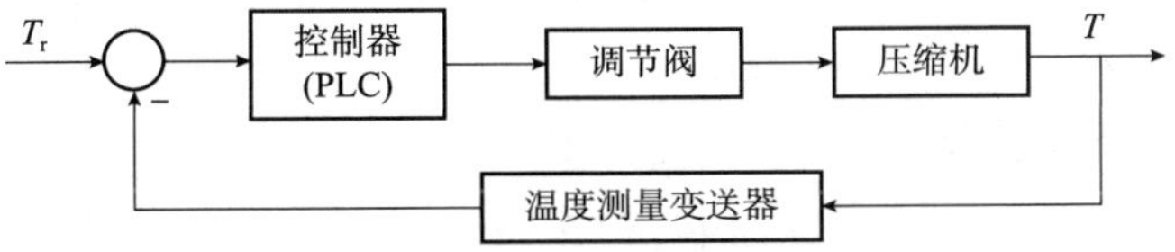

图6－9　压缩机温度控制系统方框图

6.2.4.4　PLC控制系统

PLC过程控制系统由现场仪表和PLC数据采集控制部分组成。

现场仪表是采集工艺参数的设备，是完成加气站自动化控制的重要前提。现场仪表(传感器、变送器)的选型采用本质安全型仪表，各仪表均带现场显示，并具有4～20mA标准信号输出，其检测值送入控制室的PLC。现场仪表和PLC之间设置本质安全型隔离式安全栅，以防止危险能量窜入现场，同时增加系统的抗干扰能力，提高了系统的可靠性。

PLC 数据采集控制部分由 PLC 控制器、浪涌保护装置、隔离安全栅、数据采集模块、数据通信模块和一些控制元件、电源组成，完成数据的采集、处理和控制。

PLC 过程控制系统主要承担的任务是对压力、温度、站内工艺阀门以及加氢机进行监控和管理，完成卸车、储存、调压、加气等各种工艺过程的采集、逻辑控制、显示、故障检测、报警、紧急启动自保系统等功能，又具有参数查询、历史记录查询及报表打印等管理功能。同时要完成对加氢站的安全状态进行监测，通过氢气泄漏探测传感器及时发现泄漏隐患，予以报警并关闭紧急切断阀，确保人身安全。

现场各种工艺运行数据通过 PLC 处理，并通过高速总线传送到工控机上，进行集中监控和管理。同样工控机或人机界面触摸屏的控制命令也通过上述高速总线传送到 PLC，实施对各种设备的控制。

6.2.4.5 上位机系统

上位机系统具有以下功能。

①数据采集：实时采集所需要的各种工艺参数；数据采集使用 12 位精度模块，保证了采集数据的精度。

②数据处理：进行工程单位换算和各种逻辑运算。

③报警处理：具有高效灵活多样的报警机制；声光报警，报警声音可定制。实时报警及历史报警查询，打印。

④用户权限管理：配备多种用户级别，并可根据用户级别的不同，限制用户对重要工艺参数的修改权限，从而有效避免生产过程中的误操作。

⑤报表功能：班组报表、日报表、月报表、年报表等丰富多样的报表形式。历史报表提供了一种浏览历史数据和统计数据的工具。历史报表从数据库中按照一定的采样方式获取一个或多个点的历史数据，查询数据库存储的指定时间段和点名的历史数据，以点列表的形式显示出来。

⑥工艺流程：生产工艺画面的显示能够动态实时显示整个系统及系统各部分的工艺流程，并可显示系统内各种设备的实时运行状态、数据、参数、故障信息、参数设定修改等。

⑦趋势图表：工艺生产数据的实时和历史趋势的显示、打印和报告：可以多种方式完成趋势和报表的生成。

6.2.4.6 可燃气体报警控制系统

可燃气体报警控制系统由可燃气体探测器、控制主机、声光报警、信号输出接口等部分组成，完成对各个区域的可燃气体泄漏量的动态监测、区域内声光报警和联锁控制信号输出等功能。

加氢装置内设置氢气泄漏检测系统，系统根据设定报警联锁。

6.2.4.7 紧急停车系统(ESD 系统)

加氢装置站控系统在加氢机、压缩机、控制室仪表柜上都设有紧急停车按钮，用于切断各系统的主电源，在没有人工复位的情况下，系统不能启动。

6.2.4.8 低温/快速加注冷却系统

为了防止氢气在加注过程中导致车载氢瓶的温度升高更快，保证加氢机可以快速、高效地加氢，在加氢机进口端设置工业冷水机组，确保在固定储氢瓶组存在的前提下，加氢作业能够连续、大流量地进行。

工业冷水机组，制冷量≥50kW，根据客户要求，冷冻水出水温度可选5℃或者-20℃。

6.3 加氢站常用检测仪表[4-7]

加气站在正常运行过程中，要满足工艺要求和安全性能，需要对氢气流量、氢气压力、压缩机温度等参数进行检测与控制。

6.3.1 检测基本概念

(1)检测仪表的组成

测量是人类对自然界的客观事物取得数量概念的一种认识过程。在这一过程中，借助专门的设备，通过实验方法，求出被测未知量的数值，或者说测量就是为取得任一未知参数而做的全部工作。在测量过程中一般都会用到传感器或选用相应的变送器。图6-10是检测仪表的原理框图。

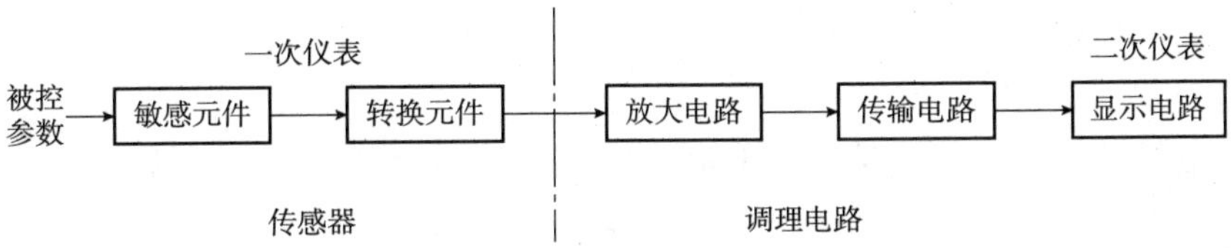

图6-10 检测仪表原理框图

①传感器(一次仪表)：又称测量元件，通常包含敏感元件和转换元件，其作用是将被测参数(各种物理量)转换成容易被度量的量，如电量、位移量等。

②调理电路：包括放大电路、传输电路等，其作用是将传感器测得的信号滤波、放大、调制后输出到显示仪表。

③显示电路(二次仪表)：其作用是将调理电路送来的信号指示、记录或存储下来。显示方式有模拟显示、数字显示。

二次仪表接受的标准信号一般有三种：(a)0.02~0.10kPa空气压力(气动仪表)；(b)0~10mA直流电流(电动Ⅱ型仪表，DDZⅡ)；(c)4~20mA直流电流或1~5V直流电压(电动Ⅲ型仪表，DDZⅢ)。

(2)检测仪表的分类

检测仪表的结构和形式是多种多样的，可从不同的角度进行分类。

①按仪表的结构型式分类

检测仪表可分为单元组合式仪表、基地式仪表和组装式仪表。单元组合式仪表是将被测参数的测量、信号转换及显示等部分，分别做成只完成某一个而又能各自独立工作的单元仪表，根据不同要求将各单元组合成各种检测系统，有较好的适用性和灵活性。基地式仪表是将测量、显示等部分都装在一个壳体内，成为不可分离的整体。组装式仪表是使用插件板形式来扩大、组合各种应用功能。

②按仪表使用动力分类

根据仪表使用动力不同，仪表分为气动仪表、电动仪表和液动仪表。目前常用的有气动仪表和电动仪表。

(a)气动仪表的结构简单，工作可靠，对温度、湿度、电磁场、放射线等环境影响的抗干扰能力较强，防火、防爆，价格便宜。但是，气动仪表一般反应速度较慢，传输距离短，使远距离集中控制受到限制，与计算机结合比较困难。

(b)电动仪表以电能为能源，信号之间联系比较方便，适用于远距离传输、集中控制，便于与计算机结合控制生产过程。但是电动仪表一般投资大，受温度、湿度、电磁场、放射线的影响较大，使其可靠性受到限制。

③按照仪表参数分类

检测仪表分为压力检测仪表、流量检测仪表、温度检测仪表、物位检测仪表、成分检测仪表。本章就是根据这种分类方法，介绍加氢站的主要检测仪表。

(3)测量误差

在测量过程中，由于测量工具的准确性、测量者的主观性、外界环境条件的影响等，使得测量结果不可能绝对准确，必然存在测量误差。仪表测得被测量的结果与被测量真值之间的差距称为测量误差。在测量结果中必须要有说明测量误差大小的内容，以便清楚该项测量的可信赖程度。

①绝对误差

在同一测量条件下，测量结果 x 与被测量真值x_0之差，记作 Δx，称为绝对误差，即

$$\Delta x = x - x_0 \tag{6-7}$$

由式(6－7)可知，Δx 是有单位的数值，可正可负，其大小和符号分别表示测量值偏离被测量真值的程度和方向。所谓“真值”是指物理量客观存在的真实数值。它是无法精确地得到的理论值。在实际应用中，可将标准仪器(准确度等级更高的仪表)的测量结果作为真值。

例 6.1 测量两个温度值，一个是加氢站压缩机的出口温度 $T_{10}=200℃$，一个是房间温度 $T_{20}=25℃$。仪表的显示值分别为$T_1=202℃$和$T_2=27℃$。计算两个温度的绝对误差。

解：两个被测温度的绝对误差分别为

$$\Delta T_1 = T_1 - T_{10} = (202-200)℃ = +2℃$$

$$\Delta T_2 = T_2 - T_{20} = (27-25)℃ = +2℃$$

虽然两个温度的绝对误差相同，但是两个温度的准确度相差甚远。很显然，绝对误差不能完全说明仪表的准确程度，因此引入了相对误差的概念。

②相对误差

绝对误差与真值或测量值之比称为相对误差。

(a)实际相对误差：绝对误差与被测量真值之比。即

$$r_{x_0} = \frac{\Delta x}{x_0} \times 100\% \tag{6-8}$$

例 6.2 利用例 6.1 的数据，计算两个被测温度的相对误差。

解：两个被测温度的绝对误差分别为

$$r_{A1}=\frac{\Delta T_1}{T_{10}}\times 100\% =\frac{2}{200}\times 100\% =0.01\%$$

$$r_{A2}=\frac{\Delta T_2}{T_{20}}\times 100\% =\frac{2}{25}\times 100\% =8\%$$

由此可见，这两个仪表的绝对误差相同，而相对误差相差悬殊。

(b)标称相对误差：绝对误差与仪表指示值之比。

在工程测量中，常用仪表的指示值代替被测量真值，即

$$r_x=\frac{\Delta x}{x}\times 100\% \tag{6-9}$$

(c)引用误差：绝对误差与检测仪表满量程值之比。

最大引用误差是最大绝对误差与检测仪表满量程值之比，即

$$r_{FS}=\frac{\Delta x_{max}}{x_{FS}}\times 100\% \tag{6-10}$$

为便于量值传递，国家统一规定仪表精确度(精度)等级，将仪表基本误差去掉“±”及“%”，便可套入统一的仪表精确度等级系列。用最大引用误差定义和划分仪表精确度等级，分为 0.01、0.02、0.05、0.1、0.2、0.5、1.0、1.5、2.5、4.0、5.0，标示于仪表刻度标尺或铭牌上。仪表精确度等级划分以 GB/T 13283—2008《工业过程测量和控制用检测仪表和显示仪表精确度等级》为准。

当计算所得的r_{FS}与仪表精确度等级的分档不等时，应取比r_{FS}稍大的精确度等级值。仪表的精确度等级通常用“S”来表示。

例 6.3 某台测温仪表的量程是 600～1100℃，仪表的最大绝对误差为 +4℃，试确定该仪表的精确度等级。

解：按照式(6-4)求得

$$r_{FS}=\frac{\Delta x_{max}}{x_{FS}}\times 100\% =\frac{+4}{1100-600}\times 100\% = +0.8\%$$

去掉“±”和“%”后为 0.8，由于国家规定中没有 0.8 级仪表，因此可确定该测温仪表精确度等级为 1.0 级。

例 6.4 根据工艺要求选择量程是 600～1100℃，要求测量误差为 -4℃，应选精度等级为多少的仪表才能满足工艺要求？

解：按照式(6-4)求得

$$r_{FS}=\frac{\Delta x_{max}}{x_{FS}}\times 100\% =\frac{-4}{1100-600}\times 100\% = -0.8\%$$

去掉“±”和“%”后为 0.8，由于国家规定中没有 0.8 级仪表，为了满足工艺要求应选择精确度等级为 0.5 级测温仪表。

(4)仪表的性能指标

①测量范围和量程

任何检测仪表都有一个测量范围，在这个测量范围内，仪表不会损坏，而且仪表输

出值精确度能符合规定的值。测量范围的最大值 x_{max} 与最小值 x_{min} 之差称为仪表的量程，即

$$x_m = x_{max} - x_{min} \tag{6-11}$$

仪表的量程在检测仪表中是一个非常重要的概念，它除了表示测量范围外，还与它的精确度等级有关，与仪表的选用有关。

例 6.5 现有 0.5 级(0~300℃)的和 1.0 级(0~100℃)的两个温度计，要测量 80℃的温度，试问采用哪一个温度计好？

解：(1)用 0.5 级表测量时，可能出现的最大绝对误差为：

$$\Delta x_{max} = 300 \times 0.5\% = 1.5(℃)$$

测量 80℃的温度时产生的最大相对误差为

$$r_m = \frac{\Delta x_{max}}{80} \times 100\% = \frac{1.5}{80} \times 100\% = 1.875\%$$

(2)用 1.0 级表测量时，可能出现的最大绝对误差为：

$$\Delta x_{max} = 100 \times 1.0\% = 1(℃)$$

测量 80℃的温度时产生的最大相对误差为

$$r_m = \frac{\Delta x_{max}}{80} \times 100\% = \frac{1}{80} \times 100\% = 1.25\%$$

由此可知，选择 1.0 级(0~100℃)温度计测量 80℃的温度，测量结果更准确。

②灵敏度 S

灵敏度是检测仪表在稳定状态下输出的变化量 Δy 与输入的变化量 Δx 之比，通常使用理想直线的斜率作为仪表的灵敏度值，即

$$S = \frac{\Delta y}{\Delta x} \tag{6-12}$$

灵敏度是有量纲的，其量纲为输出量的量纲与输入量的量纲之比。灵敏度越高，表示在相同输入时输出越大。

③线性度

通常希望检测仪表的输入/输出特性曲线是直线，即具有线性特性。而实际检测仪表的输入/输出曲线都具有一定的非线性。检测仪表的线性度是表示仪表的实际输入/输出偏离理想直线的程度。如图 6-11 所示。

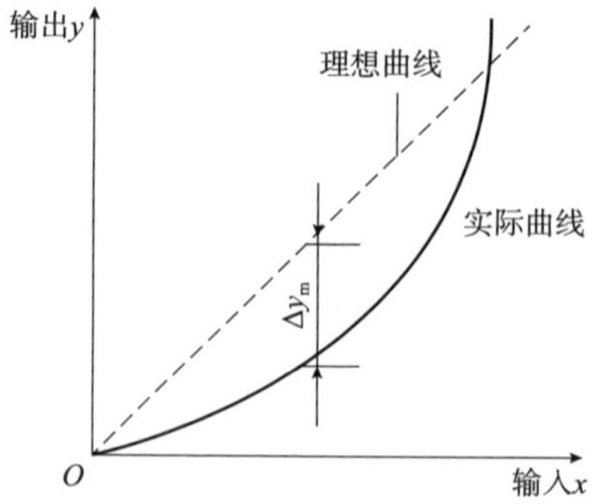

图 6-11 仪表的线性度

④稳定性

在规定的工作条件内，仪表某些性能随时间保持不变的能力称为仪表的稳定性。

⑤重复性

在相同测量条件下，对同一被测量，按照同一方向(由小到大或由大到小)多次测量时，测量结果的一致程度。

6.3.2 压力检测方法

压力是工业生产过程中重要的参数之一，也是安全生产所必须的条件，通过压力监测可以及时防止生产设备因过压而引起破坏或爆炸。例如加氢站中，要对槽车出口氢气压力、管道中氢气压力、加注单元的进口压力和驱动气动阀的氮气压力进行实时检测。

6.3.2.1 压力的表示方法

压力是指均匀垂直地作用在单位面积上的力。在国际单位制中，压力的单位为帕斯卡(Pa)，帕斯卡(Pa)所代表的压力较小，工程上常用兆帕(MPa)表示，$1\text{MPa} = 10^6\text{Pa}$。

压力的表示方法有三种：绝对压力、表压力、真空度或负压。它们之间的关系如图6-12所示。

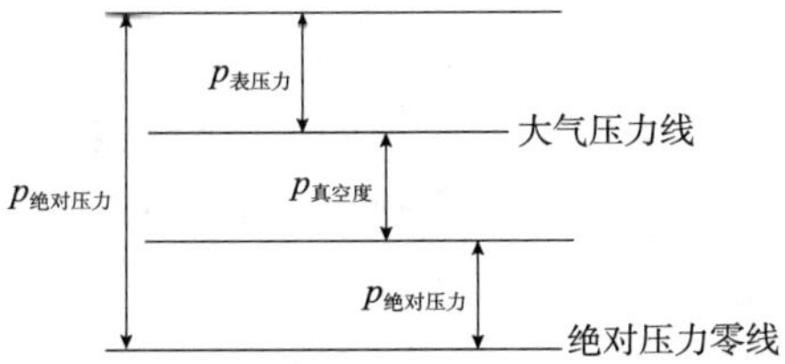

图6-12　绝对压力、表压力、真空度的关系

绝对压力是指介质的实际压力。当被测压力大于大气压力时，用表压来表示；当被测压力小于大气压力时，用负压或真空度表示。在工程上很少用到绝对压力。

$$p_{表压力} = p_{绝对压力} - p_{大气压力} \tag{6-13}$$

$$p_{真空度} = p_{大气压力} - p_{绝对压力} \tag{6-14}$$

由于各种工艺设备和检测仪表通常都处于大气之中，本身就承受着大气压力，因此工程上通常采用表压或真空度来表示压力的大小。

6.3.2.2 压力检测方法

(1)重力平衡法

按照压力的定义，通过直接测量单位面积上所受力的大小来检测压力。如液柱式压力表和活塞式压力表。

(2)弹性力平衡法

利用弹性元件受压力作用发生弹性变形而产生的弹性力与被测压力相平衡的原理来检测压力。如弹性式压力表。

(3)物性测量法

根据压力作用于物体后所产生的各种物理效应来实现压力的测量。如电气式压力表。

6.3.3 压力检测仪表

6.3.3.1 弹性式压力仪表

弹性式压力仪表是利用各种形式的弹性元件，在被测介质压力的作用下，使弹性元件受压后产生弹性变形来反映被测压力的大小。

弹性压力仪表具有结构简单、使用方便、读数清晰、价格便宜、可靠性高、测量范围宽及精度高等优点。弹性式压力仪表的测压性能与弹性元件的材料、加工和热处理质量及环境温度有关。当检测压力的范围不同时，所用的特性元件也不一样，常用的弹性元件的结构如图 6 – 13 所示。

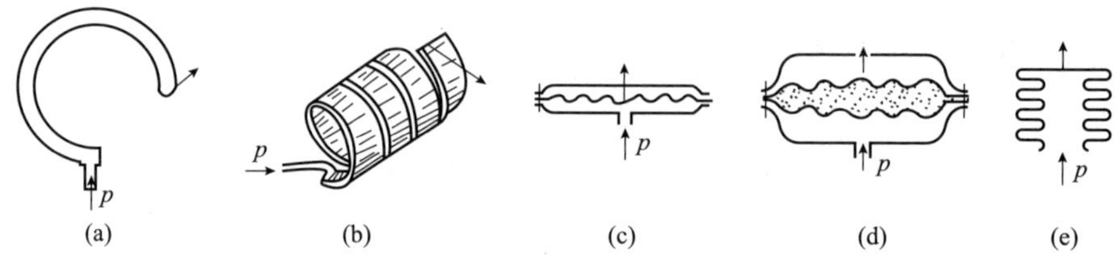

图 6 – 13 常用弹性元件结构

(1)弹簧管式弹性元件[如图 6 – 13(a)所示]是一根弯成圆弧状、管截面积为扁圆的空心金属管，其中一端封闭处于自由状态，另一端开口为固定端，被测压力由固定端引入弹簧管内腔。这种弹簧管自由端位移较小，可测高达 1000MPa 的压力。为了增加自由端的位移，可以制成多圈弹簧管，如图 6 – 13(b)所示。

(2)薄膜式弹性元件[如图 6 – 13(c)所示]是由金属或非金属材料做成的具有弹性的一张膜片，在压力作用下产生变形。也可以将两张金属膜片沿周口对焊起来，形成一薄膜盒，盒内充液体(如硅油)，如图 6 – 13(d)所示。薄膜式弹性元件的测量范围要比弹簧管式弹性元件窄。

(3)波纹管式弹性元件[如图 6 – 13(e)所示]是一端封闭的薄壁圆管，壁面是环状波纹。被测压力从开口端引入，封闭端将产生位移。位移相对较大，灵敏度高，常用于微压和低压测量(小于 1MPa)。

弹性式压力仪表虽然应用广泛，但是只能现场安装，就地显示。

6.3.3.2 电气式压力仪表

电气式压力仪表是一种能将压力转换成电信号进行传输、显示的仪表。它也是利用弹性元件作为敏感元件，在仪表中增加了辅助电源、调理电路、指示器、记录仪、控制器等，将弹性元件的位移转换为电信号输出，其组成框图如图 6 – 14 所示。电气式压力仪表常被称为压力传感器，如果输出的电信号是标准的电压或电流信号，则称为压力变送器。

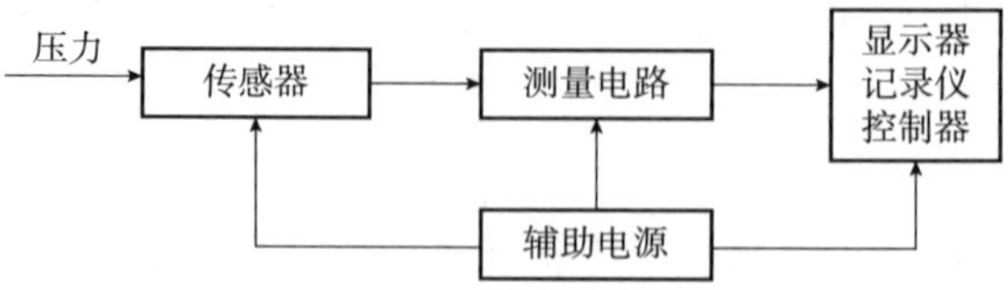

图 6 – 14 电气式压力仪表的组成框图

电气式压力仪表的测量范围较宽，可以实现远距离传输信号，可以实现压力自动控制和报警，还可以与工业控制机连用。

电气式压力仪表有：应变式、电容式、振频式、压阻式、光电式、光纤式、超声式。这里主要介绍应变式和压电式压力仪表。

(1)电阻应变式压力传感器

①工作原理

电阻应变片式压力传感器是利用应变片作为转换元件，将被测压力 P 转换为应变片电阻 R 的变化。通过电桥电路将电阻值 R 的变化转换为电压信号输出，供给显示、记录仪表，显示并记录被测压力 P 的数值。

电阻应变片式压力传感器的特点是精度高、测量范围广、结构简单、性能稳定可靠、寿命长、频率特性好，能在高温、高压、振动强烈、强磁场等恶劣环境下工作。

②测量电路

电桥是电阻应变片式压力传感器常用的测量电路。电桥测量电路简单可靠，具有很高的精度和灵敏度。电桥按其采用的激励电源类型可分为直流电桥和交流电桥；按其工作原理可分为平衡电桥和不平衡电桥。这里只介绍不平衡直流电桥。

图 6－15 是不平衡直流电桥的基本结构。以电阻R_1、R_2、R_3、R_4组成电桥的 4 个桥臂，在电桥的对角点 a、c 端接入直流电源U_e作为电桥的激励源，从另一个对角点 b、d 两端输出电压U_o。使用时，电桥 4 个桥臂中的一个或多个是阻值随被测量变化的电阻传感器元件。

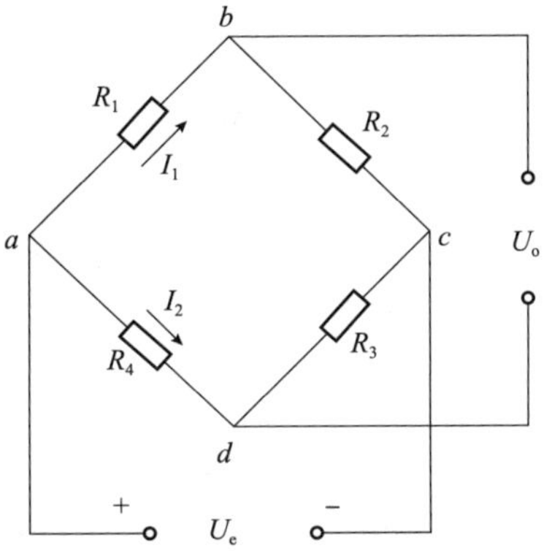

图 6－15 不平衡直流电桥

在图 6－15 中，电桥的输出电压U_o为

$$U_o = U_{ab} - U_{ad} = I_1R_1 - I_2R_4 = \left(\frac{R_1}{R_1+R_2} - \frac{R_4}{R_3+R_4}\right)U_e = \frac{R_1R_3 - R_2R_4}{(R_1+R_2)(R_3+R_4)}U_e \quad (6-15)$$

由式(6－15)可知，若要使电桥输出为零，应满足

$$R_1R_3 = R_2R_4 \quad (6-16)$$

式(6－16)即为直流电桥的平衡条件。由上述分析可知，若电桥的 4 个电阻中任何一个或数个阻值发生变化时，将打破式(6－15)的平衡条件，使电桥的输出电压U_o发生变化。

在测试中常用的电桥连接形式有单臂电桥连接、半桥连接与全桥连接，如图 6－16 所示。

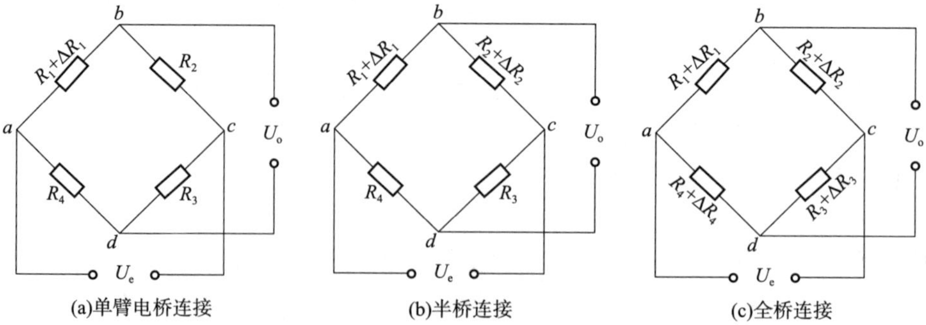

图 6－16　直流电桥的连接形式

图 6－16(a)是单臂电桥连接形式，工作中只有一个桥臂电阻随被测量的变化而变化，设该电阻为 R_1，产生的电阻变化量为 ΔR_1，则根据式(6－15)可得输出电压为

$$U_o=\left(\frac{R_1+\Delta R_1}{R_1+\Delta R_1+R_2}-\frac{R_4}{R_3+R_4}\right)U_e \tag{6-17}$$

为了简化桥路，设计时往往取桥臂电阻相等，即 $R_1=R_2=R_3=R_4=R_0$，则式(6－17)变为

$$U_o=\frac{\Delta R}{4R_0+2\Delta R}U_e \tag{6-18}$$

一般 $\Delta R \ll R_0$，式(6－18)可简化为

$$U_o\approx\frac{\Delta R}{4R_0}U_e \tag{6-19}$$

可见，电桥的输出电压 U_o 与激励电源 U_e 成正比，并且在一定的条件下，与工作臂的阻值变化量 $\Delta R/R_0$ 成单调线性关系。

图 6－16(b)为半桥连接形式，工作时有 2 个桥臂的阻值随被测量的变化而变化，即 $R_1+\Delta R_1$、$R_2+\Delta R_2$。根据式(6－15)可知，当 $R_1=R_2=R_3=R_4=R_0$，$\Delta R_1=-\Delta R_2=\Delta R$ 时，电桥输出为

$$U_o\approx\frac{\Delta R}{2R_0}U_e \tag{6-20}$$

图 6－16(c)为全桥连接形式，工作时 4 个桥臂的阻值随被测量的变化而变化，即 $R_1+\Delta R_1$、$R_2+\Delta R_2$、$R_3+\Delta R_3$、$R_4+\Delta R_4$。根据式(6－15)可知，当 $R_1=R_2=R_3=R_4=R_0$，$\Delta R_1=-\Delta R_2=\Delta R_3=-\Delta R_4=\Delta R$ 时，电桥输出为

$$U_o\approx\frac{\Delta R}{R_0}U_e \tag{6-21}$$

根据灵敏度的定义可知，单臂电桥的灵敏度为 $U_e/4$，半桥的灵敏度为 $U_e/2$，全桥的灵敏度为 U_e。电桥连接形式不同，灵敏度不同。

当 $R_1=R_2=R_3=R_4=R_0$，$\Delta R_1 \ll R_1$、$\Delta R_2 \ll R_2$、$\Delta R_3 \ll R_3$、$\Delta R_4 \ll R_4$ 时，由式(6－15)可得

$$U_o=\left(\frac{R_1+\Delta R_1}{R_1+\Delta R_1+R_2+\Delta R_2}-\frac{R_4+\Delta R_4}{R_3+\Delta R_3+R_4+\Delta R_4}\right)U_e\approx\frac{1}{2}\left(\frac{\Delta R_1}{R_0}-\frac{\Delta R_4}{R_0}\right)U_e \tag{6-22}$$

或

$$U_o = \left(\frac{R_3 + \Delta R_3}{R_3 + \Delta R_3 + R_4 + \Delta R_4} - \frac{R_2 + \Delta R_2}{R_1 + \Delta R_1 + R_2 + \Delta R_2}\right)U_e \approx \frac{1}{2}\left(\frac{\Delta R_3}{R_0} - \frac{\Delta R_2}{R_0}\right)U_e \quad (6-23)$$

由式(6－22)和式(6－23)，可以导出

$$U_o = \frac{1}{4}\left(\frac{\Delta R_1}{R_0} - \frac{\Delta R_2}{R_0} + \frac{\Delta R_3}{R_0} - \frac{\Delta R_4}{R_0}\right)U_e \quad (6-24)$$

由式(6－24)可以看出：

(a)若相邻两桥臂(如图6－16中的R_1和R_2或R_3和R_4)电阻同向变化(即两电阻同时增大或同时减小)，所产生的输出电压的变化将互相抵消。

(b)若相邻两桥臂电阻反向变化(即两电阻一个增大一个减小)，所产生的输出电压的变化将互相抵消。

(2)压电式压力传感器

①工作原理

压电式压力传感器是利用某些晶体的压电效应来测量压力的。当晶体受到某固定方向外力的作用时，内部就产生电极化现象，同时在某两个表面上产生符号相反的电荷；当外力撤去后，晶体又恢复到不带电的状态；当外力作用方向改变时，电荷的极性也随之改变。晶体受力所产生的电荷量q与外力的大小成正比

$$q = dAP \quad (6-25)$$

式中 d——压电系数；

P——作用在表面上的压力；

A——作用面的面积。

压电式压力传感器的特点是体积小、重量轻、工作可靠、测量频率范围宽，具有较高的机械强度和绝缘特性，压电特性随温度的变化比较小。

②等效电路

在压电晶片的两个工作面上进行金属蒸镀，形成金属膜，构成两个电极，如图6－17(a)所示。当晶片受到外力作用时，在两个电极板上将聚集数量相等、极性相反的电荷，形成了电场。因此压电传感器既可以看作一个电荷发生器，又可以看作一个电容器，其电容量C为

$$C = \frac{\varepsilon A}{\delta} \quad (6-26)$$

式中 ε——压电材料的电容率，石英晶体$\varepsilon = 4.5\text{F/m}$，钛酸钡$\varepsilon = 1200\text{F/m}$；

δ——极板间距，即晶片厚度；

A——压电晶片工作面的面积。

如果施加在压电晶片上的外力不变，集聚在极板上的电荷无内部泄漏，外电路负载无穷大，那么在外力作用期间，电荷量将始终保持不变，直到外力的作用结束时，电荷才随之消失。如果负载不是无穷大，电路将会按指数规律放电，极板上的电荷无法保持不变，从而造成测量误差。

实际压电传感器中，往往用两个和两个以上的晶片进行串联或并联，如图6－17(b)和图6－17(c)所示。并联时电容量大、输出电荷大、时间常数大，易于测量缓慢变化的

信号，适宜于以电荷作为输出的场合。串联时电容量小、输出电压大，适宜于以电压作为输出的场合。

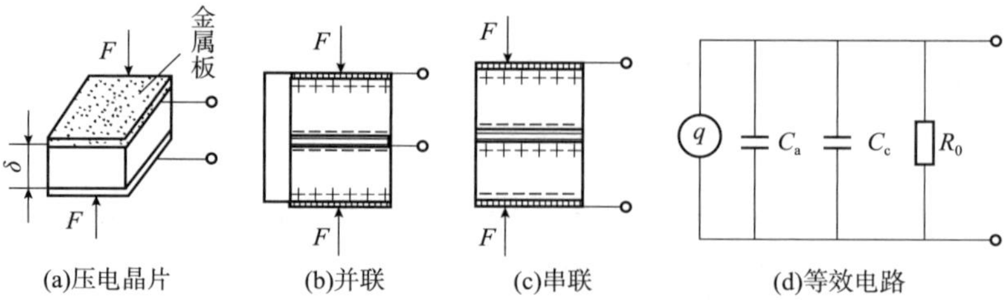

图 6－17　压电晶片及其等效电路

压电式压力传感器是一个具有一定电容的电荷源。电容器上的开路电压u_0与电荷 q、传感器电容C_a存在式(6－27)的关系。

$$u_0 = \frac{q}{C_a} \tag{6-27}$$

图 6－17(d)为压电式压力传感器的等效电路，C_c为连接电缆的寄生电容，R_0为后续电路的输入阻抗和传感器中的漏电阻。为了防止漏电造成电荷损失，通常要求$R_0 > 10^{11}\,\Omega$，因此传感器可近似为开路。

$$u_0 = R_0 i = \frac{1}{\sqrt{1 + \left(\frac{1}{\omega R_0 C}\right)^2}} \sin(\omega t + \varphi) \tag{6-28}$$

式(6－28)表明压电式压力传感器的电压输出还受回路的时间常数R_0C 的影响。在测试动态量时，必须在输入端并联一定的电容以加大时间常数R_0C。但是并联电容过大会使输出电压降低，降低了测量装置的灵敏度。

③测量电路

由于压电式传感器的输出信号是很微弱的电荷，而且传感器本身有很大的内阻。通常把传感器信号先输出到具有高输入阻抗的前置放大器，经过阻抗变换后接入一般的调理电路，将信号输给显示仪表或记录仪。

前置放大电路的主要用途：一是将传感器的高输出阻抗变为低输出阻抗；二是放大传感器输出的微弱电信号。

前置放大器有两种形式：一种是电阻反馈的电压放大器，其输出电压与输入电压成正比；另一种是电容反馈的电荷放大器，其输出电压与输入电荷成正比。

使用电压放大器时，放大器的输入电压如式(6－28)所表达。由于电容 C 包含了C_a、C_i和C_c。其中电缆电容C_c比C_a和C_i都大，故整个测量系统对电缆电容C_c的变化非常敏感。连接电缆的长度和形态变化会引起C_c的变化，导致传感器输出电压的变化，从而使仪器的灵敏度也发生了变化。

电荷放大器是一个高增益带电容反馈的运算放大器，当略去传感器漏电阻及电荷放大器输入电阻时，它的等效电路如图 6－18 所示。由于忽略漏电阻，故

$$q \approx u_i(C_a + C_c + C_i) + (u_i - u_y) = u_i C + (u_i - u_y) C_f \tag{6-29}$$

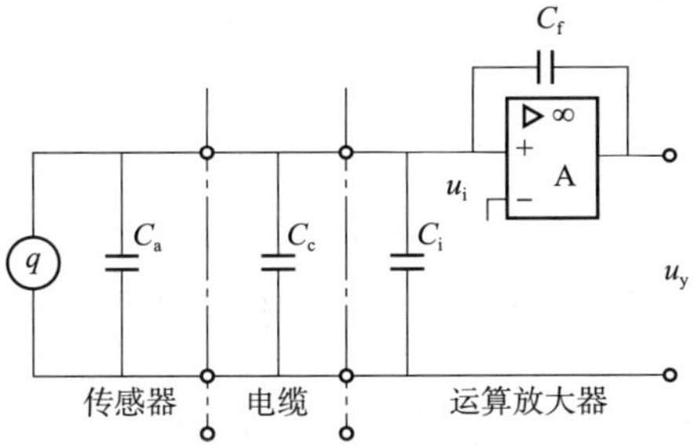

图 6-18 电荷放大器的等效电路

设电荷放大器的放大倍数为 A，则有

$$u_y = \frac{-Aq}{(C + C_f) + AC_f} \tag{6-30}$$

式中 u_i——放大器输入端电压；

u_y——放大器输出端电压，$u_y = -A\,u_i$；

A——电荷放大器的放大倍数；

C_f——电荷放大器反馈电容。

因为 A 足够大，则 $A\,C_f \gg (C + C_f)$，式(6-30)可简化为

$$u_y \approx \frac{-q}{C_f} \tag{6-31}$$

式(6-31)表明，在一定条件下，电荷放大器的输出电压与传感器的电荷量成正比，并且与电缆分布电容无关。因此，采用电荷放大器时，即使连接电缆长度达百米以上时，其灵敏度也无明显变化，这是电荷放大器的突出优点。但与电压放大器相比，其电路复杂，价格昂贵。

6.3.3.3 压力仪表选用原则

压力仪表的选用主要包括仪表的类型、量程范围、精度和灵敏度。

(1)压力仪表类型的选择

根据被测对象的性质、状态以及压力仪表的现场工作环境来确定。被测介质是否具有腐蚀性、温度的高低、现场的振动、电磁场等环境因素，都会影响压力仪表的使用。

(2)压力仪表量程范围的选择

根据被测压力的范围，再加上一定的裕度。一般原则是：为了避免超负荷而破坏仪表，被测压力的额定值为压力表满量程的 2/3；为了满足测量精度的要求，被测压力的最小值也不应低于满量程的 1/3；如果测量脉动变化的压力，被测压力的正常值应在压力仪表测量范围的 1/2。

(3)压力仪表精度的选择

根据实际需要而定。通常是在满足生产要求的前提下，选用尽可能廉价的压力仪表。同时，应注意到由于测压系统和测压条件所带来的干扰而产生的附加误差的影响。

6.3.4 流量检测仪表

在现代生产过程自动化中，流量是重要的参数之一。为了有效地进行生产操作、监视

和自动控制，需要对生产过程中各种介质的流量进行检测，以便为生产操作和控制提供依据。

6.3.4.1 流量的概念

流量分为瞬时流量和累计流量。单位时间内流过管道某一截面流体的数量，称为瞬时流量，简称流量；某时间段内流过管道某一截面的流体总量称为累计流量。流量的表示方法有体积流量和质量流量两种。

(1)体积流量 Q：在单位时间内流过管道某一截面流体的体积。用m^3/h 或 L/h 表示。

(2)质量流量 M：在单位时间内流过管道某一截面流体的质量。用 kg/h 表示。

体积流量与质量流量的关系为

$$M=\rho Q \tag{6-32}$$

式中 ρ——流体密度，kg/m^3。

6.3.4.2 流量检测仪表的分类

流量检测仪表又称为流量计。它是由一次仪表和二次仪表组成的。流量检测仪表的种类很多，各适用于不同的场合，其分类见表 6-1。

表 6-1 流量检测仪表的分类

类别		仪表名称
体积流量计	容积式流量计	椭圆齿轮流量计、腰轮流量计、皮膜式流量计
	差压式流量计	节流式流量计、匀速管流量计、弯管流量计、靶式流量计、浮子流量计
	速度式流量计	涡轮流量计、涡街流量计、电磁流量计、超声流量计
质量流量计	推导式质量流量计	体积流量经密度补偿或温度、压力补偿求得质量流量
	直接式质量流量计	科里奥利流量计、热试流量计、冲量式流量计

6.3.4.3 常用流量检测仪表

(1)科里奥利力质量流量计

科里奥利力质量流量计的工作原理和结构如图 6-19 所示。U 形管的任一端均可作为流体的进口或出口，设流体从下面管口流入，从上面管口流出。电磁激发器使 U 形管以 T 形簧片为固定端，产生垂直于图面方向的振动。U 形管振动相当于绕固定端的瞬时转动，因而管内的流体流动受到科里奥利力的作用，同时流体对管子产生一个大小相等、方向相反的作用力。科里奥利力的方向按右手定则以流速 v 的矢量方向及转动角速度 ω 的矢量方向确定。由于流速和角速度矢量方向相互垂直在 U 形管两直管段中，流速 v_1 和 v_2 方向相反，所以两直管段受到的科里奥利力 F_1 和 F_2 的方向也相反。由图 6-19(b)可知 F_1 及 F_2 使 U 形管受到一个绕 $O-O$ 轴的力矩 T。科里奥利力如下

$$F=2mL\omega v \tag{6-33}$$

式中 m——直管段中单位长度的流体质量，kg/m；

L——直管段长度，m；

v——管内流体的流速，m/s；

ω——U 形管振动时绕固定端的瞬时转动角速度，s^{-1}；

F——作用在一根直管上的科里奥利力，N。

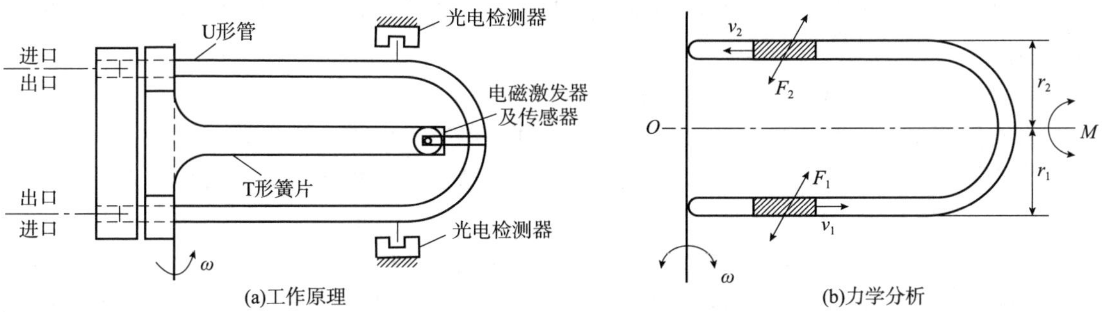

图 6－19 科里奥利力质量流量计

力矩 T 的计算公式(令 $r_1=r_2=r$)

$$T=2Fr=4mL\omega vr=4q_m\omega rL \tag{6-34}$$

式中 r——U 形管两直管段到 $O-O$ 轴线的垂直距离，m；

q_m——质量流量，kg/s；

T——力矩，N·m。

力矩 T 将使 U 形管扭转一个角 θ，即

$$T=2Fr=K_l\theta \tag{6-35}$$

式中 K_l——U 形管扭转弹性系数。

由式(6－33)和式(6－35)可得

$$q_m=\frac{K_l\theta}{4\omega rL} \tag{6-36}$$

由式(6－36)可知，如振动频率一定，则 ω 为恒定值，质量流量 q_m 即与扭转角 θ 成正比，用光电检测器测出扭转角 θ 即可确定质量流量 q_m 值。

如果在 U 形管两侧的振动中心设置传感器 A 和传感器 B，则传感器 A 和 B 检测的信号存在一相位差 $\Delta\varphi$，在时间域内存在一时间差 Δt，显然时间差 Δt 与扭转角 θ 成正比。因此检测时间差 Δt，就可测得质量流量 q_m，而与流体的物性参数和测试条件无关。因为检测管在振动中心位置时，垂直方向的线速度为 $L\omega$，所以时间差 $\Delta t=2r\theta/L\omega_0$，结合式(6－36)可得

$$q_m=\frac{K_lL\omega\Delta t}{8\omega r^2L}=\frac{K_l\Delta t}{8r^2}=\frac{K_l\omega}{8r^2}\Delta\varphi \tag{6-37}$$

科里奥利力质量流量计具有如下优点：

①计量准确度高，稳定性好，真正实现了高准确度的直接质量流量的测量，且不受被测介质参数的影响。计量精确度可达 ±0.2% ~ ±0.4%，甚至更高；重复性高于 ±0.1%。

②测量范围大，多数流量计的范围度在(10：1)～(50：1)之间，有的质量流量计的范围度已高达 100：1。

③对介质的适应性较广，可以测量多种液体和浆液，如石油产品、化工介质、食品介质、带纤维液体及高黏浆液等。

④便于维护和清洗，使用寿命长，因为检测管内无可动部件，也无阻碍流体流动的

部件。

⑤可进行多参数测量，在测量质量流量的同时，还可测得介质密度、体积流量、温度等参数。

科里奥利力质量流量计的局限性：

①质量流量计零点不稳定形成飘移，影响其检测准确度进一步提高。

②流量计对外界振动的干扰较敏感，为防止管道振动的影响，其流量传感器安装要求较高。

③不能用于较大管径的流量测量，管径限于250mm 以下。

④不能用于检测低密度介质，如低压气体，液体含气量超过某一限定值，也会影响测量的准确度。

⑤大部分流量计有较大的体积和重量，压力损失较大。

⑥管道内壁磨损、腐蚀或沉积结垢会影响流量计的测量准确度，尤其对薄壁测量管的影响更为显著。

⑦价格昂贵。

(2)涡街流量计

涡街流量计的测量原理如图6－20所示。

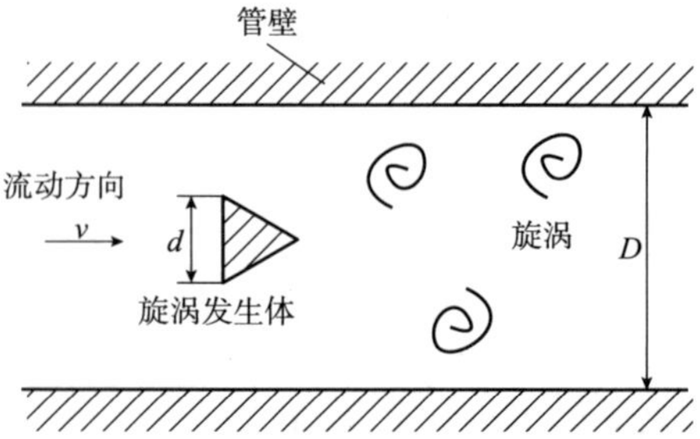

图6－20　涡街流量计原理图

在流体管道中插入一定形状的旋转发生体(阻流体)，当流体绕过发生体后，在发生体两侧会产生规则的旋涡，这种旋涡体称为卡门涡街。经过推导，流体的体积流量 Q 与旋转频率 f 的关系为

$$Q = f/K \tag{6-38}$$

式中的 K 为流量计的流量系数。在一定雷诺数范围内 K 为常数，流量 Q 与旋转频率 f 呈线性关系。因此，只要测出 f，就能得到体积流量 Q。

涡街流量计适用于管道口径一般在300mm 以下，测量的精确度对于液体大致在 $\pm 0.5\% \sim \pm 1\%$，对于气体大致在 $\pm 1\% \sim \pm 2\%$，重复性一般为 $0.2\% \sim 0.5\%$。涡街流量计不适用于测量低雷诺数($Re \leqslant 2 \times 10^4$)的流体，一般平均流速下限对液体为0.5m/s，对气体为4～5m/s。

不同公司生产的涡街流量计具有不同的特点，特别是在涡街发生体的形状设计上，有梯形、长方形、T形。对涡街信号的检测也有不同的方法，采用的元件有压电元件、热敏元件、超声波、电容元件等。

(3)转子流量计

①结构原理

转子流量计的结构如图6-21所示。它是由一段向上扩张的锥形管和一个置于锥形管内且能随被测流量大小而上下自由浮动的浮子(又称转子)组成。当被测流体自上而下流经锥形管时，由于流体的作用，转子因受流体的冲击而向上运动。随着转子的上移，转子最大外径与锥形管之间的环形流通面积逐渐增大，流体流速则相应减小，作用在转子上的上升力逐渐减弱，直到流体作用在转子上的上升力与转子在流体中的重力相平衡时，转子就稳定在锥形管中的某一高度上。因此，根据转子在锥形管中的高度与所通过流量的对应关系，就可测流量的大小。

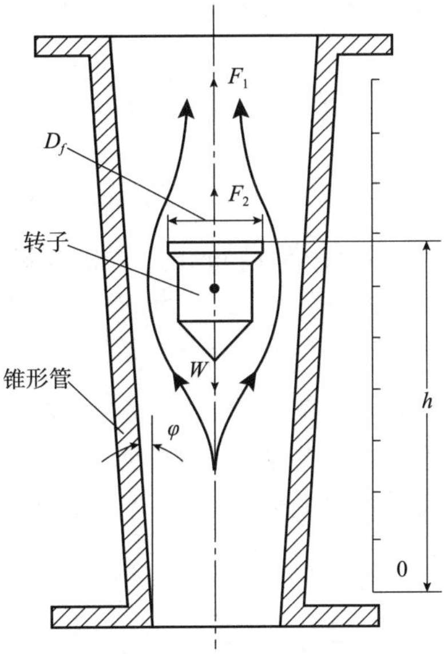

图6-21 转子流量计工作原理

②流量公式

由图6-21可知，作用在转子上的力有转子本身垂直向下的重力、流体对转子所产生的垂直向上的浮力以及流体作用在转子上的冲击力(即动压力)和因转子的节流作用而产生的静压差等。设转子的密度为ρ_f，转子的体积为V_f，转子迎流面积为A_f，流体介质密度为ρ，浮子节流压差为ΔP，C为系数，则

转子本身垂直向下的重力W

$$W = V_f \rho_f g \tag{6-39}$$

流体对转子所产生的垂直向上的浮力F_1

$$F_1 = V_f \rho g \tag{6-40}$$

迎面差压阻力F_2

$$F_2 = \Delta P \cdot C = C\rho v^2 A_f/2 \tag{6-41}$$

当转子在流体中处于平衡时，则

$$W - F_1 - F_2 = 0 \tag{6-42}$$

$$V_f(\rho_f - \rho)g = CA_f \rho v^2/2 \tag{6-43}$$

由此可求出流体通过环形流通截面的流速为

$$v = \sqrt{\frac{2gV_f(\rho_f - \rho)}{CA_f \rho}} \tag{6-44}$$

设环形流通面积为A_0，则可求得介质的体积流量为

$$Q = A_0 v = \alpha A_0 \sqrt{\frac{2gV_f(\rho_f - \rho)}{A_f \rho}} \tag{6-45}$$

式中，$\alpha = \sqrt{1/C}$为流量系数，式(6-45)称为转子流量计的基本流量方程式。

由式(6-45)可知，当锥形管、转子形状和材质一定时，环形流通面积A_0随转子所处的位置不同而变化，即随被测流体流量变化而改变。

很明显，要直接测量不同流量下的流通面积来确定介质流量的大小是十分困难的。因此，转子流量计一般都以浮子所处的高度来间接反映被测介质的流量大小。设浮子的最大半径为 r，当它处于锥形管中某一平衡位置时的高度为 h，在此高度处锥形管的内半径为 R，则 $R=r+h\tan\theta$，浮子的高度 h 与环形流通面积A_0的关系为

$$A_0=\pi(R^2-r^2)=\pi(2rh\tan\theta+h^2\tan^2\theta) \tag{6-46}$$

将式(6－46)代入式(6－45)得

$$Q=\alpha\pi(2rh\tan\theta+h^2\tan^2\theta)\sqrt{\frac{2gV_f(\rho_f-\rho)}{A_f\rho}} \tag{6-47}$$

由式(6－47)可知，体积流量 Q 与转子高度 h 之间呈非线性关系，只是因为 θ 很小，$\tan^2\theta$ 一般很小，可以忽略不计，故体积流量 Q 与转子高度 h 之间近似为线性关系。

③转子流量计的种类

转子流量计有玻璃管直读式和金属管电远传式两大类。前者是将流量标尺直接刻在锥形管上，由转子高度直接读取流量值，如图 6－22 所示；后者是利用差动变压器将转子的位移转换成直流 4～20mA 的标准信号，供显示或控制器对被控参数进行控制，如图 6－23 所示。

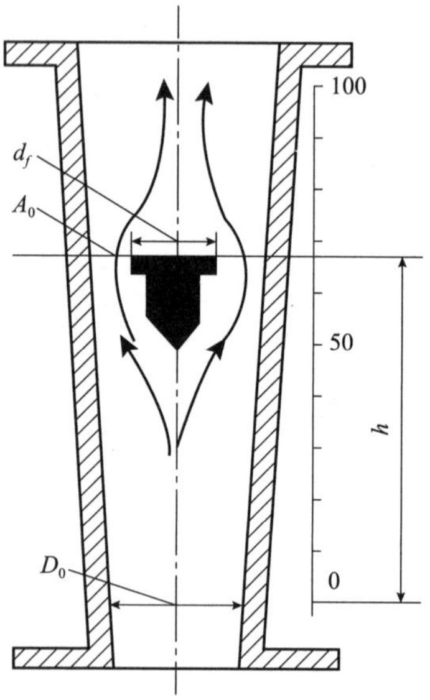

图 6－22　直读式转子流量计

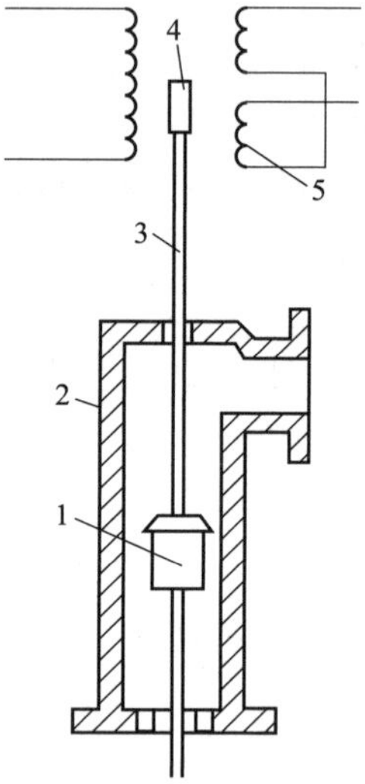

图 6－23　电远传式转子流量计

1—转子；2—锥形管；3—连动杆；4—铁芯；5—差动线圈

④转子流量计的使用

一般情况下，转子流量计的转子将沿锥形管轴线上下浮动，但当仪表安装不垂直或浮子上附有气泡时，必将产生测量误差。此外，由于转子对玷污较敏感，故当它受到玷污或与锥形管壁发生摩擦时，也将进一步增大测量误差。因此，转子流量计必须垂直安装，入口应保证 5 倍以上管道直径的直管段。最好在仪表旁安装旁路管，供检修和冲洗仪表使用。

(a)流量指示值的修正

转子流量计在出厂前是用水或空气在标准状态下进行标定的。测量液体是指 20℃水的

流量值，测量气体是指 20℃、101325Pa 条件下空气的流量值。所以，在实际使用时，如果被测介质的密度和工作状态与出厂标定条件不同时，必须按实际被测介质的密度、温度、压力等参数的具体情况对流量指示值进行修正。

(b)转子流量计量程的更改

转子流量计在使用时，有时需要更改转子流量计的量程。玻璃转子流量计一般采用改变转子重量的方法来实现。转子重量改变后，应重新标定。对于金属锥形管转子流量计，可用改变转子重量或锥形管锥度的办法来实现；对于形状和体积相同、材质不同的转子，材料密度越大，转子流量计的量程就越大。

改变量程后的流量指示值也可由原来刻度标尺上的指示值乘以校正系数 K 而得到。设改变量程前后转子的密度分别为ρ_f、ρ'_f，则校正系数 K 为

$$K = \sqrt{\frac{\rho'_f - \rho}{\rho_f - \rho}} \tag{6-48}$$

由式(6－48)可知，如果$\rho'_f > \rho_f$，则 $K > 1$，量程扩大，反之量程缩小。

(4)差压流量计

差压流量计也称为节流式流量计，它是利用流体流经节流装置时产生压力差实现流量测量。它由节流装置和差压计两部分组成，前者将被测流量转换成差压信号，后者将差压信号转换成电信号。

节流装置包括节流件和取压装置，节流件是使管道中的流体产生局部收缩的元件，节流件有孔板、喷嘴、文丘里管等。下面以孔板为例，讨论测量原理。

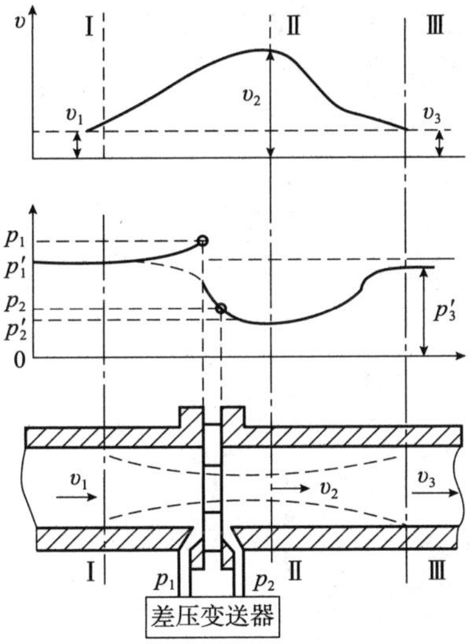

图 6－24　孔板流量示意图

图 6－24(a)为孔板流量示意图，孔板被安装在管道内，为板块状，中央开有一个小于管道截面积的圆形孔。流体流经节流装置孔板时，流速加快，静压力降低，于是在其进出口前后形成压力差，用压差计测出该压力差。流量越大，前后差压也越大。差压计将这种差压大小转换成相应的标准电信号输出。

流体在管道界面Ⅰ前未受到节流装置影响，其静压力为p'_1，平均速度为$\boldsymbol{v}_1$，流体密度为ρ_1。当流体接近孔板时，由于流通面积的减小，流束收缩，流速加快，流体迅速通过孔板，并在管道截面Ⅱ处流束达到最小，流速达到最大为$\boldsymbol{v}_2$，静压力减为p'_2，流体密度为ρ_2。随后流束逐渐扩大，流速减慢，到管道截面Ⅲ处时，流速恢复为$\boldsymbol{v}_3=\boldsymbol{v}_1$，由于流体在管道中流动时会产生能量损耗，此时的静压力$p'_3<p'_1$，如图6-26(b)所示。

假如流体为不可压缩，即$\rho_1=\rho_2=\rho$，由伯努利方程和流体的连续性，有

$$\frac{\boldsymbol{v}_1^2}{2}+\frac{p'_1}{\rho}=\frac{\boldsymbol{v}_2^2}{2}+\frac{p'_2}{\rho} \tag{6-49}$$

$$Q=S_1\boldsymbol{v}_1=S_2\boldsymbol{v}_2 \tag{6-50}$$

式中，S_1、S_2为流体在横截面Ⅰ和Ⅱ处的面积，Q为单位时间内的流体体积。由式(6-49)和式(6-50)可以得到

$$\boldsymbol{v}_2=\frac{1}{\sqrt{1-\left(\frac{S_2}{S_1}\right)^2}}\sqrt{\frac{2(p'_1-p'_2)}{\rho}} \tag{6-51}$$

由于p'_2和S_2要在流束截面收缩到最小的地方取测，而该位置是随流体流速的不同而变化的，实际获取很困难。实际测量时，往往用固定取压点测得的压力差代替，即用紧挨孔板前后的管壁压差p_1-p_2代替$p'_1-p'_2$。它们之间的关系可以引入一个修正系数φ

$$p_1-p_2=\varphi(p_1-p_2) \tag{6-52}$$

已知孔板开口面积为S_0，引入截面积收缩系数$\mu=\frac{S_2}{S_0}$和孔板孔对管道的面积比系数$m=\frac{S_0}{S_1}$。代入式(6-51)有

$$\boldsymbol{v}_2=\frac{\varphi}{\sqrt{1-(\mu m)^2}}\sqrt{\frac{2(p_1-p_2)}{\rho}} \tag{6-53}$$

将式(6-53)代入式(6-50)有

$$Q=S_2\boldsymbol{v}_2=\mu S_0\boldsymbol{v}_2=\mu S_0\frac{\varphi}{\sqrt{1-(\mu m)^2}}\sqrt{\frac{2(p_1-p_2)}{\rho}} \tag{6-54}$$

设流量系数为

$$\alpha=\mu\frac{\varphi}{\sqrt{1-(\mu m)^2}} \tag{6-55}$$

则体积流量为

$$Q=\alpha S_0\sqrt{\frac{2(p_1-p_2)}{\rho}} \tag{6-56}$$

质量流量为

$$M=\rho Q=\alpha S_0\sqrt{2\rho(p_1-p_2)} \tag{6-57}$$

流体的流量与节流元件的前后压差的平方根成正比。因此，选用压差流量变送器，即

带有开方运算功能的压差变送器，可直接与节流装置配合起来，实现流量与输出电流之间的线性关系。

流量系数 α 是一个受很多因素影响的综合系数，其大小与节流装置的形式和尺寸、面积比系数 m、取压方式、管道内壁粗糙度以及流体流动状态等因素有关，可用实验方法确定。

(5) 流量测量仪表的选用

在选用流量计时首先要考虑流体的性质和状态，其次要考虑工艺允许的压力损失、最大最小额定流量，同时应注意使用场合的特点、测量精度的要求、价格因素以及显示方式等。只有同时注意以上几点，才可能选用合适的流量计，进行精度的测量。

6.3.5 温度检测仪表

温度是表征物体冷热程度的物理量，是测量中最常见、最基本的参数之一。工业生产过程中物体的任何化学或物理变化都与温度有关，因此温度测量就显得尤为重要。

6.3.5.1 温度测量

(1) 物质热膨胀与温度

固体的膨胀，如双金属温度计；液体的膨胀，如玻璃水银温度计；气体的膨胀，如压力表式温度计。

(2) 金属或半导体电阻与温度

对于铂、铜等金属导体或半导体，当温度变化时，其电阻值也相应地发生变化，利用这一特性可制成各种电阻温度计。

(3) 热电效应

两种不同的金属导体在两个端点上相互接触，当其两端温度不同时，回路内就会产生热电势，如热电偶温度计。

(4) 物体的辐射能与温度

物体的辐射能与温度存在着一定的关系，利用这一物理特性制成了各种辐射式测温仪表，如光学高温计及各种红外辐射温度计等。

6.3.5.2 温度测量方法

温度测量方法很多，根据感温部分是否与被测物体相接触，温度测量方法可分为两大类：接触式测温和非接触式测温。

(1) 接触式测温

接触式测温就是测温仪表的传感器直接与被测介质接触，使被测介质与温度传感器充分地进行热交换后达到热平衡而完成温度的测量。其优点是比较直观、可靠，系统结构相对简单，测量准确度高；其缺点是有较大的测量滞后和易改变被测对象的温度场分布，从而引起测量误差。采用接触式方法不能测量移动的物体和太小的物体。接触式测温方法有热电偶测温、电阻测温、膨胀式测温、压力测温等。

(2) 非接触式测温

非接触式测温就是测温仪表的温度传感器不直接与被测介质接触，而是利用物体的热辐射(或其他特性)与温度之间的关系来完成温度测量。其优点是测温范围广，能测运动的物体，测温过程中不破坏被测对象的温度场，响应速度快。其缺点是所测温度受物体发射率、中间介质、测量距离等因素的影响。非接触式测温方法有亮度法、比色法、全辐射法和红外辐射法等。

6.3.5.3 温标

温标是衡量温度高低的尺度，是温度数值化的标尺，它给出温度数值化的一套规则和方法，并明确了温度的测量单位。

(1)摄氏温标

摄氏温标单位为摄氏度，用“℃”表示，该温标可用符号 t 表示。定义水的冰点为0℃，水的沸点为100℃，在0～100℃之间划分100等份，每个等份为1℃。摄氏温标虽不是国际统一规定的温标，但我国目前还在继续使用。

(2)华氏温标

华氏温标单位为华氏度，用“℉”表示，该温标可用符号 F 表示。定义水的冰点为32℉，水的沸点为212℉，在32℉到212℉之间划分180等份，每个等份称为1℉。与摄氏温标的换算关系为 $F=(9/5)t+32$。华氏温标已被我国淘汰，不再使用，但在欧美国家仍广泛使用。

(3)国际温标

国际温标为热力学温度，单位为开尔文，用K表示，是英国物理学家开尔文(William Thomson Kelvin)根据热力学中的卡诺循环理论提出的。从绝对零度算起，水的冰点为273度，沸点为373度，用“K”表示，该温标用符号 T 表示。与摄氏温标的关系为 $T=t+273$。

6.3.5.4 热电阻温度检测仪表

(1)测温原理

热电阻测温是利用导体或半导体的电阻随温度变化的特性而实现温度测量的。热电阻的电阻值随温度的变化而变化，这种变化通常用“温度系数”来描述。所谓温度系数，就是温度变化1℃时导体电阻值的相对变化量，常用 α 表示，单位为1/℃。

$$\alpha=\frac{R_t-R_{t_0}}{R_{t_0}(t-t_0)}=\frac{1}{R_{t_0}}\times\frac{\Delta R}{\Delta t} \tag{6-58}$$

式中，R_t表示温度为 t 时的电阻值；R_{t_0}表示温度为t_0时的电阻值。

由式(6－58)可以看出，α 是在 $t\sim t_0$温度范围内的平均电阻温度系数。如令 $t=100$℃，$t_0=0$℃，代入式(6－58)中得

$$\alpha_{100}=\frac{R_{100}-R_0}{100R_0} \tag{6-59}$$

由于热电阻测温时的阻值与R_0有关，所以对R_0的允许误差有严格要求。另外，R_0的大小也有相应的规定，R_0越大，热电阻体积越大，且测量的时间常数增大，同时电流通过电阻丝产生的热量也增大，R_0越小，情况与上述相反。因此，需要综合考虑选用合适的R_0。

当被测温度变化时感温元件的电阻值随着变化，并将变化的电阻值作为电信号输送给

显示仪表，在显示仪表中显示温度的变化值，这就是热电阻计测温的原理。

作为热电阻必须满足：①热电阻的阻值随温度变化要呈单值函数关系，最好呈线性关系；②要有较大且稳定的电阻温度系数；③在热电阻的使用温度范围内，其化学和物理性能稳定；④构成热电阻的材料价格便宜，有较高的性能价格比。

(2)热电阻的纯度

热电阻的纯度对电阻温度系数影响很大，各种金属材料的电阻温度系数 α 并不相同。对纯金属而言，一般为0.38%～0.68%之间，其值大小与该种金属的纯度有关，通常情况下纯度越高，α 值越大，反之，即使有微量杂质混入，其值也会变小。为表征热电阻材料的纯度，需引入电阻比 W 的概念，它的计算公式为

$$W=\frac{R_t}{R_{t_0}} \tag{6-60}$$

由此可见，W 也是表征热电阻特性的基本参数，它与 α 一样与金属材料纯度有关，W 值越大，电阻丝的纯度越高，α 值越大，W 值越小，杂质越多，α 值越小，而且越不稳定。

(3)热电阻的特点

热电阻测温仪表具有如下特点：准确度最高，输出信号大，灵敏度高；电阻温度计的灵敏度较热电偶温度计高一个数量级；测温范围广，无须冷端温度补偿；电阻温度计的元件结构复杂，尺寸较大，因此热响应时间长，不适宜测量体积狭小物体的温度。另外，它不适合测量高温物体，并且抗机械冲击与抗振动性能差。用于测量－200～850℃范围内的温度，在特殊情况下，低温可测1K(－272℃)左右，高温可测到1000℃。

6.3.5.5 工业用热电阻温度计

目前，工业上大量使用的金属导体热电阻有铂、铜和镍等。半导体热电阻有锗和热敏电阻等。

(1)金属热电阻温度计

金属热电阻主要有铂电阻、铜电阻、镍电阻、铁电阻和铑铁合金电阻等。其中，铂电阻和铜电阻最为常用，铂电阻测温准确性最高。主要金属热电阻的分度号、代号、品种和测量温度范围如表6－2所示，目前，我国各种热电阻规定的基本参数如表6－3所示。

表6－2 金属热电阻的分度号、代号、品种和温度测量范围

热电阻名称	代号	0℃热电阻值 R_0/Ω	分度号	温度测量范围/℃
铂热电阻	IEC(WZP)	10	Pt10	0～850
		100	Pt100	－200～850
铜热电阻	WZC	50	Cu50	－50～150
		100	Cu100	
镍热电阻	WZN	100	Ni100	－60～180
		300	Ni300	
		500	Ni500	

表6－3　热电阻的基本参数

热电阻名称	代号	R_0 及允许误差/Ω		W 及允许误差	
		阻值	允许误差	比值	允许误差
铂热电阻	IEC(WZP)	10	A 级 ±0.006	1.3850	±0.001
			B 级 ±0.012		
		100	A 级 ±0.06		
			A 级 ±0.06		
铜热电阻	WZC	50	±0.05	1.428	±0.002
		100	±0.10		
镍热电阻	WZN	100	±0.18	1.617	±0.003
		300	±0.54		
		500	±0.90		

①铂电阻温度计

工业铂电阻温度计的特点是：精度高、稳定性好、性能可靠；具有抗震动冲击的性能，可免电阻细丝断线；易于提纯、复制性好、有良好的互换性。与其他热电阻材料相比，具有较高的电导率。除作为一般的工业测温元件外，还广泛地应用于温度的基准、标准仪器。

铂热电阻的使用温度范围是－200～850℃。在如此宽的温度范围内，很难用一个公式较准确地描述出它的电阻与温度的关系，通常是分成两个温度范围分别描述。

在－200℃≤t≤0℃的温度范围内

$$R_t = R_0[1 + At + Bt^2 + Ct^3(t - 100)] \tag{6-61}$$

在0℃≤t≤850℃的温度范围内

$$R_t = R_0(1 + At + Bt^2) \tag{6-62}$$

式中，R_0 为0℃时的电阻值(不包括内引线的阻值)；R_t 为 t 时的电阻值；$A = 3.90802 \times 10^{-3}$/℃、$B = -5.775 \times 10^{-7}$/℃^{2}、$C = -4.183 \times 10^{-12}$/℃^{4}。

②铜电阻温度计

铜电阻温度计的特点是：材料易于提纯，价格比较便宜；电阻与温度的关系是线性的，电阻温度系数也比较大。它的缺点是固有电阻太小，因此为保持一定阻值往往需要细而长的铜丝，使其体积增大。

铜电阻温度计测温范围为－250～180℃。设工业铜电阻在 t 和0℃时的电阻值分别为 R_t 和 R_0，在测温范围内，铜电阻与温度的关系为

$$R_t = R_0(1 + \alpha t) \tag{6-63}$$

铜电阻的优点是铜的电阻温度系数 α 较大，$\alpha = (4.25 \sim 4.28) \times 10^{-3}$/℃。在一般要求测量精度不高、温度较低的场合，普遍使用铜电阻温度计。铜电阻温度计易氧化，所以只能在温度较低、无水分及无腐蚀的环境下工作。

(2)半导体热敏电阻温度计

①半导体热敏电阻计的特点

半导体热敏电阻计常用来测量－40～3000℃的温度，与金属电阻计相比，它具有以下

优点：电阻率大，可以做成体积小电阻大的电阻体；结构简单，体积小，可以用来测量点的温度；灵敏度高，电阻温度系数大，是金属电阻温度系数的十余倍；热惯性小，响应速度快，可用于动态测量。

它的缺点是电阻温度特性分散性大、互换性差，非线性非常严重，因此使用很不方便。

此外，电阻和温度的关系不稳定，随时间而变化，因此测量误差大，这些缺点限制了热敏电阻计的使用。

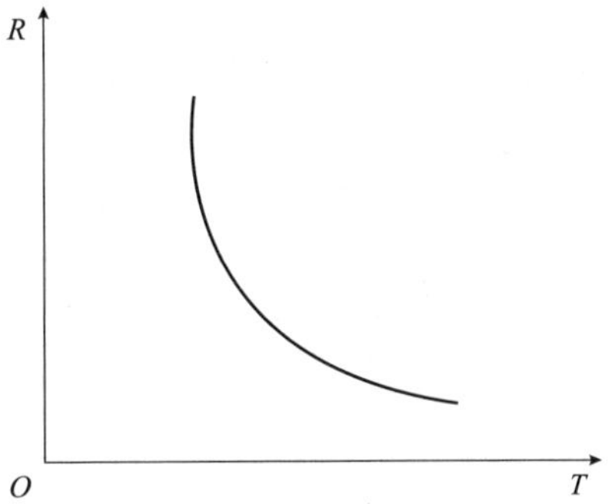

图 6－25　热敏电阻的特性曲线

②半导体热敏电阻的热电特性

用半导体热敏电阻作为感温元件来测量温度。大多数半导体热敏电阻的阻值随温度升高而降低，具有负的温度系数。它的电阻温度特性曲线如图 6－25 所示，半导体热敏电阻就是利用这一特性来测量温度的。

半导体热敏电阻的电阻值与温度的关系不是线性的，可用下式表示为

$$R_T = A\mathrm{e}^{B/T} \tag{6-64}$$

式中，T 表示绝对温度(K)；R_T表示温度为 T 时的电阻；A、B 表示与材料成分及结构有关而与温度无关的常数，A 具有电阻量纲，B 具有温度量纲。

6.3.5.6　热电阻的结构

工业热电阻是由感温元件、内引线、绝缘管、保护管和接线盒等组成的。统一设计的、普通工业用铂电阻和铜电阻产品的结构如图 6－26 所示。此外还有适合各种用途的结构，并具有足够的耐热和绝缘等性能。

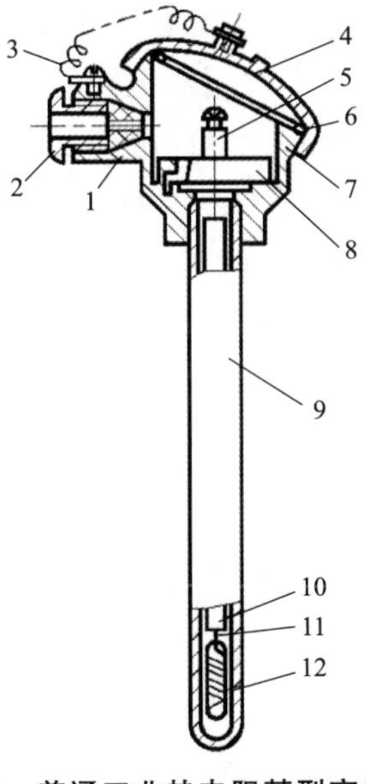

图 6－26　普通工业热电阻基型产品的结构

1—密封圈；2—出线孔螺母；3—链条；4—盖；5—接线柱；6—盖的密封圈；7—接线盒；8—接线柱；9—保护管；10—绝缘管；11—引出线；12—感温元件

(1)热电阻感温元件

热电阻感温元件是热电阻的核心部分，它是由电阻丝及绝缘管架组成的。作为热电阻的电阻丝应具备如下特性：在使用温度范围内，电阻与温度的关系应是连续固定的，最好呈线性关系，便于分度；化学及物理性能稳定；α 值大，复制性好。能满足上述要求的热电阻是纯铂丝。

(2)绝缘骨架

绝缘骨架是用来缠绕、支撑或固定热电阻丝的支架，其质量将直接影响热电阻的技术性能。因此作为骨架材料应满足如下条件：

在使用温度范围内，电绝缘性能要好；比热要小，导热系数要大；化学及物理性能稳定；热膨胀系数要接近热电阻丝的热膨胀系数；要有足够的机械强度。目前常用的骨架材料有云母、玻璃、石英和陶瓷。

(3)热电阻的内引线

由热电阻感温元件至接线端子的连接导线称为内引线。因保护管内温度梯度大，作为内引线要选用纯度高、不产生热电势的材料，而且要求在较高使用温度下必须是难蒸发、抗氧化、不变质的材料。因此，对于工业铂热电阻而言，中低温用银作为引线，高温用镍导线。铜和镍热电阻的内引线，一般都用铜、镍丝。

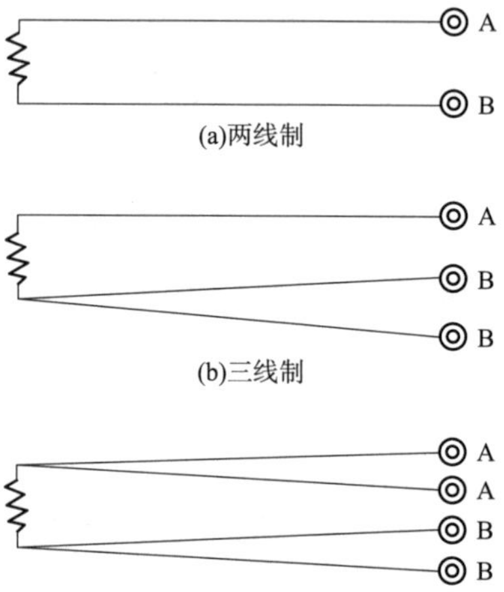

图 6－27　热电阻感温元件引线形式

国产热电阻的内引线有 3 种方式。①在热电阻感温元件的两端各连一根导线的形式称为两线制，如图 6－27(a) 所示。这种两线制热电阻配线简单，但要带进引线电阻的附加误差。②热电阻感温元件的一端连接两根引线，另一端接一根引线，此种引线形式称为三线制，如图 6－27(b)所示。它可以消除内引线电阻的影响，测量精度高，应用最广。③在热电阻感温元件的两端各连接两根引线，称为四线制，如图 6－27(c) 所示。在测量精度较高时，要采用四线制。

6.3.5.7　热电阻的测量电路

热电阻将温度的变化转换成电阻的变化，常用平衡电桥或不平衡电桥作为其测量电路，如图 6－28 所示。图 6－28(a)为工业生产中常用热电阻的三线制测量电路，其中，R_t是热电阻；$R_{L1}=R_{L2}=R_{L3}$为三根引线的等效电阻；电位 RP 是为适合不同分度号的热电阻设置的。在实验室精密测量时用热电阻的四线制测量电路，如图 6－28(b) 所示。R_t是热电阻；R_N是标准电阻；RP 的作用是调整工作电流 I 至适当值。测量时，切换开关S_2先后测量R_t和R_N上的压降U_t和U_N，则

$$R_t=\frac{U_t}{U_N}R_N \tag{6－65}$$

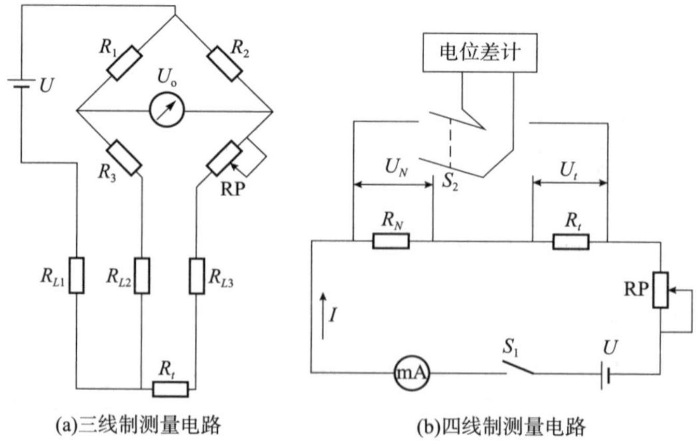

图 6－28　热电阻测量电路

由于电位差计在平衡时读数，热电阻的引线无电流，故可克服电阻的影响。此外，U_t和U_N中均含有接触电动势，由式(6－65)可知，接触电动势的影响是相互抵消的。因此，可提高测量的准确度。

必须指出，热电阻用于测温时，流过热电阻的电流不应超过其额定值(工业用测温为4～5mA)，否则，由于热电阻自身发热会引起温度附加误差。

6.3.5.8 测温仪表的选用

在实际测量温度时，测量条件是多种多样的，针对不同的测量条件应选取不同的测量仪表，通常应考虑测量范围、仪表使用要求、测量环境、仪表的可维修性及成本等。

(1)根据生产所要求的测温范围、允许的误差，选择合适的测温仪表，使之有足够的量程和精度。但不能单纯追求仪表的精度，以免造成不合理的经济支出。

(2)根据生产现场对仪表功能的要求，可以选用一般性仪表、自动记录仪表、可远传仪表以及自动控温系统等。

(3)根据仪表工作条件，选择合适的仪表及保护措施，防止过多的维护管理费用。

正确安装测温元件是实现正确测量的基础，也是减少维修费用的一个途径。实现正确的安装应做好以下两点。

(1)正确选择具有代表性的测温点，测温元件应插入被测物的足够深处。对于管道流体的测量，应迎着流体流动的方向插入。

(2)要有合适的保护措施，如加装保护管、在插入孔处密封等。这样可以延长元件使用寿命，减小测量误差。

习题/思考题

1. 简述测量方法的种类。
2. 简述测量系统的组成及各部分的作用。
3. 什么是测量误差?
4. 测量误差是如何分类的?
5. 测量误差是如何表示的?
6. 请将下列测量结果中的绝对误差改写为相对误差。

   2.534V ±0.002V　　　30.019g ±0.005g

7. 检测仪表的性能指标有哪些?
8. 有一温度计，它的测量范围为0～200℃，精度为0.5级，求(1)该温度计可能出现的最大绝对误差；(2)当示值分别是20℃、100℃的示值相对误差。
9. 预测240V左右的电压，要求测量示值相对误差的绝对值不大于0.6%，求选用量程250V、300V、500V的电压表，精度各选哪一级?
10. 已知预测拉力约为70N。有两只测力仪表，一只为0.5级，测量范围为0～500N，另一只为1.0级，测量范围为0～500N，问选哪一只仪表好？为什么?
11. 测量两个电压，实际值$U_1=100V$，$U_2=5V$，仪表的示值分别为$U_{x1}=101V$，$U_{x2}=6V$。求两个电压的绝对误差和相对误差。

12. 以阻值 $R=120\Omega$、灵敏度 $Sg=2$ 的电阻丝应变片与阻值为 120Ω 的固定电阻组成电桥，供桥电压为3V，并假定负载电阻为无穷大，当应变片的应变为 $2\mu\varepsilon$ 和 $2000\mu\varepsilon$ 时，分别求出单臂、双臂电桥的输出电压，并比较两种情况下的灵敏度。

13. 如图1所示为两直流电桥，图1(a)称为卧式桥，图1(b)称为立式桥，且 $R_1=R_2=R_3=R_4=R_0$。R_1、R_2 为应变片，R_3、R_4 为固定电阻。试求在电阻应变片阻值变化 ΔR 时，两电桥的输出电压表达式并加以比较。

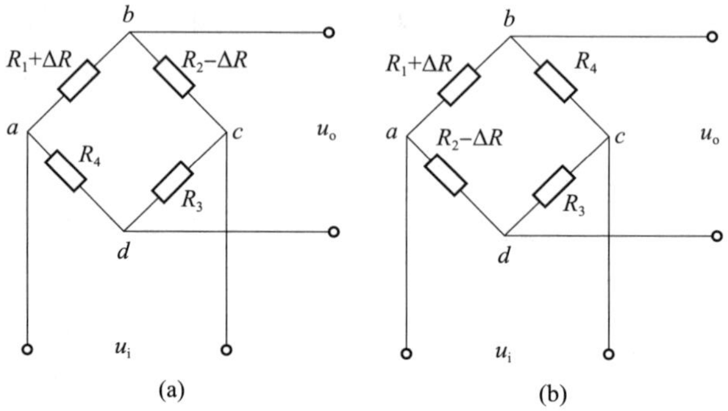

图1

参考文献

[1]徐湘元．过程控制技术及其应用[M]．北京：清华大学出版社．2015.
[2]孙洪程，李大字．过程控制工程设计[M]．北京：化学工业出版社，2020.
[3]张早校，王毅．过程装备技术及应用[M]．北京：化学工业出版社，2018.
[4]廉迎战，林德杰．过程控制仪表及控制系统[M]．北京：机械工业出版社，2019.
[5]潘雪涛，温秀兰．现代传感技术与应用[M]．北京：机械工业出版社，2019.
[6]王池，王自和，张宝珠，孙淮清．流量测量技术全书(上、下册)[M]．北京：化学工业出版社，2012.
[7]苏彦勋，杨有涛．流量检测技术[M]．北京：中国质检出版社，2012.

7 加氢站安全防护

7.1 氢气的物理特性与安全问题

氢气可用作为内燃机或燃料电池提供动力的燃料，或用作能量载体。一个多世纪以来，氢气一直被用作工业化学品，用于多种工业过程(玻璃生产、电子制造和冷却剂应用等)。在过去的20年中，人们对使用氢作为燃料电池的燃料产生了浓厚的兴趣，主要是质子交换膜(PEM)燃料电池。PEM燃料电池因其快速启动时间和低温工作而成为车辆和其他新应用的首选燃料电池技术[1]。加氢站作为燃料电池汽车加氢过程的主要场所，公众紧密接触，因此需要更严格的氢安全防护措施。

氢气是一种易燃气体，可燃性范围很广(按体积计4%～75%)，点火能量相对较低(0.02MJ)。它的密度非常低，因此必须在高压(70～100MPa范围)下储存，才能获得足够的质量以供实际使用。氢气的易燃性和高储存压力造成了与氢气使用相关的大部分风险。同时，对于用于建造储存容器、管道、阀门及附件的材料，氢气还具有攻击和破坏泄漏点的能力，这种破坏能力有时被称为氢脆。氢脆的机制可能很复杂，并且会随着包括温度和压力在内的几个物理参数而变化。氢基于其破坏能力和小分子尺寸从材料中逸出的能力也增加了与氢使用相关的风险。

氢气由于具有燃烧范围宽、易燃易爆、易扩散与泄漏、氢脆的性质，所以加氢站在储存、运输和使用的环节都容易发生意外，尤其是加氢站频繁使用氢能，更容易造成氢泄漏等安全事故。加氢站的设计应严格遵循五层安全防范设计理念，五层设计理念之间的关系为层次递进[2]。

第一层：确保加氢站内氢气不泄漏。而要想实现氢气不泄漏，就要求加氢站工艺系统与设备本身的设计合理并安全。

第二层：若加氢站内设备泄漏可及时检测到，并预防进一步泄漏扩散。这需要加氢站设计严格的安防控制，设置可燃气体检测报警系统及紧急切断系统等。

第三层：加氢站即使发生泄漏，也不产生积聚。这要求加氢站内的建筑/构筑物设计合理，加氢站内尽量不留氢气易集聚死角。易发生可燃气体泄漏的房间均应设置机械排风系统并应与可燃气体检测报警系统连锁控制。

第四层：杜绝点火源和防静电。加氢站需建立严禁烟火制度，相关氢气设备采用防爆设计，所有可燃介质的设备管道及其附件采取防静电措施，以消除或减少静电积累的可能性。

第五层：万一发生火灾也不会对周围产生影响或影响小。这需要相应的安全缓解措施来实现。如设计防爆墙、采用合理的防火间距、配备相应的消防设施等。

安全防范设计理念的关系为层次递进，即：首先保证加氢站尽量不发生氢气泄漏事故；一旦发生泄漏事故，加氢站内安防系统也能及时检测到，防止氢气进一步泄漏扩散；若没有及时制止氢气泄漏，也要求氢气不能集聚，可以快速逃逸，而不产生可燃气云；即使有可燃气云产生，也要杜绝点火源，防止从泄漏事故升级为火灾事故；万一存在点火源发生火灾，也要尽量把影响降至最低。

因此，加氢站安全防护措施包括对加氢站的压缩机装置、储氢装置、氢气充(灌)装气瓶以及加氢装置系统的安全要求；对氢气的加注过程、储运过程的风险控制及安全管控；对加氢站的安全设计风险监控。

7.2 加氢站安全防护措施

7.2.1 氢气燃烧爆炸理论

加氢站的氢气系统和设备，在试运转、开车、停车和检修时，为将系统或设备中残留的氢气或空气吹除干净，均应采用氮气吹扫置换。氮气吹扫置换时，尤其应注意将氢气系统或设备的死角、末端的残留气体吹除干净，并采样分析规定位置处氢中氧或氮中氧的浓度，达到规定值，方可进行设备启动、开停车或动火检修。据了解，国内外相关标准、规范中该规定值为可燃气体着火爆炸下限的 20%，规定吹扫置换用氮气中含氧量不得大于 0.5%(V)[3]。

高压氢气的输运管道材质含碳量较高，在输送、储存环节就很容易发生氢脆，导致管道、储氢气罐发生泄漏等安全事故。天然气与氢气的性质存在着很大不同，天然气的相对分子质量是氢气的 8 倍，氢气与甲烷的物性参数对比见表 7－1。

表 7－1　H_2与甲烷物性参数对比

物性参数	H_2	CH_4
分子量(g/mol)	2.016	16.043
临界压力/bar	13.15	45.4
临界温度/K	33.2	190.65
正常沸点蒸气密度/(kg/m^3)	1.34	1.82
压缩因子	1.0006	0.9980
相对密度	0.06958	0.59145
密度/(kg/m^3)	0.0852	0.6801
低热值/(MJ/m^3)	10.2169	34.0160
高热值/(MJ/m^3)	12.0947	37.7816
离焰常数	0.60	0.67
着火温度/℃	571	537

续表

物性参数	H_2	CH_4
爆炸极限(体积浓度)/%	4.0~75.6	4.9~16.0
扩散系数/(m^2/s)	0.000061~0.000068	0.000061
理论空气需求量(m^3/m^3)	2.38	9.52

由于氢气的密度很小，发生泄漏时的混合物中氢气会浮于空间的顶部，混合并不均匀，而非常可能在空间中形成一定的浓度梯度，这种具有浓度梯度的混合物一旦遇到点火源发生爆炸，可能会造成更加巨大的破坏。此外，泄漏氢气的封闭空间中情况十分复杂，被引燃的氢空气混合物将以燃烧波的形式在封闭空间中发展、加速，进而发展成爆燃，在一定的情况下将形成爆轰。爆燃时，火焰速度为亚声速，发展成为爆轰火焰则以超音速传播，传播速度和超压将会达到2000m/s和2MPa，因此破坏力更加巨大，会造成周围的设施、建筑、结构和人体的严重伤害，引发更为严重的灾难事故。预混火焰是目前研究最为广泛的火焰，根据不同的燃烧机制可以分为层流预混火焰和湍流预混火焰。认识和理解预混火焰的特征，对于研究具有浓度梯度的氢气燃烧具有重要的现实指导意义。预混的气体被点火源引燃，会形成燃烧波进行传播，传播过程中会有加速的进程，在一定的条件下，可能会形成爆轰。

物理爆炸中所产生的冲量及超压会对周围的人员、设备、建筑物等产生不同程度的损害，因此，需要对它们在不同的范围所产生的不同后果进行评估，这对于氢基础设施的安全性具有实际意义。对人员的伤害主要包括爆炸波对人员的伤害，主要有鼓膜破裂、肺部损伤、撞击等，而具体的影响程度则取决于作用于人的超压及冲量值；对建筑的损害主要是超压和冲量对建筑物的损害程度。

7.2.2 加氢站压缩机安全要求

压缩机是压缩系统的核心，其性能的好坏直接影响到加氢站运行的可靠性和经济性。

对于加氢站中氢气压缩系统的设计和布置，有以下要求[4]。

(1)加氢站的氢气压缩工艺系统应根据进站氢气输送方式确定，并应符合下列规定：长管气瓶拖车供应氢气时，加氢站内应设增压用氢气压缩机，并按氢气储存或加注参数选用氢气压缩机和一定容量的储氢罐；氢气管道输送供氢时，应按进站氢气压力、氢气储存或加注参数选用氢气压缩机和一定容量的储氢罐；用于氢燃料汽车或氢气天然气混合燃料汽车时，应根据所需氢气参数和储存或加注参数选用氢气压缩机和一定容量的储氢罐。

(2)自产氢气采用压缩机进行高压储存时，氢气进入氢气压缩机前应设缓冲罐。

(3)氢气压缩机的安全保护装置的布置，应符合下列规定：压缩机进、出口与第一个切断阀之间应设安全阀；压缩机进、出口应设高压、低压报警和超限停机装置；润滑油系统应设油压过低(膜式压缩机应设油压过高、过低报警)或油温过高的报警装置；压缩机的冷却水系统应设温度和压力或流量的报警和停机装置；压缩机进、出口管路应设有置换吹扫口；采用膜式压缩机时，应设膜片破裂报警和停机装置。

(4)氢气压缩机的布置，应符合下列要求：设在压缩机间的氢气压缩机，宜单排布置，其主要通道宽度应不小于1.5m，与墙之间的距离应不小于1.0m；当采用橇装式氢气压缩机时，在非敞开的箱柜内应设置自然排气、氢气浓度报警、事故排风及其连锁装置等安全设施；氢气压缩机的控制盘、仪表控制盘等，宜设在相邻的控制室内。

目前，加氢站常用的压缩机类型主要有隔膜式(图7－1)、离子液式(图7－2)和增压泵式(图7－3)。

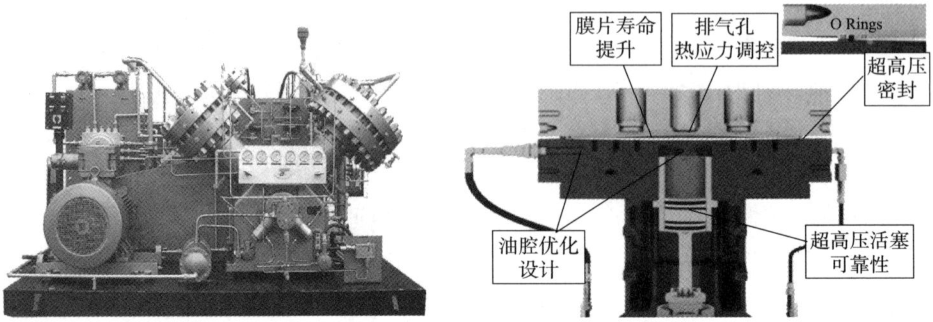

图7－1　隔膜式氢气压缩机及其安全风险点

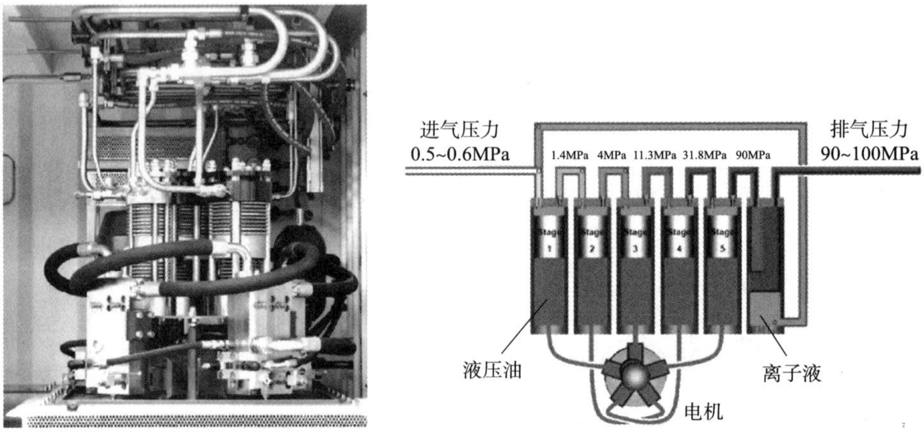

图7－2　Linde离子液式氢气压缩机及其工作原理

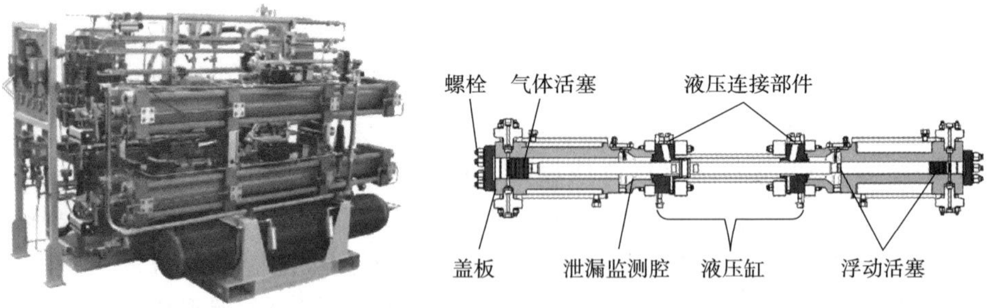

图7－3　增压泵式(液驱)氢气压缩机及其安全风险点

隔膜式压缩机采用薄的金属膜片将被压缩氢气与液压油完全分离并实现氢气压缩。隔膜式压缩机进气压力范围大，单级压缩比大，容积效率较高，但排气量较小，对于多级(含2级)压缩的隔膜压缩机，压缩机前后条件相对稳定是保障压缩机无故障平稳运行的基本要素，所以不能频繁启停，也不适于带载启停。此外，隔膜压缩机也面临着膜片寿命提升技术、排气孔热应力调控技术、超高压密封技术、油腔优化设计技术及超高压活塞可靠性的技术挑战，同时这些技术也是隔膜式压缩机运行过程中可能的安全风险点。

离子液式压缩机是采用一种近零蒸气压的液体作为工质和润滑介质，实现氢气的无污染压缩。离子压缩机可以通过设置多级气缸，实现合理的压缩比和较为宽的压缩范围，实现超大压比。液压驱动也提高了系统整体的安全性，并且整个压缩系统的压缩效率比传统压缩机高约 25%，但结构复杂，动力系统复杂，目前该项技术由林德公司独有。

氢气增压泵（气驱或液驱）采用传统活塞结构，但是活塞与缸体之间的密封采用高分子耐磨材料，不使用润滑油，也不会给氢气带来污染，同时采用的活塞结构相较于金属膜片结构不需要严密的压差控制。增压泵的单级压缩比小，排气压力低，需另配液压或气压驱动单元，但可多级串并联达到大排气量，且进气压力范围较宽，允许压缩比在一定范围内变化，可以直接启动，适合频繁启停；但存在泄漏风险，具有控制相对复杂和动密封件寿命短的缺点，此外，液驱活塞压缩机面临着活塞密封材料、活塞位移控制技术、油气隔离技术及多缸控制策略的技术挑战，同时这些技术挑战也是液驱活塞压缩机运行过程中可能的安全风险点。

氢气压缩机间（箱）的爆炸危险区域划分如图 7－4 所示。房间（箱）内部空间应划分为 1 区，以房间（箱）的门、窗边沿或孔计算，半径为 4.5m，并延至地坪的空间；与氢气压缩机间相邻的无释放源房间位于爆炸危险区域内时，应用非燃烧体的实体墙隔开，露天设置的氢气压缩机组、冷却器的爆炸危险区域划分如图 7－5 所示，距氢气压缩机组、冷却器外轮廓 4.5m，并延至顶部以上 4.5m 的空间应划分为 2 区。

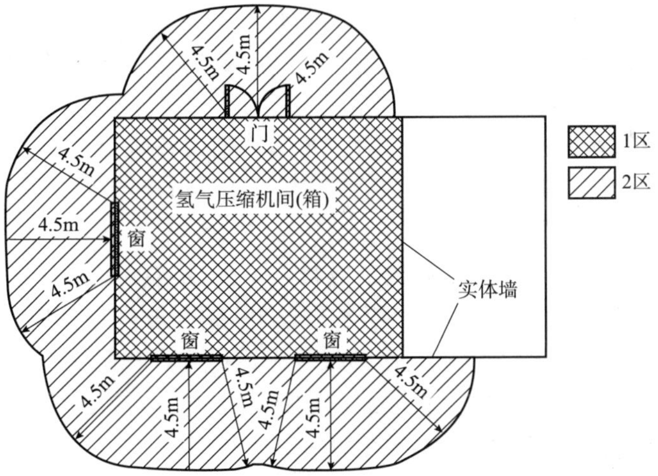

图 7－4 氢气压缩机间（箱）的爆炸危险区域划分

一个加氢站选配什么类型的压缩机，应该结合加氢站的运行特点以及压缩机的特点来确定，而不能一概而论。

加氢站压缩机应按照 GB 50177 要求设安全防护装置。使用隔膜式压缩机压缩氢气应设置膜片损坏报警装置及联锁停机、各级压缩气出口温度高限报警装置、冷却水温度及流量报警装置，氢气充（灌）装的汇流排数量应根据气源的多少和压缩机的排气能力设置，最

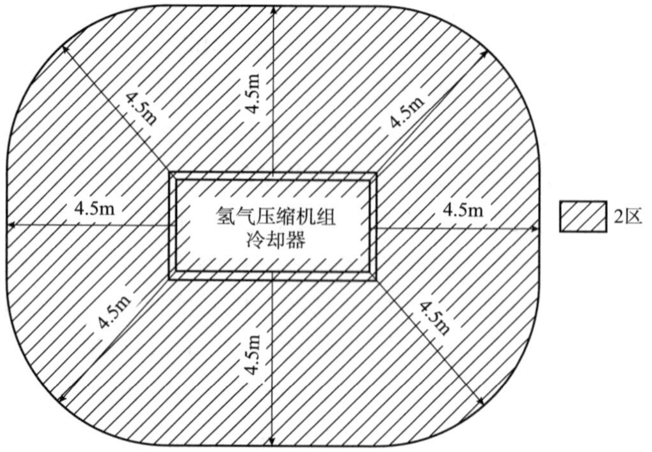

图 7-5　露天设置的氢气压缩机组、冷却器的爆炸危险区域划分

少 2 排(组)，每排 8～24 个瓶位。

7.2.3　加氢站储氢装置安全要求

在加氢站内配备高压大容量的固定式储气装置，可以实现在短时间内给车辆加满气。另外，固定式储气装置作为缓冲装置还可以避免压缩机的频繁启动，优化氢气加气站的操作。对于加氢站中氢气储存设施的布置，有以下要求[5]。

(1)加氢站内的氢气储气设施宜选用专用固定式储氢罐或氢气储气瓶组。储氢罐或氢气储气瓶组应遵守现行国家标准《固定式高压储氢钢带错绕式容器》、JB 4372《钢制压力容器——分析设计标准》及相关国家标准、规范的规定。

(2)加氢站内的储氢罐或氢气储气瓶组，压力宜按 2～3 级分级设置，各级容量应按各级储气压力、充氢压力和充装氢气量等因素确定。

(3)加氢站内宜选用同一规格型号的固定式储氢罐或长管氢气储气瓶组。当选用小容积氢气储气瓶时，每组氢气储气瓶组的总容积(水容积)不宜大于 $4m^3$，且瓶数不宜多于 60 个。

(4)固定式储氢罐的安全设施的设置，应符合下列规定：应设有安全泄压装置，如爆破片；罐顶部应设氢气放空管，放空管应设 2 只切断阀和取样口；应设有压力测量仪表、压力传感器；缠绕式储氢罐应设置氢气泄漏报警装置；应设有氮气吹扫置换接口。

(5)氢气储气瓶组应固定在独立支架上，宜卧式存放。同组氢气储气瓶之间净距不宜小于 0.03m，氢气储气瓶组之间的距离不宜小于 1.5m。

(6)储氢罐、氢气储气瓶组与站内汽车通道相邻一侧，应设安全防护栏或采取其他防撞措施。

7.2.4　加氢站氢气充(灌)装气瓶安全要求

氢气充(灌)装时应先对气瓶进行确认，严禁氢气瓶与氧气瓶、氮气瓶或其他气瓶混淆。应采用防错装接头充(灌)装夹具，防止可燃气体和助燃气体混装。充(灌)装前应严格检查瓶体、阀门等处有无损坏。充(灌)装时气瓶应采用固定措施，防止倾倒。应设置充

(灌)装超压报警装置，保证气瓶充(灌)装压力不超过气瓶允许的工作压力。为限制充气速度，同批充(灌)装气瓶数量不得随意减少，也不得在充(灌)装过程中插入空瓶充(灌)装，氢气充气速度不得高于15m/s。氢气与氧气不应在同一充(灌)装台内进行充(灌)装。充气管道应和其连接部件牢靠连接，与气瓶嘴应紧密连接，防止气体泄漏。充气导管宜为紫铜管或金属软管。充气导管若为紫铜管，使用前应经过退火处理，每使用三个月应退火一次。使用过程中紫铜管出现起皱现象应及时更换。充(灌)装时应缓慢开启汇流排阀门，防止气流产生剧烈冲击。在充(灌)装过程中应检查气瓶温度，以判断气瓶进气流量的大小，并可检查气瓶的充(灌)气导管或阀门是否有故障。空瓶与实瓶应严格分开存放。对不合格或未充(灌)入氢气的气瓶应另设区域放置，并设置醒目标识，防止误装。经常检查充(灌)装压力，在高压时应特别注意压缩机各级温度和压力是否正常。气瓶充(灌)装结束应配戴瓶帽、防震圈(集装气瓶除外)，还应在充(灌)装后的气瓶(或集装架)上粘贴符合GB 16804《气瓶警示标签》规定的充(灌)装标签。

有下列情况之一的气瓶不应充(灌)装：瓶体漆色、字样模糊、不易识别、无有效标签；安全附件不全(包括瓶帽、胶圈等)或瓶体、阀门有明显损坏；瓶内气体余压低于0.05MPa；按规定超过检验年限或钢印标记不清；空瓶未经检验或瓶内气体未经置换和抽空。

7.2.5 加氢站加氢系统安全技术要求

加氢系统中的关键部件为加氢口。SAE J2600 规范将加氢口的公称工作压力划分为5个等级，分别为11MPa、25MPa、35MPa、50MPa 和 70MPa，并规定了加氢口的结构型式、技术要求及测试方法。我国现行标准 GB/T 26779《燃料电池电动汽车加氢口》仅给出了工作压力为35MPa 及以下加氢口的形式、要求、试验和检测方法，标委会正依据 SAE J2600 对该标准进行修订，有望将现有标准的压力等级提升至70MPa。

目前，国内外燃料电池汽车多采用高压气态储氢方式，储氢压力主要有35MPa 和70MPa 两个等级。在高压氢气加注过程中，由于压缩和氢气的焦－汤效应的双重作用，车载氢瓶内 H_2 容易快速升温，存在安全隐患。为实现高压氢气安全快速加注，提高加注效率，降低氢气加注成本，综合采用了分级优化加注策略、氢气预冷技术、温升控制加注设计相结合的设计方案，降低进入氢瓶的氢气温度，确保氢气升温后的温度在设计要求内。根据分级加注原理，合理设计分级策略，并通过工艺流程优化及控制原理，实现对加注速率、温度及安全的合理控制。

为确保加氢过程的安全稳定运营，在储氢罐与加氢枪之间至少应设置如图7－6所示的各种阀门，这些阀门分别设在储氢罐邻近处和加氢机内，这些阀门的功能、规格、型号应根据加氢站具体规模、加氢过程的控制要求确定，有的应选用自动控制阀门以实现分阶段加氢的要求。各种阀门的使用功能主要是：设置储氢罐切断阀是为实现分阶段加氢和便于进行单个储氢罐的维护、检修；设置主切断阀，可将储气区与加氢机分开进行维修和安全紧急切断、分割；设置吹扫放空装置，可对氢气管路分别进行置换吹扫，以进行维修等；加氢切断阀被用于加氢操作[6]。

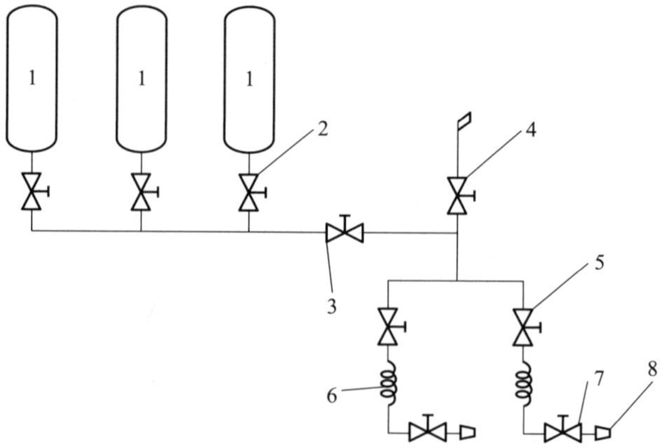

图 7－6　储氢罐与加氢枪之间的阀门设置

1—储氢罐或氢气储气瓶组；2—储氢罐切断阀；3—主切断阀；4—吹扫放空管装置；
5—紧急切断阀；6—加氢软管；7—加氢切断阀；8—加氢枪

7.2.6　加氢过程风险控制

高压储氢时的加氢过程是一个储氢气源与使用单元的物质和能量交换过程，即大量的高能气体进入空气瓶的过程。如果在这一过程中没有掌握好操作和密封问题，就有可能导致储氢设备出现危险。

美国标准 DOT 3A 和 3AA 中对于氢气在无缝气瓶中的充装做了很多规定：要求氢气的操作由专业人士来完成；高压储氢设备的连接部分要有很好的密封性；在燃料电池汽车中使用的氢气纯度一般都达到了 99.99% 以上，一方面要防止氢气与杂质的反应，另一方面要防止毒化燃料电池，所以在高压氢气的管路中不能出现油污等杂质；氢气气瓶首次使用的时候应进行抽真空处理；储氢高压气瓶不能受到冲击作用；在使用氢气的场合不能有火星；等等。加氢装置中能引起氢气泄漏的原因很多，要在系统关键部位中安装气体探测器实时监测系统中的气体，以及安装压力传感器来监测储罐和管道中的气体压力。

对于使用金属内衬的高压储氢气瓶就需要参照这两个标准中的一些规定，全复合的高压储氢气瓶在 DOT FRP－1 和 FRP－2 中也有相应的一些规定，与 DOT 3A 和 3AA 一样，都将氢气的压力限制在 20MPa 以下。我国的汽车用压缩天然气钢瓶的压力也限制在 20MPa 以下，而且不包含复合材料气瓶。车用高压储氢的压力一般都大于这样的压力限制，所以 ISO、美国和欧盟等都在这方面的标准制定中做积极的工作。

7.2.7　氢气输运过程风险控制

运输和车用的储氢设备必须考虑动载荷对设备本身的影响，设备要做减振的措施，增强保护。由于振动等的影响，这类设备的阀门可能会受到一定的影响，配备在输运和车用上的储氢设备必须进行严格检查后才能使用。输运与车用时，高压储氢设备处于移动状态，如果发生事故其危害性更强。除了在储氢设备中要进行安全状态监控外，还应在驾驶室、车体外部增加气体探测器等。

针对国内车载储氢罐三年一检导致的检测费用高昂，可行性较低的问题，有学者研究了车载储氢气瓶在线实时数据采集安全预警分析系统，通过采集车载储罐各类信息，推断储罐寿命，避免车载储罐的三年一检问题，但该研究还处于初步阶段，尚未进行行业应用。

7.2.8 加氢站储氢装置安全管控

加氢站内的储氢装置的使用管理应符合 TSG 21《固定式压力容器安全技术监察规程》的规定。使用单位应逐台建立储氢装置的技术档案并且由其管理部门统一保管。技术档案至少应包括：特种设备使用登记证；储氢装置登记卡；储氢装置设计制造技术文件和资料；储氢装置年度检查、定期检验报告，以及其他有关检验的技术文件；储氢装置维修和技术改造的方案、图样、材料质量证明书等技术资料；安全附件的校验、维修和更换记录；相关事故的记录资料和处理报告等。使用单位应在工艺操作规程和岗位操作规程中，明确提出储氢装置的安全操作要求以及突发事件处理方案，对突发事件的处理应符合 GB/T 29729《氢系统安全的基本要求》的有关规定。使用单位应对作业人员进行安全教育，确保作业人员掌握操作规程及事故应急措施；储氢装置的安全管理人员和操作人员应持有相应的特种设备作业人员证。使用单位应对储氢装置及其安全附件进行日常维护保养，对异常情况应及时处理并且记录。使用单位应对储氢装置进行年度检查，年度检查应包括储氢装置安全管理情况检查、装置本体及运行状况检查、安全附件检查等。使用单位应当在储氢装置定期检验有效期届满前一个月向检验机构提出定期检验要求。储氢装置在投入运行前、检修动火作业前或者长期停用前后，均应采用氮气进行吹扫置换。储氢装置的动火作业应实行企业安全部门主管书面审批制度，未经安全部门主管书面审批不得擅自作业。储氢装置检修前，应切断相应的电源、气源，并经氮气吹扫置换合格后再进行检修。操作人员、检修人员不得随意敲击储氢装置；储氢装置运行时，不得带压维修和紧固；不得使储氢装置处于负压状态。室外储氢容器的爆炸危险区域划分如图 7－7 所示，距设备外缘 4.5m，并延至顶部以上 4.5m 的空间，应划分为 2 区。

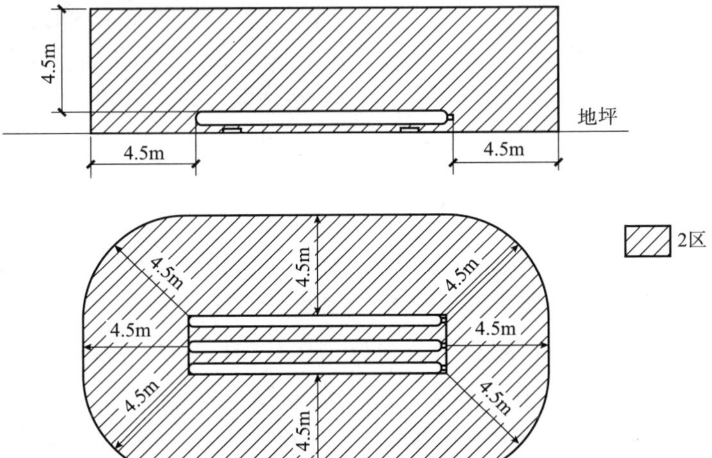

图 7－7　室外储氢容器的爆炸危险区域划分

7.2.9 加氢站静电安全防护

静电是一种常见的自然现象。在很多工业过程中，包括处理固体、液体、粉末、气体、喷涂爆炸物的工艺中，静电都造成了不小的麻烦。但是在某些工业过程中，静电又被利用来实现特定的工艺，比如静电喷涂可以保证涂料在工件表面的均匀附着。

静电的危害主要是：点燃爆炸性环境或爆炸物，产生爆炸；电击危害，包括对人的伤害和对设备的损害；对生产工艺的影响(比如在半导体生产等对洁净度要求很高的作业环境中，静电导致粉尘吸附)或者导致设备工作不正常(比如对控制设备的电子线路的影响)。由于氢气的可燃浓度范围非常宽，极易形成爆炸危险环境，各种放电类型都有可能点燃氢气，因此静电的防控对于氢气安全非常重要[7]。

(1)接地和等电位连接

涉氢系统必须接地或等电位连接，以阻止静电荷的聚集。整个涉氢系统都必须保证接地连续性。互相连接或接触的金属部件的电阻应小于10Ω。等电位连接适用于但不限于以下设备：导电性氢储罐或容器；氢气管路和系统，包括法兰和连接；导电性外壳或橇装、框架和/或(金属)地板。

对于移动式的储罐或槽罐车，其接地连续性是通过接地钳和接地监控装置来实现的(图7-8、图7-9)。在氢气站进行加载/卸载作业时，作业人员必须严格遵守操作规范，先用接地钳将拖车与地面站场的固定设施做等电位连接，以确保车辆的金属框架的可靠接地，再进行加载/卸载作业。

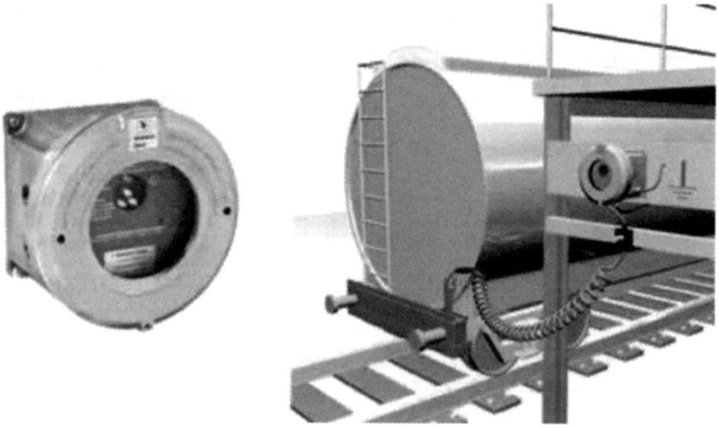

图7-8 槽罐车作业的接地连续性监控

(2)高压氢气喷射

一种和静电相关的氢气危险是高压氢气喷射火焰。

氢气高压泄漏可能会产生喷射火焰，无论是故意的设置的泄压口(如TPRD泄压口)还是意外的泄漏事故。其点火机制比较复杂，并非所有的氢气高压喷射事故都会产生点火，但是即使泄压口接地也无法完全避免喷射时发生即时点火。至今也没有有效的避免高压喷射火焰的方法，只能通过三级防护措施，在可能的喷射方向保证足够的安全距离或设置挡墙。

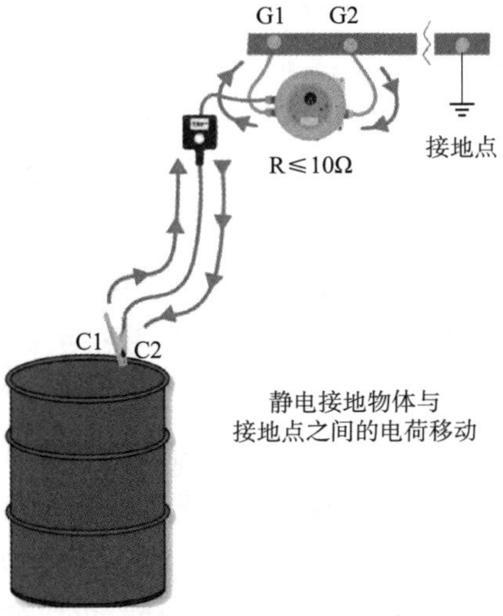

图7-9 移动式储罐的接地连续性监控

7.3 加氢站安全设计及监测

鉴于氢气的特性，为防止因氢气泄漏诱发着火、爆炸等安全事故，氢气管道接头、附件选择的基本原则是：具有优良的承压能力、密封性好和施工、维修方便。每2台加氢机应设置不少于1个8kg手提式干粉灭火器或2个4kg手提式干粉灭火器；加氢机不足2台按2台计算。由于氢气与天然气同为可燃气体，其特性类似，所以参照现行国家标准GB 50156中的相关规定：加油站、压缩天然气加气站、加油和压缩天然气加气合建站可不设消防给水系统。氢气是易燃易爆气体，着火爆炸范围宽、点火能量低，氢气密度小，极易向上扩散，为确保加氢站的安全运行，规定除应采用防爆灯具外，其灯具还宜安装在较低处，并不得安装在氢气释放源的正上方[8]。

7.3.1 加氢站建筑结构安全设计

氢气站、供氢站的耐火等级不应低于二级，并宜为单层建筑。有爆炸危险房间，宜采用钢筋混凝土柱承重的框架或排架结构。当采用钢柱承重时，钢柱应设防火保护，其耐火极限不得低于2.0h。氢气站、供氢站内有爆炸危险房间应按现行国家标准GB 50016《建筑设计防火规范》的规定，设置泄压设施。

氢气站、供氢站有爆炸危险房间的泄压设施的设置，应符合下列规定[9]：

(1)泄压设施宜采用非燃烧体轻质屋盖作为泄压面积，易于泄压的门、窗、轻质墙体也可作为泄压面积；

(2)泄压面积的计算应符合现行国家标准GB 50016的要求；

(3)泄压设施的设置应避开人员密集场所和主要交通道路，并不宜靠近有爆炸危险的部位；

(4)氢气压缩机间宜采用半敞开或敞开式的建筑物。

有爆炸危险房间的安全出入口，不应少于2个，其中1个应直通室外。但面积不超过100m^{2}的房间，可只设1个直通室外的出入口。有爆炸危险房间与无爆炸危险房间之间，应采用耐火极限不低于3.0h的不燃烧体防爆防护墙隔开。当设置双门斗相通时，门的耐火极限不应低于1.2h。

有爆炸危险房间与无爆炸危险房间之间，当必须穿过管线时，应采用不燃烧体材料填塞空隙。有爆炸危险房间的门窗均应向外开启，并宜采用撞击时不产生火花的材料制作。氢气灌瓶间、空瓶间、实瓶间和氢气汇流排间，应设置气瓶装卸平台，其宽度不宜小于2m，高度应按气瓶运输工具高度确定，宜高出室外地坪0.6~1.2m，气瓶装卸平台，应设置大于平台宽度的雨篷，雨篷及其支撑材料应为不燃烧体。

氢气灌瓶间内，应设置高度不低于2m的防护墙。且氢气灌瓶间、氢气汇流排间和实瓶间，应采取防止阳光直射气瓶的措施；在有爆炸危险房间的上部空间，应通风良好。顶棚内表面应平整，避免死角；同时氢气压缩机间、氢气纯化间、氢气灌瓶间等的厂房跨度大于9.0m时，宜设天窗。天窗、排气孔应设在最高处。

制氢间的屋架下弦的高度，应满足设备安装和排热的要求，并不得低于5.0m；在氢气压缩机间、氢气纯化间屋架下弦的高度，应满足设备安装和维修的要求，并不得低于4.5m；同时氢气灌瓶间、氢气汇流排间屋架下弦的高度，不宜低于4.5m。氢气集装瓶间屋架下弦的高度，应按起吊设备确定，并不宜低于6m。

7.3.2 加氢站给排水与采暖通风

氢气站、供氢站严禁使用明火取暖。氢气灌瓶间、氢气汇流排间和空瓶间、实瓶间内的散热器，应采取隔热措施。当设集中采暖时，应采用易于消除灰尘的散热器。同时在集中采暖时，在计算采暖、通风热量时，应计入制氢装置散发的热量，同时室内计算温度应符合下列规定[9]：

(1)生产房间不应低于15℃；

(2)空瓶、实瓶间不应低于10℃；

(3)氢气罐阀门室不应低于5℃；

(4)值班室、生活间等应按GBZ 1《工业企业设计卫生标准》的规定执行。

在有爆炸危险房间的自然通风换气次数，每小时不得少于3次；事故排风装置换气次数每小时不得少于12次，并与氢气检漏装置联锁。自然通风帽应设有风量调节装置和防止凝结水滴落的措施。有爆炸危险房间，事故排风机的选型应符合GB 50058《爆炸危险环境电力装置设计规范》的规定，并不应低于氢气爆炸混合物的级别、组别(ⅡCT1)。

氢气站、供氢站内的生产用水，除中断供氢将造成较大损失者外，可采用一路供水。氢气站的冷却水排水，应设水流观察装置或排水漏斗。氢气站排出的废液，应符合GB 8978《污水综合排放标准》的规定。同时氢气站、供氢站内的冷却水系统，应符合下列规定：

(1)冷却水系统，宜采用闭式循环水；

(2)冷却水供水压力宜为0.15～0.35MPa。水质及排水温度应符合GB 50029《压缩空气站设计规范》的要求；

(3)应装设断水保护装置。

有爆炸危险房间、电气设备间，可根据建筑物大小和具体情况配备二氧化碳、“干粉”等灭火器材。加氢站的氢气系统和设备，在试运转、开车、停车和检修时，为将系统或设备中残留的氢气或空气吹除干净，均应采用氮气吹扫置换。氮气吹扫置换时，尤其应注意将氢气系统或设备的死角、末端的残留气体吹除干净，并采样分析规定位置处氢中氧或氮中氧的浓度，达到规定值，方可进行设备启动、开停车或动火检修。据了解，国内外相关标准、规范中该规定值为可燃气体着火爆炸下限的20%，规定吹扫置换用氮气中含氧量不得大于0.5%(V)。氢气站、供氢站的室内外消防设计，应符合GB 50016的规定。

7.3.3 加氢站防火防雷设计

氢气站、供氢站的防雷，应按GB 50057《建筑物防雷设计规范》、GB 50058《爆炸危险环境电力装置设计规范》的要求设置防雷、接地设施。氢气站、供氢站的防雷分类不应低于第二类防雷建筑。其防雷设施应防直击雷、防雷电感应和防雷电波侵入。防直击雷的防雷接闪器，应使被保护的氢气站建筑物、构筑物、通风风帽、氢气放空管等凸出屋面的物体均处于保护范围内。

氢气站、供氢站内按用途分有电气设备工作(系统)接地、保护接地、雷电保护接地、防静电接地。不同用途接地共用一个总的接地装置时，其接地电阻应符合其中最小值。氢气站、供氢站内的设备、管道、构架、电缆金属外皮、钢屋架和凸出屋面的放空管、风管等应接到防雷电感应接地装置上。管道法兰、阀门等连接处，应采用金属线跨接。加氢站内的设备、管道、构架、电缆金属外皮、钢屋架、铁窗和凸出屋面的放空管、风管等，应接到防雷电感应接地装置上。

室外架空敷设氢气管道应与防雷电感应的接地装置相连。距建筑100m内管道，每隔25m左右接地一次，其冲击接地电阻不应大于20Ω。埋地氢气管道，在进出建筑物处亦应与防雷电感应的接地装置相连。

有爆炸危险环境内可能产生静电危险的物体应采取防静电措施。在进出氢气站和供氢站处、不同爆炸危险环境边界、管道分岔处及长距离无分支管道每隔50～80m处均应设防静电接地，其接地电阻不应大于10Ω。

氢气罐等有爆炸危险的露天钢质封闭容器，当其壁厚大于4mm时可不装设接闪器，但应有可靠接地，接地点不应少于2处；两接地点间距不宜大于30m，冲击接地电阻不应大于10Ω。氢气放空管的保护应符合GB 50057的要求。要求接地的设备、管道等均应设接地端子。接地端子与接地线之间，可采用螺栓紧固连接；对有振动、位移的设备和管道，其连接处应加挠性连接线过渡。

7.3.4 加氢站安全监测及安防系统设计

加氢站需要设计相应的站控系统和安防系统，对现场的运行设备进行监视和控制，以实现数据采集、设备控制、测量、参数调节以及各类信号报警等各项功能[9]。

加氢站内应设置可燃气体检测报警系统，可燃气体检测报警系统应配有不间断电源。可燃气体检测器应安装在最有可能积聚氢气的地点或位置，可燃气体报警器宜集中设置在控制室或值班室内。可燃气体检测报警系统检测到空气中的氢气含量达到0.4%时应触发声光报警信号，当空气中的氢气含量达到1%时应启动相应事故排风风机，当空气中的氢气含量达到1.6%时，应触发加氢站紧急切断系统。可能发生可燃气体泄漏的房间均应设置排风系统，正常排风7次/h，事故排风换气次数不少于15次/h，每次排风时间不低于3min，并应与可燃气体检测报警系统联锁控制。

加氢站应设置中央监控和数据采集系统，实时采集和记录各主要工艺设备的运行状态及参数。在加氢站及各类合建站进出口、氢气储存区、储气区、氢气加注区、加油加气区、充电区、主控室及总电力配送室应设不间断视频监控，把监控视频上传数据采集系统并做数据备份。加氢站周围宜设置周界报警装置，报警信号应纳入监控系统。监控与数据采集系统所有的核心单元应设有不间断备用电源，该备用电源可以在断电后60min内保持供电。

氢气加氢站内的电力负荷，主要是压缩机、公用工程(如冷却水)等用电，为均衡氢气加气过程，站内均设有一定容量的储氢罐，因此，突然停电，一般情况下不会引发事故或人员伤亡和较大的经济损失，按电力负荷分类标准，应为三级负荷。由于目前国内外的示范加氢站与加油加气站类似，均采用加气或加氢过程的自动化系统，包括加氢过程的压力、流量和程序控制以及可燃气体的报警检测系统，若突然停电，将影响其正常运行，甚至引起事故的发生，所以规定通信、监测系统应设不间断电源。

加氢站应设置紧急切断系统，该系统应能在事故状态下迅速切断站内各工艺设施的动力电源和关闭重要的管道阀门。紧急切断系统应具有失效保护功能。加氢站及各类合建站内氢气压缩机、LPG泵、LNG泵、LPG压缩机、CNG压缩机、加油泵、加氢机、加油机、加气机、充电机等设备的动力电源和站内管道上的紧急切断阀，应能由手动启动的紧急切断按钮远程控制。加氢站及各类合建站内紧急切断系统应至少在下列位置设置紧急切断按钮：

(1)距加氢站或加气站卸车点5m以内。

(2)在加氢、加油、加气、充电现场工作人员容易接近的位置。

(3)在控制室或值班室内。

加氢站及各类合建站紧急切断系统应可与可燃气体检测报警系统或火灾探测器报警信号联动。

加氢机、氢气卸气柱的爆炸危险区域划分如图7-10所示。加氢机、氢气卸气柱内部空间，应划分为1区；距加氢机、卸气柱4.5m，并延至顶部以上4.5m的空间，应划分为2区。

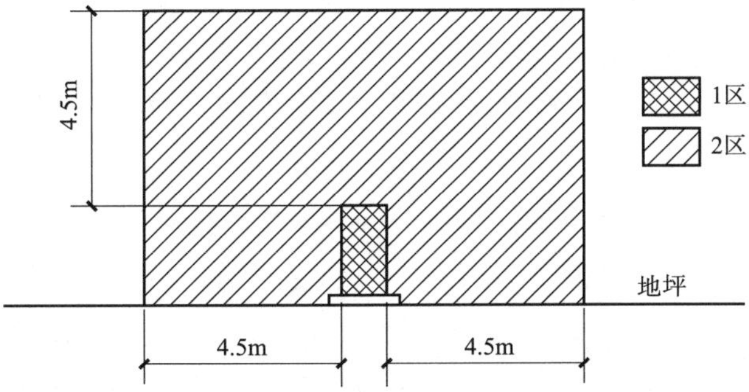

图7-10 加氢机、氢气卸气柱的爆炸危险区域划分

习题/思考题

1. 氢气的可燃浓度范围是多少？其数值与爆炸浓度范围相一致吗？
2. 加氢站设计时所遵循的五层安全防范设计理念是什么？
3. 氢气泄露后，燃烧爆炸产生爆轰，爆轰的危害主要源于哪些因素？
4. 氢气压缩机间(箱)的爆炸危险区域如何进行划分？
5. 储氢装置为何不能处于负压状态？
6. 加氢站有哪些静电安全防护措施？
7. 氢气高压泄漏产生喷射火焰的原因有哪些？
8. 如何计算加氢站内的工艺设施厂房的泄压面积？
9. 影响自然通风换气次数的因素有哪些？
10. 如何计算防直击雷的防雷接闪器的保护范围？

参考文献

[1]中国电动汽车百人会．中国氢能产业发展报告[R]．北京：中国电动汽车百人会，2020.
[2]中华人民共和国航空航天工业部．用氢安全技术规范：QJ 2298—1992 [S].
[3]全国安全生产标准化技术委员会化学品安全标准化分技术委员会．氢气使用安全技术规程：GB 4962—2008[S]．北京：中国标准出版社，2009.
[4]全国氢能标准化技术委员会．氢系统安全的基本要求：GB/T 29729—2022[S]．北京：中国标准出版社，2023.
[5]全国氢能标准化技术委员会．加氢站用储氢装置安全技术要求：GB/T 34583—2017 [S]．北京：中国标准出版社，2017.
[6]全国氢能标准化技术委员会．加氢站安全技术规范：GB/T 34584—2017[S]．北京：中国标准出版社，2017.

[7]中国电子工程设计院有限公司．加氢站技术规范：GB 50516—2010(2021 版)[S]．北京：中国计划出版社，2021.
[8]中国石化工程建设有限公司．汽车加油加气加氢站技术标准：GB 50156—2021[S]．北京：中国计划出版社，2021.
[9]中国电子工程设计院．氢气站设计规范：GB 50177—2005 [S]．北京：中国计划出版社，2021.

8 其他氢载体方式及其加注

随着我国燃料电池车的规模化应用，我国加氢站将逐步由当前的低负荷、粗放式加氢运行状态过渡至高密度、快速加氢的全负荷运行状态；燃料电池车在大重载、长续航场景下拓展应用，将出现储氢密度更高的70MPa 加氢需求。我国加氢站技术与美国、日本、欧洲等国家和地区仍然有一定差距：一方面，现役35MPa 加氢站尚未经历高负荷加氢工况下的性能和可靠性验证，存在较大优化空间，35MPa 加氢站关键装备的核心零部件依赖进口，有待深入开发；另一方面，70MPa 加氢站关键装备完成攻关后，仍需经过加氢站应用验证，进一步提高性能与可靠性，攻克核心零部件国产化，提高竞争力。此外，用于大规模加氢的液氢站技术基本处于研发空白状态。本章对氢的加载体和加注工艺做了介绍，具体讲解了固态储氢、液态储氢、提纯工艺、加注工艺等方面的内容。

8.1 加氢站装备与站控

目前，我国基于国产Ⅲ型储氢瓶的35MPa 快速加氢控制技术，加氢性能和安全性达到国际同类先进水平，与 SAE J2601 氢气加注协议标准兼容，在多个加氢站实现商业化应用，在70MPa 加氢机方面尚处于样机阶段。为了达到乘用车 3 ~5min 内完成加氢 5kg 的需求，国际上均采用预冷至 -40℃的氢气进行 70MPa 加注。美国 NREL(National Renewable Energy Laboratory)国家实验室对40 余座加氢站的运行数据分析结果表明，70MPa 加氢预冷能耗高，平均值达到2. 5kW · h/kg[1]。鉴于此，国际上开展了低功耗制冷及氢气换热技术的开发。日本 NEDO(The New Energy and Industrial Technology Development Organization)和美国 DOE 均支持了高效率的氢气换热器开发，能够实现高压氢气的高效换热，已在多个加氢站应用[2,3]。与此同时，加氢装备的核心零部件，包括高精度高压氢气质量流量计、传感器、调压阀以及高可靠加氢枪等，由美国、日本、欧洲等国家和地区垄断，我国进口依赖度高，有待开发相关核心技术和零部件制造技术。此外，美国、日本、欧洲等国家和地区已实现加氢机 - 车辆通信辅助加氢，我国在该领域有待突破。

在压缩机技术装备方面，我国自主开发的45MPa 压缩机已经应用在35MPa 加氢站，排量达到 $500Nm^3/h$，并累计运行最高超过5000h。为突破70MPa 加氢站用90MPa 压缩机，我国正在进行技术攻关，预计2023 年开展示范，压缩机排量将达到 $200Nm^3/h$，实现无故障连续运行500h 以上。与国外同类型压缩机相比，我国压缩机的可靠性，尤其是关键零部件的寿命有待进一步提高。国外已经突破了耐超高压、长寿命、大面积的金属膜片材料及其加工制造技术，美国 PDC 公司制造的45MPa 压缩机单缸排量超过 $750Nm^3/h$，单级压缩比最高达到9，在加氢站操作工况下膜片期望寿命均超过4500h，90MPa 压缩机两级压缩排量达到 $560Nm^3/h$ 以上，两级综合压缩比超过18[4]。

在液氢泵技术装备方面，国外以 Linde 公司为代表已成功研制了高压液氢活塞泵，可单级压缩且最大加注能力达到 120kg/h，出口压力可达 87.5MPa，流量为 30g/s，能耗仅有 0.6kW·h/kg[5]，而国内目前尚无成熟的高压液氢泵产品，国内在建的液氢加氢站采用的液氢泵均为进口产品。国内液氢泵目前仍处于样机研制阶段，出口压力仅能达到 10MPa，技术基础薄弱。

在加氢站工艺和控制方面，我国自主开发了 35MPa 加氢站新工艺以及相应的自动化控制系统，目前处于示范阶段，预计将提高加氢站日加氢能力 10% 以上。根据美国 NREL 国家实验室的分析结果表明，加氢机和压缩机是加氢站故障率较高的设备，加氢机相关的故障事件数目占比达到 57%，严重影响了加氢站的经济性。美国能源部（DOE）支持了 NREL 国家实验室和 AP 公司开展加氢机可靠性测试技术开发以及影响因素研究，以指导加氢机可靠性提升技术开发[6]。与此同时，美国能源部 NREL 国家实验室和 PDC 公司对压缩机进行的可靠性研究发现，加氢站在运行工况下，压缩机的频繁启停和压力循环导致金属隔膜寿命下降，有待开发更可靠的加氢站工艺和控制技术，从而提高压缩机可靠性，降低维护成本。

在加注协议方面，美国汽车工程师学会（SAE）针对轻型汽车、重型汽车与工业用车辆等应用场景分别制定了 SAE J2601－1《轻型汽车气态氢加注协议》、SAE J2601－2（TIR）《重型汽车气态氢加注协议》与 SAE J2601－3（TIR）《工业用车辆气态氢加注协议》。我国参照 SAE 标准于 2023 年发布了 GB/T 42855《氢燃料电池车辆加注协议》技术要求。SAE J2601 标准主要适用于采用Ⅳ型储氢瓶的氢燃料电池车辆，涉及两种加注方法，基于图表的加注法和质量比热容法。欧盟与日本参考了美国加注协议分别出台了 EN 17127 加注协议与 JPEC－S003，适用于 35MPa 和 70MPa 的Ⅲ型和Ⅳ型车用氢气瓶，储氢容量为 2～10kg，对于储氢容量大于 10kg 的情况做了简单的折算。此外，其协议中根据Ⅳ型瓶的特点分别按照加氢机与车用储氢系统是否能实现通信功能分别制定了预冷温度为－40～－33℃、－33～－26℃、－26～－17.5℃三个等级的加注方案。当前，欧盟正在开发 PRHYDE 重载车辆加氢协议项目。

基于上述分析与基本国情，我国在加氢站关键技术和装备方面，与国外仍有较大差距，我国应采取高压气态储氢和液氢储氢加氢技术并举路线，重点提升加氢站关键材料及组件的性能，开发出高性能、长寿命、低成本的氢气压缩机、液氢泵，形成系统性、自主化的完整产品谱系，满足燃料电池汽车用氢场景的需求。

在加氢站建站模式方面，加氢站的建设已将独立加氢功能扩展到加氢、加油与加电的综合功能站。综合供能站可以利用现有加油加气站设施，减少建站用地审批，也符合我国将来相当长一段时间内氢燃料电池车、油气车以及电动车共存的现状。

8.2 加氢站供氢方式

氢的来源是加氢站首先要解决的关键问题之一，在供氢方式上，目前国内外大部分的加氢站的氢源为站外供氢，氢源大部分来自工业副产氢，通过长管拖车运输到加氢站。此外，由于我国西北部地区拥有丰富的绿电资源，利用西部绿电进行电解水制氢，通过纯氢及天然气管道掺氢长距离管道输氢也是未来的主要氢源之一。纯氢管道往往需要铺设新的管道，对管道的耐腐蚀和氢脆特性要求较高；天然气掺氢输送是利用已有的天然气管道进行一定浓度的氢气掺混输送。根据国内外已有经验，天然气管道的掺氢比例最高在20%左右，但是，对于大规模天然气掺氢输送，在用氢终端设备之前，还需要对掺氢天然气进行分离，氢的分离过程往往需要在化工园区进行，其分离能耗较高，分离后的氢再经由长管拖车短距离配送到加氢站。除高压气态供氢外，有机或无机液态氢化物以及固态合金储氢及供氢未来也是加氢站供氢方式的重要来源。除站外供氢外，制氢供氢一体式加氢站也是一种重要的加氢站建设形式，自制氢供氢包括在加氢站现场利用天然气制氢、电解水制氢等。本节主要对基于有机液态储氢、固态合金储氢的脱氢供氢方式做概括性介绍。

8.2.1 有机氢化物储氢与脱氢

液态有机物储氢技术属于化学储氢的范畴，是近年来快速发展的一种氢能储运技术。液态有机物储氢的优点很多，包括储氢密度大、储存和远程运输安全、设备和管路的保养容易、便于使用现有的输送管道和设备。同时，该项技术成本低、储氢材料可以循环多次使用，因此成为氢能储运过程中最可行的方法之一。国际上众多工业和学术研究机构都积极投入开发可实用化的液态有机物储氢技术。全球主要的工业国家如德国、瑞士、日本和英国等正积极从事这方面的研究。

液态有机物储氢技术的氢储存和释放是一个循环的过程，具体包括储氢剂的加氢反应、储氢介质的储存和运输以及加氢后的液态有机物的脱氢过程等3个阶段，具体过程为：首先，储氢剂通过催化加氢反应实现氢能的储存；然后，将加氢后的液态有机物利用现有的设备进行储存和运输；最后，储氢介质储存的氢气通过脱氢反应释放出来，供给终端用户(如氢内燃机或氢燃料电池)使用，储氢剂经过冷却等处理后，等待下次使用。液态有机物储氢技术是在1975年首次提出的，成功开辟了新型储氢技术的研究领域。

8.2.1.1 储氢介质

理论上讲，烯烃、炔烃、芳香烃等可发生加氢反应的不饱和有机液态化合物，均可作为储氢剂多次循环使用，早期的文献报道中提到的液态有机物，包括环己烷、甲基环己烷、四氢化萘和十氢化萘等(参见表8－1)，借助这类有机化合物和氢气的一对可逆反应来实现氢的储放。该有机化合物储氢系统由储氢剂的加氢反应，氢载体的储存、运输及氢载体的脱氢反应3个过程组成。将氢气负载于苯、甲苯等储氢剂上，以环己烷、甲基环己烷等氢载体的形式储存。氢载体在室温、常压下呈液态，易于储存和运输，到达目的地后通过催化脱氢装置释放被储存的氢，储氢剂冷却后重复利用。

表8－1 常用储氢介质的相关参数

储氢介质	熔点/℃	沸点/℃	质量储氢密度/%
环己烷	6.5	80.7	7.19
甲基环己烷	－126.6	101	6.16
反式－十氢化萘	－30.4	185	7.29
顺式－十氢化萘	－43	193	7.29
咔唑	244.8	355	6.7

液态有机物储氢技术的原理是在催化剂的作用下，利用不饱和液态有机储氢剂与氢气发生催化加氢反应生成液态有机氢载体，达到储氢的目的，然后再利用催化剂，在一定的温度下发生脱氢反应将储存的氢气释放并使用。此前报道中使用较多的储氢介质，如甲基环己烷和十氢化萘，具有较高的脱氢焓，脱氢过程条件比较剧烈，反应温度通常超过200℃。

8.2.1.2 脱氢模式[7]

目前研究的催化脱氢反应多为分子数增多的强吸热非均相反应，最新成果也有一些均相反应报道，非均相反应需要解决传质问题，理论上，高温和低压才能使反应更加彻底。但是，温度过高又会导致催化剂的结焦、催化剂材料孔结构的破坏和副反应的发生等问题，并且过高的温度需要较高的加热能耗，导致技术经济性变差。因此实现液态有机物储氢技术的关键问题在于脱氢模式的选择。

自从提出液态有机物储氢技术的设想以来，国内外学者就脱氢模式的研究越来越深入。随着该技术的进步和发展，得到了不同实验模型，现将有机液态氢化物的脱氢模式归纳为气相脱氢、液相脱氢和湿－干多相态脱氢3大类，下面分别给予介绍。

(1)气相脱氢

最初报道的液态有机物脱氢过程是在气相反应模式下进行的。在这种模式下，固体催化剂填装在固定床反应器中，升温至反应温度后，氢气或氮气将储氢介质以气相的形式带入固定床催化剂层。通过对进气、出气成分和浓度的分析，可以考察不同因素(如温度、压强和空速等)对脱氢反应的影响和相互之间的关系。固定床反应模式操作简单、反应条件易于控制，是文献中报道最多的反应模式。

在气相反应模式中，反应物为气态，催化剂为固态，反应过程中不能充分接触，因此脱氢的反应速率并不快，并且需要较高的温度才能达到反应温度(通常为400～500℃)。膜反应器的发明可以打破化学平衡的限制，将膜反应器应用到液态有机物脱氢的过程中，将反应得到的氢气从反应体系中及时地分离出去，在反应的同时实现分离，促进反应的正向进行。常见的膜包括钯合金膜、微孔玻璃膜和微孔陶瓷膜等。钯合金膜对氢气的分离很充分，有着高度的选择性，分离出的氢气纯度高，但是钯合金膜的缺点是反应器的体积大、制备过程复杂，因此在液态有机物储氢技术中还没有工业化的应用。微孔玻璃膜和陶瓷膜较钯合金膜更便宜且高温稳定性好，但是对氢气的分离选择性远不及钯合金膜。因此，为了在降低膜成本的同时提高效率，最近报道了分子筛膜、微量钯金属膜和无钯金属膜等新型膜。可以看出，气相脱氢模式下，产生的氢气不能及时分离出反应体系，对脱氢的反应过程在一定程度上起到了抑制作用。因此，近年来又开发了液相脱氢模式和湿－干多相态脱氢模式。

(2)液相脱氢

所谓液相脱氢技术，是指储氢载体在液态的形式下与催化剂进行接触而实现脱氢反应，由于储氢介质和催化剂在液态下接触更加充分，可以提高反应速率。根据催化剂的量与反应料液的比例，液相脱氢模式可以分为3种：悬浮态、过热液膜态和沙浴态。过热液膜态是指在固体粉末或颗粒催化剂表面覆盖一层液膜，液态有机物接触高温催化剂瞬间沸腾变成气态，并且在同时发生脱氢反应，脱氢反应后的产物经过冷凝器后，氢气排出，脱氢后的储氢介质冷凝回流。当液态有机物量过大，完全淹没催化剂时，此时称为悬浮态；当液态有机物量很少，只和很少一部分催化剂接触，与气相脱氢反应模式类似。这种反应模式称为沙浴态，反应效率较低，因此在文献中报道较少。

(3)湿－干多相态脱氢

虽然过热液膜态与沙浴态和悬浮态相比脱氢反应效率高很多，但是反应只能间歇进行。为了使脱氢反应持续进行，近年来又发展了湿－干多相态反应模式，这种反应模式在液态有机物储氢技术领域取得了阶段性的突破。将湿－干多相态反应模式运用于液态有机物的脱氢中，采用非稳态喷射进料方式，设计出间歇喷射反应装置。在这个过程中，储氢介质以脉冲喷射或间歇滴加的方式进样到达催化剂表层，呈液膜态在催化剂表面分散开发生脱氢反应。过热的催化剂使得反应产物和未反应的液态有机物迅速气化离开催化剂表面，有效防止加氢逆反应的发生。同时，气化的产物和未反应的液态有机物可以产生瞬间的局部压强增大，对催化剂进行吹扫和净化，使催化剂表面恢复干燥状态，同时生成的氢气则通过冷凝器从反应体系中分离逸出。催化剂表面循环出现回温，交替出现干与湿润的状态，即湿－干多相态反应模式。由于外部的高温加热和催化剂表面交替的干燥、湿润过程，使催化剂表面的温度始终保持在加热温度和反应物的沸点之间，湿－干多相态反应模式不仅可以一直保证催化剂表面相对较高的温度，而且极大地提高了脱氢反应过程的传质－反应效率，同时由于催化剂表面保持干燥清洁，还可以抑制催化剂结焦失活以及逆反应的发生，从而提高脱氢转化率和延长催化剂寿命。湿－干多相态脱氢模式在液态有机物储氢技术领域显现出很大优势，在一定程度上提高了接触面积和反应速率，是一种高效的脱氢反应模式。由于可以连续反应，对于车载脱氢反应系统也具有重要的指导意义，但是操作和控制相对复杂。从理论上来说，采用液相脱氢模式和湿－干多相态脱氢模式的脱氢反应的最高温度只能达到反应液的沸点，而在常压下多数储氢液态有机物的沸点都较低，可是催化剂的加热温度一般高于有机物的沸点，因此储氢剂在反应的瞬间会发生气化，不利于工业应用。近年来，通过对液态有机物与其他物质掺杂，可以降低有机物的熔点并提高沸点，加之对低温脱氢催化剂的研究，也有个别报道在纯液态条件下脱氢，如果在这种反应模式上实现突破，将大大促进液态有机物储氢技术的应用进程。

(4)脱氢催化剂

催化剂的活性组分、助剂和载体的选择对反应的活性和选择性有不同的影响。理论上，Pt、Cr、Co、Fe、Mo、W、Rh、Ru、Ir、Pd、Ni、Ti、Pd、Ta、Ag和Sn等金属均可作为有机物脱氢催化剂的活性组分。脱氢催化剂的载体主要有氧化铝、氧化硅、氧化钛、氧化锆、分子筛、活性炭、碳纤维和碳纳米管等。虽然目前液态有机物储氢技术呈现良好的发展势头，但高效低成本脱氢催化剂的低温、高活性、高稳定性、抗结焦失活，以及可循环利用的研制仍然是目前实现氢能大规模利用的技术壁垒。

(5)氢气的纯化

氢气提纯的主要工艺有三种：变压吸附、膜分离和深冷分离。变压吸附工艺的基本原理：吸附剂对吸附质在不同分压下有不同的吸附容量，并且在一定的吸附压力下，对被分离的气体混合物的各组分有选择吸附的特性，利用这一特性来提纯氢气。膜分离工艺是近十几年来发展较快的一种较新的气体分离方法。它是利用混合气体通过高分子聚合物膜时的选择性渗透原理。膜分离的推动力是膜两侧的压力差，根据原料气各组分渗透率的差异，具有较高渗透率的组分(如氢气)富集在膜的渗透侧，而具有较低渗透率的组分则富集在膜的未渗透侧，从而达到分离的目的。深冷分离工艺是利用原料组分的沸点差(相对挥发度差)实现分离。

采用储氢介质、储氢模式和脱氢催化剂，不管是以氢内燃机还是氢燃料电池作为终端用氢设备，液态有机物储氢技术在原理和能效上都是可行的。在未来的研究中，需要继续解决以下问题：设计并合成低熔点、高沸点和低脱氢温度的储氢介质，力争实现纯液态脱氢；选择和研发合适的反应模式和优化反应条件；开发低成本、低能耗、高活性、高选择性和稳定性好的脱氢催化剂。如果可以完美解决以上问题，液态有机物储氢技术将成为氢能储运领域最有希望取得大规模应用的技术之一。

8.2.2 固态储氢与脱氢

所谓固态储氢，就是将氢与某类金属结合，将氢燃料做成像干电池一样的固态产品。固态材料储氢是通过化学反应或物理吸附将氢气储存于固态材料中，其能量密度高且安全性好，被认为是最有发展前景的一种氢气储存方式。固态储氢材料包括可充氢化物(如金属氢化物－镍电池)、化学氢化物(如水解或热解储氢)、碳和其他高比表面积材料(主要以物理吸附为主)[8]。

在中等温度和压力下，储氢合金与氢接触首先形成含氢固溶体(α 相)，其溶解度与固溶体平衡氢压的平方根成正比，随后，固溶体继续与氢反应，产生相变，生成金属氢化物(β 相)。这一反应是可逆的，正反应吸氢，放出热量；逆反应放氢，吸收热量。

图 8－1 所示为金属合金－氢系的压力－温度图，温度不变时，随着氢压的增加，氢溶于金属的数量逐渐变大，金属吸氢，形成含氢固溶体(α 相)。当到达氢在金属中的极限溶解度(A 点)时，α 相与氢反应，生成氢化物相，即 β 相。继续加氢时，系统压力不变，而氢在恒压下被金属吸收。当所有 α 相都变为 β 相时，组成到达 B 点。AB 段为两相(α＋β 相)互溶的体系，到达 B 点时，α 相最终消失，全部金属都变成金属氢化物。

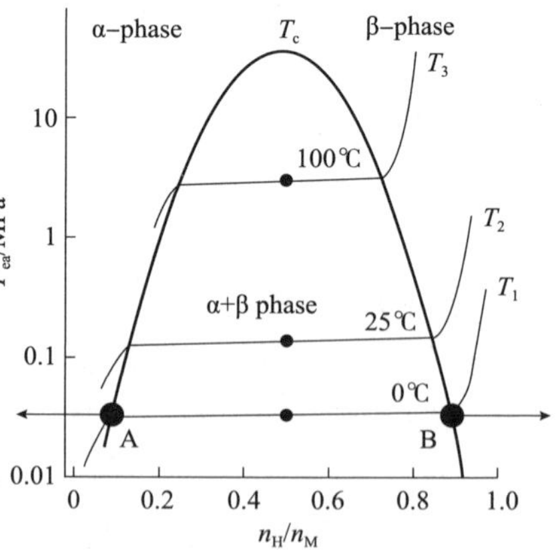

图 8－1 储氢合金的压力－温度曲线

采用储氢材料固态储氢能很好地解决传统储氢技术储氢密度低和安全系数差的问题。

储氢时，使氢气与材料反应或吸附于材料中；需要用氢时，再将材料加热或减压释放氢气。

目前，固体储氢用到的储氢材料主要是金属合金，比如镁系储氢合金、铁系储氢合金、钛系储氢合金等。虽然金属合金储氢技术相对成熟，但还是存在质量储氢率偏低、吸放氢温度高、可逆性较差等缺点，难以满足车载储氢的技术要求。储氢材料成本偏高也制约了固体储氢进一步商业化，储氢材料成品率低、金属原料价格波动大等问题都有待解决。此外，金属氢化物是通过吸收热量来析出氢气的，因此放氢温度要求很高，需要达到250℃以上。为了解决固态储氢需要高温环境的问题，国内的专家学者都在探索各种方法来调控其吸放氢温度、速率和吸放氢循环性能，但目前还停留在实验阶段，实际应用还需要时间。

习题/思考题

1. 什么是有机液态储氢技术？简要描述其工作原理。
2. 有机液体储氢相比于气态储氢和固态储氢有哪些优势？
3. 选择合适的有机液体是有机液态储氢技术中的重要环节，请简要介绍选择有机液体时需要考虑的因素。
4. 固态储氢在实际应用中面临哪些挑战？请列举至少三个方面。

参考文献

[1]PARKS G，BOYD R，CORNISH J，REMICK R. Hydrogen station compression，storage，and dispensing technical status and costs：systems integration[R/OL]. [2023-07-01]. https：//www. nrel. gov/docs/fy14osti/58564. pdf.

[2]TETSUFUMI I. Status of Hydrogen fueling station technologies in Japan[Z/OL][2023-07-01]. https：//www. energy. gov/sites/prod/files/2018/10/f56/fcto-infrastructure-workshop-2018-16-ikeda. pdf.

[3]SPRIK S，KURTZ J，SAUR G，PETERS，M. Performance of existing hydrogen stations[R/OL]. [2023-07-01]. https：//www. nrel. gov/docs/fy18osti/70527. pdf.

[4]PDC MACHINES INC. PDC Machines brochure[Z/OL][2023-07-01]. https：//www. pdcmachines. com/wp-content/uploads/2022/10/PDC_ Brochure_ V15_ SM. pdf.

[5]LINDE AG. Hydrogen fueling station with cryopump technology[Z/OL][2023-07-01]. https：//www. linde-engineering. com/en/images/DS_ Cryo%20Pump_ tcm19-523716. pdf.

[6]SAUR G，SPRIK S，KURTZ J，ONORATO S，GILLEON S，WINKLER E，PETERS M. Technology validation of hydrogen refueling infrastructure[Z/OL][2023-07-01]. https：//www. nrel. gov/docs/fy21osti/77950. pdf.

[7]赵琳，张建星，祝维燕，等. 液态有机物储氢技术研究进展[J]. 化学试剂，2019，41(01)：47-53.

[8]曹军文，覃祥富，耿嘎，等. 氢气储运技术的发展现状与展望[J]. 石油学报(石油加工)，2021，37(06)：1461-1478.

附录 A　加氢站工艺设计过程

序号	设计内容	设计结果	计算方法与依据
1	市场调查与需求预测	1. 确定外部市场需求量，××吨/年或××kg/d； 2. 确定加氢站供给－充装方案（氢来源：自产氢、外供氢；电解供氢、蒸气重整、拖车供氢、液氢供氢、管道输氢、有机液体供氢、金属氢化物等）	1. 加氢站服务半径(例如 20km 等)，加氢站的氢需求来自服务半径内的氢能汽车； 2. 服务范围内氢燃料汽车总数、类型、年均氢消耗量； 氢需求总量 = 氢能汽车类型 × 每种类型汽车年均氢消耗量。 3. 氢燃料汽车发展规划(预测)； 结合上述结果确定未来 5 ~ 10 年氢需求； 4. 其他加氢站，据此估算拟建加氢站所占氢总需求的份额； 5. 外部氢供应源、供应量、供应距离、供应价格等； 6. 自产氢(站内制氢)的可能性及其资源状况
2	加氢站加氢量规模	1. 确定日加氢规模(量)，××t/d； 2. 确定设计加氢流量(小时计算流量，工艺设计流量)，一般以小时加氢量作为设计工况。 注：设计加氢流量用于基本设计工况，管道设计、设备选型、电力供应、安全、消防等均按照此工况进行设计，其数值一般大于实际运行时系统流量	1. 按照需求、供应和各类限制条件确定； 2. 日加氢量 = 年加氢量/365 × 月高峰系数 × 日高峰系数； 3. 计算(h)加氢量 = 年加氢量/(365 × 每日加氢时长) × 月高峰系数 × 日高峰系数 × 小时高峰系数。 注：1)日高峰系数和小时高峰系数均是指计算月，即，具有最大月不均匀系数的月份的日不均匀系数最大值和该日的小时不均匀系数的最大值，不是指全年统计的，具有高峰小时不均匀系数和日不均匀系数的数值； 2)在氢供应不受限制的条件下，日加氢量和计算(h)加氢量由外部加氢量(需求量)和加氢不均匀性所决定； 3)若氢供应受到限制，那么，日加氢量和计算(h)加氢量由供应条件所决定； 4)在没有同类型加氢站统计数据条件下，可按照类似加油站的加油量进行逐日(月、时)统计计算日(月、时)加油不均匀系数，取其中最大值作为加氢站的日(月、时)高峰系数； 5)加氢规模的计算依据可参见 CJJ 84—2000《汽车用燃气加气站技术规范》中 6.1 设计规模，GB 51102—2016《压缩天然气供应站设计规范》中 6.1 设计规模，GB 50516—2010《加氢站技术规范》(2021 年版)中 3.0.2 汽车加油加气加氢站的规模应根据资源条件、市场需求、周边环境等因素统筹确定； 6)由于存在不均匀的问题，每日加氢规模 ≠ 年加氢量/年工作天数； 7)不均匀性的度量和计算： 月不均匀系数 = 各月平均日加氢量/全年平均日加氢量； 月高峰系数 = 最大月不均匀系数，最大月不均匀系数所在的月称为计算月； 日不均匀系数 = 该月中某日加氢量/该月平均日加氢量，日高峰系数 = 最大日不均匀系数； 该日平均小时加氢量 = 该日加氢量/加氢工作时长； 小时不均匀系数 = 该日中某小时加氢量/该日平均小时加氢量； 小时高峰系数 = 最大小时不均匀系数

续表

序号	设计内容	设计结果	计算方法与依据
3	储存规模	站内氢气总储存量： (1)包含长管拖车等临时储氢量； (2)不包含压缩机缓冲进、排气量以及管路内储氢	三种计算方法： 按月或日加氢量、供氢量平衡统计数据计算； 按周转次数计算，储氢量＝年加氢量/年周转次数； 按储存天数计算，储氢量＝每日加氢量×储存天数
4	储罐分级加注方案	高中低压储气瓶组数量比宜按照1∶2∶2进行设置	优化储罐利用系数(储气设备容积有效利用系数)，同时综合考虑储气罐成本
5	储气秩序	确定储气秩序，即补气制度，分为梯级、一次、二次和三次储气	1. 一般可采用梯级储气秩序； 2. 确定初步方案，后续再进行校核
6	工艺流程	1. 物料流向图：图中应标明主要流程的物料名称、压力、温度、流量； 2. 带控制点的工艺流程图，一般采用PLC进行顺序控制，调节阀为两位开关阀	1. 根据供应方式、储气方式、氢的处理方式等确定基本工艺流程； 2. 典型流程为：长管拖车→压缩机→储罐→加氢机→氢能汽车。 注：1)可参考已有加氢站流程，结合建站特点和条件进行改进、完善设计； 2)应进行多方案比较与优化，主要优化目标是建设投资总额最少，操作费用(能耗等)最低； 3)卸气、加注工艺可选择Argon的技术方案，可降低系统总能耗
7	加氢站工作制度	1. 加氢时间安排：一般是8:00—20:00； 2.(压缩)生产时间安排：压缩机采用间歇或夜晚空闲时间工作、补气或直充；电解水工艺可安排在夜晚谷电时间生产；可再生发电、电解水制氢可安排在相关资源丰沛时间段生产；蒸气重整工艺应采用连续生产制度	1. 加氢时间安排：按照加氢车辆进站时间、车辆类型(公交车、商用车等可在夜晚加氢)、人员配备情况等因素制订； 2. 生产时间安排：依据氢来源方式、加氢时间、储氢容积进行制订。 注：生产时间和加氢时间安排与储氢量、储氢容积直接相关，因此，直接影响加氢站的设备投资
8	压缩机型式	1. 隔膜压缩机； 2. 液驱往复压缩机	1. 根据压力、流量、工作可靠性、造价、经验等因素进行压缩机的型式选择； 2. 可选压缩机型式：隔膜压缩机、液(气)驱活塞压缩机、离子液体压缩机、直线(驱动)往复压缩机等； 3. 一般选择隔膜压缩机或液(气)驱活塞压缩机
9	液氢高压泵/气化器(液氢—气氢站)	1. 按照流量、压力选择低温液氢泵； 2. 气化器热负荷、型式(空温式、水浴式、浸没燃烧式等)	1. 低温泵一般采用潜液泵； 2. 气化器需要进行热负荷与两相(有相变)流动、传热计算

续表

序号	设计内容	设计结果	计算方法与依据
10	压缩机排气压力	压缩机(额定)排气压力与压缩机级数确定	1. 根据加氢站加氢压力等级、加注方式(直充或快充)和固定储气装置的设置选择压缩机排气压力; 2. 35MPa 加氢站:车载气瓶许用压力 43.75MPa,固定储氢设备最大工作压力 45MPa,压缩机(额定)排气压力应选择 45MPa; 3. 70MPa 加氢站:车载气瓶许用压力 87.5MPa,固定储氢设备最大工作压力 90MPa,压缩机(额定)排气压力应选择 90MPa; 4. 对于吸气压力 5~20MPa 的隔膜压缩机,额定排气压力 45MPa 可采用 1 级压缩,90MPa 采用 2 级压缩; 5. 往复压缩机按压比小于 5、等压比选择级数
11	压缩机排气量	压缩机(额定)排气量	1. 若采用压缩机直充,压缩机瞬时排气量应满足加注时间要求。加注时间需进行热力学和传热学校验以确定可以满足加注边界要求($SOC<100\%$;压力 =0.5~87.5MPa;温度 = -40~85℃); 2. 若采用压缩机进行补气操作,应校验工作制度、储气秩序、顺序工作盘的符合性; 3. 对于 35MPa 隔膜压缩机,其名义排量一般指在进气压力 12.5MPa 下的额定排气量,在整个加注或者补气过程中,压缩机出口压力持续发生变化,应对整个加注和压缩连续过程进行校核以确定和满足加注时间或补气时间要求; 4. 若不满足加注或补气时间要求,应采用大一级的膜头尺寸(型腔容积增大)以增加吸气量,不宜采用改变转速的电机变频或改变皮带轮尺寸的控制方法; 5. 活塞压缩机按第一级计算吸气量(排气量),各级冷却后的排气温度不宜大于 40℃。排气温度应不大于 50℃
12	压缩机数量	压缩机数量	1. 结合选定的压缩机排气量与工作制度选择压缩机数量; 2. 可选 1 台大排量压缩机,间歇生产;也可选 2 台小排量压缩机,1 台连续生产,1 台备用,加氢高峰时期 2 台同时开机; 3. 压缩机数量与其工作的可靠性直接相关,应综合考虑
13	压缩机辅助系统	1. 驱动机型式; 2. 电动机功率; 3. 冷却热负荷、冷却水流量、进出口温度	1. 根据选定的压缩机排气压力、排量,确定电机功率、冷却功率、冷却水流量等; 2. 应校核加氢过程的冷却负荷
14	设计流量	校核设计(加注)流量	计算(h)加氢量 = 日加氢量/每日加氢时长 × 小时高峰系数。 注:计算(h)加氢量在“加氢站规模确定”过程中已被确定;选定基本流程和压缩机后需校核此流量

续表

序号	设计内容	设计结果	计算方法与依据
15	生产流量	确定设计(生产、压缩)流量	1.(压缩机)设计生产流量，根据生产制度和压缩机型式与数量选择确定的流量； 2. 按照设计加氢日需求曲线、压缩机型号、数量和生产制度选定(设计)生产流量； 3. 加氢日需求曲线可参考同类型加氢站或加油站的日需求曲线确定
16	确定(高压)平衡储气量	1. 固定储氢罐的工作压力范围、数量、容积； 2. 站内固定储氢量	1. 按照日加氢需求曲线和生产曲线，获得满足供需平衡所需要的计算储气量(可利用的氢气量)； 2. 依据储罐分级加注方案确定储气设备容积有效利用系数，获得应储备的储气量(= 计算储气量/储气设备容积有效利用系数)； 3. 按照储气质量和储存压力、温度，确定所需要的储气罐容积； 4. 按储气设备公称容积圆整，获得实际储气容积，然后按照20℃和储气额定压力计算实际储气质量。 注：1)此处的计算储气量与前述储存规模不同。计算储气量是在储罐对氢能汽车直接充气的快充方案下，为平衡需求(加注量)与(压缩机)生产之间的缺口而形成的储气量。计算储气量是可被充装到车载气瓶内的那部分高压气体，一般以每日的供需平衡进行计算。 2)前述储存规模主要是考虑某个时间段内外部供氢量与需求量之间的不平衡所导致的储气量，一般按照一星期或者一个月的供需平衡进行计算。 3)储存规模一般大于(每日)平衡储气量，若站内氢全部采用高压储罐(包括长管拖车)进行储存，那么，储存规模可涵盖(每日)平衡储气量。但对于液氢—气氢加氢站，二者有显著差别。液氢所形成的储存规模可以很大，但在一定的生产制度下，(每日)平衡储气量需要加氢站额外设置足够多的高压储罐才能满足每日的充装需求
17	管道系统	管道系统计算与选型	1. 管路系统按42MPa的压力等级分为两种，所采用的规范以及结构型式存在较大差别，与氢直接接触的管路一般选用高压管路系统规范； 2. 高压氢管道系统包括：管子、接头(管件)、卡套、截止阀、单向阀、球阀、针阀、调节阀、溢流阀、安全阀、过滤器等； 3. 管路系统一般按照材质和工作压力(等级)进行选型； 4. 卡套管接头应采用机械抓紧双卡套接头或高压锥面螺纹接头
18	加氢枪	1. 加氢枪型号选择； 2. 加氢软管选择； 3. 拉断阀选择	1. 35MPa加氢站，可选择WEH公司的TK16(通径8mm)、TK17(通径4mm)、TK25(通径12mm)； 2. 70MPa加氢站，可选择TK17(∠mm)； 3. 国内产品可选成都安迪生公司或朗安科技公司等相关产品

续表

序号	设计内容	设计结果	计算方法与依据
19	单枪加注速率	单枪加注速率计算，一般约为 1 ~ 1.5kg/min	两种方法： 1. 按照 SAE J2601，根据车载储罐压力等级、尺寸，确定加注温度等级和加注时间，100L 储罐的加注时间可按照 5min 进行初步估算，600L 储罐的重卡或公交车，可按照 10 ~ 15min 行程初步估算； 2. 按照工艺流程和初定管路采用数值方法(例如 H2Fills)校核加注过程。 注：加注速率主要影响因素是热力学过程、管内流速、管径(一般加氢枪内径是整个管路系统的最小流通直径)
20	加氢枪数量	加氢枪数量确定	1. 加氢枪数量 = 设计加氢流量/单枪加注平均流量； 2. 每一类型加氢枪可加注车辆单独校核
21	加氢机	加氢机选择，含加氢流量计	1. 加氢流量计应选用科里奥利力质量流量计； 2. 加氢机应有相应的放散与安全保护功能
22	制冷机组	确定制冷机组型式与制冷负荷	1. 制冷负荷有两部分，压缩机冷却负荷与氢气加注冷却负荷； 2. 压缩机冷却负荷分为进、排气或中间介质冷却负荷，机组润滑油(液压油)冷却负荷，按照压缩机生产商提供的负荷进行校核； 3. 氢气加注冷却负荷需按照加注工况和环境条件进行校核； 4. 选定制冷机组型式与型号后，配套的中低压管道系统按常规设计进行； 5. 氢气加注冷却换热器宜选择印刷电路板式换热器
23	加氢站级别	加氢站级别(一、二、三级)	1. 单独建站：(GB 50516) 三级站：储氢总质量 <3t，且单罐储氢质量 <0.8t 二级站：储氢总质量 3 ~ 5t，且单罐储氢质量 <1.5t 一级站：储氢总质量 5 ~ 8t，且单罐储氢质量 <2t 2. 合建站：(仅考虑氢，GB 50156) 高压气氢： 三级站：储氢总质量 <2t 二级站：储氢总质量 2 ~ 4t 一级站：储氢总质量 4 ~ 8t 液氢： 三级站：储氢总体积(质量) <60m^3(4.3t)，且气态氢储存容量 <9m^3(0.26t@45MPa) 二级站：储氢总体积(质量)60 ~ 120(4.3 ~ 8.5t)，且气态氢储存容量 9 ~ 12m^3(0.26 ~ 0.35t@45MPa) 一级站：储氢总体积(质量)120 ~ 180(8.5 ~ 12.8t)，且气态氢储存容量 12 ~ 15m^3(0.35 ~ 0.43t@45MPa)

续表

序号	设计内容	设计结果	计算方法与依据
24	加氢站 选址	具体建设站址	1. 外部条件应综合考虑气象、交通运输、水、电、燃气、蒸气、压缩空气、供热、通信、排污、当地规划、环保要求等； 2. 城市建成区应选择在已有加油站内扩建油氢合建站，并考虑氢运输条件； 3. 工业园区建设加氢站应综合考虑服务半径； 4. 典型加氢站(0.5～1t/d)占地面积至少大于2000m^2(3 亩)
25	平面布置	平面布置图	1. 站内设施间距应满足标准规范要求。 2. 加氢站布置宜考虑“非氢”业务需求。 3. 可按站址、周边条件和加氢规模，参照已有加油站或行业标准进行布置。 4. 站址条件： 地块形状：规整地块/狭长地块/异形地块； 地块位置：高速公路旁/快速路/主干路/次干路/支路/交叉路口/橇装站； 车辆通过形式：矩阵式/通过式，平行(道路)布置/垂直布置； 附加设施：停车位/洗车房/便利店

附录 B　CoolProp 数据库的使用

CoolProp 是一个热力学性质计算软件，具有丰富的应用软件接口，其中，Excel 接口采用函数形式，可方便地计算氢气各种热物性和传递性质。

进入网站 www. coolprop. org，按照网站相应说明，根据用户使用的计算平台下载对应的软件，若是 Windows 平台，可直接下载 exe 文件进行安装，安装后在 Excel 的公式应用中即出现函数 PropsSI(Output，Name1，Value1，Name2，Value2，fluid)。此函数可计算给定两个参数之后的其他物性参数。

此函数有 5 个输入、输出参数，分别是：

✓ Output：输出物性的关键字，例如密度，“*D*”，参见附表 B－1；

✓ Name1：参数 1 的关键字，例如压力，“*P*”；

✓ Value1：参数 1 对应的数值，国际单位制(SI)；

✓ Name2：参数 2 的关键字，例如温度，“*T*”；

✓ Value2：参数 2 对应的数值，国际单位制(SI)；

✓ fluid：可计算介质的名称关键词，例如氢，“Hydrogen”参见附表 B－2。

例如：给定压力 P 和温度 T，计算密度 D。

求温度 298K，压力 101325Pa 条件下的氢气密度。在如下的 Excel 表的“D4”输入“＝PropsSI(B4，B3，D3，B2，D2，B1)”，即可得到密度数值，此计算值与 NIST 计算结果完全一致。

	A	B	C	D	E	F
1	介质	Hydrogen				
2	温度	T	K	298		
3	压力	P	Pa	101325		
4	密度	D	kg/m^3	0.0824		
5				=PropsSI(B4,B3,D3,B2,D2,B1)		

附图 B－1　输入示例

此处的氢为 Normal Hydrogen，即常态氢，若希望获得正氢或仲氢热力学函数，在介质类型中修改相应的关键字即可。其他物性的计算类似，不再赘述。

主要物性关键字如附表 B－1 所示，关键字代表了不同的物性。

附表 B－1　主要物性关键字

序号	名称	单位	关键字	
1	摩尔质量	kg/mol	M	molar_mass，molarmass
2	压力	Pa	P	
3	温度	K	T	
4	质量密度	kg/m^3	D	DMASS，Dmass
5	压缩因子	—	Z	

续表

序号	名称	单位	关键字	
6	质量比焓	J/kg	H	HMASS，Hmass
7	质量比熵	J/(kg·K)	S	SMASS，Smass
8	质量定容热容	J/(kg·K)	O	Cvmass，CVMASS
9	质量定压热容	J/(kg·K)	C	CPMASS，Cpmass
10	导热率	W/(m·K)	L	CONDUCTIVITY，conductivity
11	黏度	Pa·s	V	VISCOSITY，viscosity
12	表面张力	N/m	I	SURFACE_TENSION，surface_tension
13	声速	m/s	A	SPEED_OF_SOUND，speed_of_sound

可计算的流体关键字如附表 B－2 所示，关键字代表不同流体。其他更多流体可参阅该网站说明。

附表 B－2　流体关键字

字符串	物质名称	字符串	物质名称
Hydrogen	氢	Water	水
OrthoHydrogen	正氢	Air	空气
ParaHydrogen	仲氢	Methane	甲烷
Nitrogen	氮	CarbonDioxide	二氧化碳
Helium	氦	CarbonMonoxide	一氧化碳